“十三五”国家重点出版物出版规划项目
可靠性新技术丛书

制造过程可靠性理论与技术

Reliability Theory and Technology in Manufacturing Process

何益海　戴 伟　艾 骏　张卫方　编著

国防工業出版社
·北京·

内容简介

本书内容共分6章。首先梳理了制造过程可靠性技术的发展、制造过程可靠性内涵与制造过程可靠性技术框架；然后分别介绍了制造过程可靠性基础理论，阐述了制造过程可靠性分析技术，论述了制造过程可靠性优化技术，简述了制造过程可靠性控制技术；最后展望了制造过程可靠性技术的发展与应用趋势。

本书的主要读者对象是质量与可靠性工程专业的研究、管理与应用人员，各类设计与生产技术人员也可参考。在教学上，本书可作为普通高等院校相关专业的研究生与高年级本科生的专业课教材。

图书在版编目(CIP)数据

制造过程可靠性理论与技术／何益海等编著. --北京：国防工业出版社，2023.2重印
（可靠性新技术丛书／康锐）
ISBN 978-7-118-12217-6

Ⅰ.①制… Ⅱ.①何… Ⅲ.①制造过程-可靠性
Ⅳ.①TB4

中国版本图书馆CIP数据核字(2020)第222440号

※

国防工业出版社出版发行
（北京市海淀区紫竹院南路23号　邮政编码100048）
北京虎彩文化传播有限公司印刷
新华书店经售

*

开本 710×1000　1/16　**印张** 16¾　**字数** 325千字
2023年2月第1版第2次印刷　**印数** 2001—3000册　**定价** 96.00元

国防书店：(010)88540777　　书店传真：(010)88540776
发行业务：(010)88540717　　发行传真：(010)88540762

丛书序

可靠性理论与技术发源于20世纪50年代,在西方工业化先进国家得到了学术界、工业界广泛持续的关注,在理论、技术和实践上均取得了显著的成就。20世纪60年代,我国开始在学术界和电子、航天等工业领域关注可靠性理论研究和技术应用,但是由于众所周知的原因,这一时期进展并不顺利。直到20世纪80年代,国内才开始系统化地研究和应用可靠性理论与技术,但在发展初期,主要以引进吸收国外的成熟理论与技术进行转化应用为主,原创性的研究成果不多,这一局面直到20世纪90年代才开始逐渐转变。1995年以来,在航空航天及国防工业领域开始设立可靠性技术的国家级专项研究计划,标志着国内可靠性理论与技术研究的起步;2005年,以国家863计划为代表,开始在非军工领域设立可靠性技术专项研究计划;2010年以来,在国家自然科学基金的资助项目中,各领域的可靠性基础研究项目数量也大幅增加。同时,进入21世纪以来,在国内若干单位先后建立了国家级、省部级的可靠性技术重点实验室。上述工作全方位地推动了国内可靠性理论与技术研究工作。当然,随着中国制造业的快速发展,特别是《中国制造2025》的颁布,中国正从制造大国向制造强国的目标迈进,在这一进程中,中国工业界对可靠性理论与技术的迫切需求也越来越强烈。工业界的需求与学术界的研究相互促进,使得国内可靠性理论与技术自主成果层出不穷,极大地丰富和充实了已有的可靠性理论与技术体系。

在上述背景下,我们组织撰写了这套可靠性新技术丛书,以集中展示近5年国内可靠性技术领域最新的原创性研究和应用成果。在组织撰写丛书过程中,坚持了以下几个原则:

一是**坚持原创**。丛书选题的征集,要求每一本图书反映的成果都要依托国家级科研项目或重大工程实践,确保图书内容反映理论、技术和应用创新成果,力求做到每一本图书达到专著或编著水平。

二是**体系科学**。丛书框架的设计,按照可靠性系统工程管理、可靠性设计与实验、故障诊断预测与维修决策、可靠性物理与失效分析4个板块组织丛书的选题,基本上反映了可靠性技术作为一门新兴交叉学科的主要内容,也能在一定时期内保证本套丛书的开放性。

三是**保证权威**。丛书作者的遴选，汇聚了一支由国内可靠性技术领域长江学者特聘教授、千人计划专家、国家杰出青年基金获得者、973项目首席科学家、国家级奖获得者、大型企业质量总师、首席可靠性专家等领衔的高水平作者队伍，这些高层次专家的加盟奠定了丛书的权威性地位。

四是**覆盖全面**。丛书选题内容不仅覆盖了航空航天、国防军工行业，还涉及了轨道交通、装备制造、通信网络等非军工行业。

这套丛书成功入选“十三五”国家重点出版物出版规划项目，主要著作同时获得国家科学技术学术著作出版基金、国防科技图书出版基金以及其他专项基金等的资助。为了保证这套丛书的出版质量，国防工业出版社专门成立了由总编辑挂帅的丛书出版工作领导小组和由可靠性领域权威专家组成的丛书编审委员会，从选题征集、大纲审定、初稿协调、终稿审查等若干环节设置评审点，依托领域专家逐一对入选丛书的创新性、实用性、协调性进行审查把关。

我们相信，本套丛书的出版将推动我国可靠性理论与技术的学术研究跃上一个新台阶，引领我国工业界可靠性技术应用的新方向，并最终为“中国制造2025”目标的实现做出积极的贡献。

康锐

2018年5月20日

前言

2015 年 5 月 8 日国务院印发的《中国制造 2025》明确提出“质量为先”的中国制造指导思想，要求广大制造企业持续提升“质量效益”和持续降低“不良品率”。为达到这些质量目标，加强制造过程可靠性技术的研究与应用是强化工业基础能力的必然举措和基本要求。

2012 年 2 月 6 日国务院印发的《质量发展纲要(2011—2020 年)》第八部分明确提出“可靠性提升工程”，要求加强产品可靠性设计、试验及生产过程质量控制，依靠技术进步、管理创新和标准完善，提升可靠性水平，促进我国产品质量由符合性向适用性、高可靠性转型，制造过程可靠性技术的研究与应用正是为广大制造企业提升制造过程可靠性保证能力和产品可靠性水平的有益补充。

2010 年 11 月颁布的《武器装备质量管理条例》第八条中明确规定“国家鼓励采用先进的科学技术和管理方法提高武器装备质量”；第十一条中明确指出装备性能指标即质量特性包括功能特性、可靠性、维修性、保障性、测试性和安全性等。在装备全特性、全过程、全系统的新的质量观要求下，制造过程有哪些可靠性技术可以为广大承制单位在制造阶段所用，这是贯彻落实《武器装备质量管理条例》规定必须解决的问题。

本书首次系统地建立起面向最终产品可靠性保证的较为完整的制造过程可靠性认知理论和包括分析、改进及控制制造过程可靠性的技术体系，为指导具体零部件级的机械与电子制造工艺以及主机装配过程可靠性的分析与优化提供通用的理论与方法支撑，填补可靠性系统工程技术的空白。全书分章介绍了制造过程可靠性的基本概念与发展，制造过程可靠性基础理论，制造过程可靠性分析、改进、控制技术等内容，并展望了制造过程可靠性技术的发展与应用。

本书的编写工作得到国家自然科学基金面上项目“基于 QR 扩展链 RQR 的制造过程产品可靠性退化机理及抑制技术研究”(项目编号:61473017,2015—2018 年)、装备预研基金项目“基于 RQR 链的装配工艺可靠性建模理论与分析技术”(项目编号:6140002050116HK01001,2017—2018 年)、装备预研基金项目“耦合因素下复杂装备制造可靠性建模与验证技术研究”(项目编号:JZX7Y20190242012401,2019—2020 年)和国防技术基础课题“基于制造过程故障机理的工艺可靠性优化、控制与评价技术研究(2015—2017 年)”的资助。

本书由何益海、戴伟、艾骏和张卫方编写，何益海副教授负责 1.1、1.4、1.5、

2. 2、3. 2. 2、3. 2. 3、4. 2、4. 3、4. 4、5. 1、5. 3、6. 2 等节的编写，戴伟博士负责 1. 2、1. 3、2. 1、3. 1、3. 2. 1、3. 3、4. 1、5. 2 等节的编写，艾骏副教授负责 6. 1 节的编写，张卫方教授负责 2. 3 和 2. 4 等节的编写，全书由何益海副教授统稿。在本书编写过程中，作者还得到康锐教授、付桂翠教授的指导和帮助，在此一并表示衷心感谢。

本书在编写过程中，参考了国内外大量相关文献，在此谨向所有作者表示衷心感谢。

制造过程可靠性技术内涵十分丰富，由于作者水平有限，在如何构建制造过程可靠性理论与技术框架以及如何把握内容取舍方面，难免有疏漏，恳请国内外广大学者批评指正。

何益海　戴伟　艾骏　张卫方

2020 年 5 月

目录

第1章

概　　述

1.1　产品可靠性寿命周期演化过程

1.1.1　浴盆曲线与寿命周期故障率

系统工程奠基人钱学森在一次国防科技工业可靠性工作会议上总结可靠性工作经验时就首次明确指出“产品的可靠性是设计出来的,生产出来的,管理出来的”。通过长期大量的工程实践和探索,人们逐渐认识到:产品可靠性源于设计,成于生产,显于使用。故障率随产品寿命周期阶段的转换而不断动态变化,且设计规范相同的产品在不同的生产线上制造,其最终所表现出的可靠性却不同,总是低于设计预期。

为了形象地表达产品不同寿命阶段故障率的变化规律,人们通过统计产品不同寿命阶段故障数据,提出了如图1-1所示的经典浴盆曲线[1]。

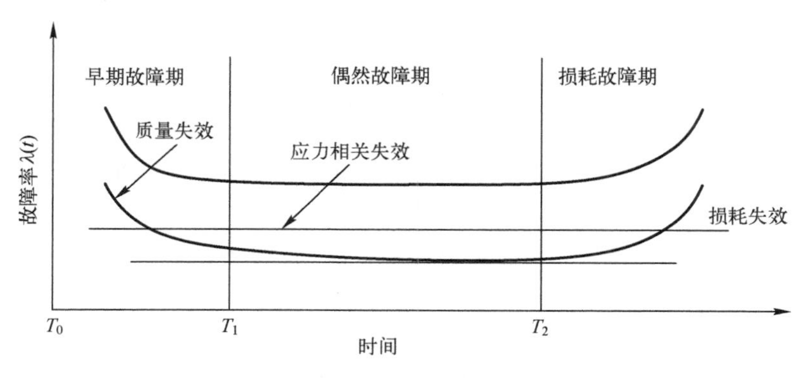

图1-1　经典浴盆曲线

如图 1-1 所示,浴盆曲线模型是从统计意义上对产品全寿命周期内的故障发生特征进行的直观反映:早期故障期描述了产品投入使用早期来自材料的缺陷、设计的不当及生产的偏差等因素,与制造过程的质量控制效果密切相关,质量控制效果越差,产品表现出的早期故障率就越高,因此,早期故障又叫质量缺陷导致的故障。早期故障率呈现由高到低的规律,老炼测试是去除电子产品早期故障的有效技术手段,能够加速早期故障率的下降,使其接近设计可靠性指标;经过早期使用阶段磨合后,过高的早期故障率逐渐下降并接近可靠性设计指标,失效率曲线也表现稳定,这就是日常所说的产品质保阶段或有效寿命期,该阶段的故障率主要与使用环境的应力变化相关,稳定的使用环境将会有效地延长有效寿命期,设计阶段的因素直接决定着有效寿命期的故障率水平;在产品的寿命周期末端,随着构成产品的材料或结构逐渐退化而产生系列蠕变、疲劳或磨损等,失效率曲线随时间推进而逐步递增,维修和使用成本激增,直至产品退出寿命周期。

在传统上,可靠性工程技术主要侧重于通过设计方案的优化来降低有效寿命期的故障率和通过加强维修保障技术来缓解耗损期的故障率的增加速度,忽略了在物理上形成产品可靠性的关键阶段——制造过程的研究,对于早期故障阶段仅限于利用老炼测试等技术手段来被动地消除已经形成的制造缺陷,缺乏对于制造缺陷的预防分析、改进与控制技术手段的研究,没有形成系统化的制造过程产品可靠性保证理论与技术。

1.1.2 寿命周期产品可靠性分类及演化过程

为了突出产品寿命周期不同阶段对于产品可靠性的形成和保证都有不可替代的作用,可靠性领域资深专家 D. N. P. Murthy[2] 2010 年从系统工程的角度,首次提出如图 1-2 所示的产品可靠性在设计、制造、销售到最终使用的全寿命周期内演化与传递规律。

如图 1-2 所示,设计可靠性是产品可靠性的理想值,在寿命周期内水平最高,其水平的关键影响因素在于用户需求的理解和可靠性技术水平的高低,设计阶段是决定产品可靠性的关键阶段;在设计方案不变的条件下,制造阶段可靠性由于受制造阶段零部件缺陷及装配误差等不利因素影响,制造可靠性值恒小于或等于设计可靠性要求。由于制造过程人、机、料、法、环和测(Man, Machine, Material, Method, Measurement, Environment, 5M1E)等因素天然存在不可控的噪声因素,产品设计方案经过制造过程后,依据制造过程质量与可靠性控制效果,都会发生不同程度的可靠性下滑,从制造过程可控制的因素来分类,主要包括制造过程质量和制造系统可靠性,这也是拓展制造过程可靠性理论与技术的主要基础;制造完成后,经过质量与可靠性测试,合格的产品将进入销售环节。销售阶段可靠性由于受运输

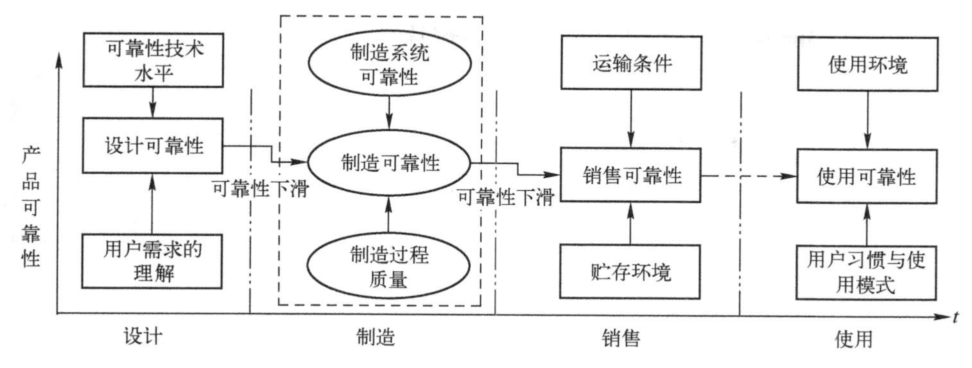

图1-2　产品可靠性在寿命周期的演化模型

和贮存等不利因素影响，其值恒小于或等于制造可靠性，为了保证销售阶段的可靠性不再下滑，加强运输和贮存环节的管理是关键；通过销售渠道，产品到达最终用户手中，产品可靠性开始通过故障数及其严重程度来直观展现。使用阶段可靠性由于受使用习惯和使用环境等不利因素影响，其值恒小于或等于销售可靠性，加强用户培训和顾客沟通是保证使用者对于产品可靠性直观感受的关键。

遗憾的是，由于专业的划分和认识的局限，传统可靠性技术的研究多集中在设计阶段可靠性的分析与优化、销售阶段可靠性的保持和使用阶段可靠性的维修与保障，但制造阶段可靠性理论与技术长期被忽略，使可靠性设计意图的传递演化链在制造阶段被拦腰阻断，导致再高的设计可靠性指标及意图也无法有效地传递到销售和使用阶段，在工程上表现为经过制造的产品都会出现不同程度的可靠性退化，不能实现设计可靠性的无损传递，也造成了巨大的生产成本浪费。

1.1.3　产品早期故障率内涵及其指示作用

如图1-2所示，制造阶段是产品可靠性形成的核心环节，作为连接产品设计与产品销售和使用阶段的桥梁，制造过程能力的高低直接影响了设计可靠性意图和要求能否完整无损地传递至销售和使用过程，并同时决定销售和使用阶段可靠性初始量值的高低，表现为产品早期故障率高。使用初期的较短时间内，故障的频发使得早期故障率居高不下，已经成为企业与顾客亟待解决的顽疾，也是可靠性系统工程领域必须解决的新的技术难题。

人、机、料、法、环、测等因素的波动在各工位间的传递和累积，导致制造质量的偏差，带来产品的显性缺陷与隐性缺陷。一般地，产品的显性缺陷通过制造过程的质量检测，会以不合格品的形式显现，影响产品的合格品率即“零时刻的产品质量”；产品的隐性缺陷往往漏过常规的过程质量检测，以伪“合格品”的形式流入市场，随时间累积在实际的应力条件下逐渐暴露为显性缺陷，带来早期失效的可靠性问题。MIT 的 Suh 教授于 1990 年在其著作《设计理论》中以范式的模式给出了名为公理化设计(Axiomatic Design,AD)的用于产品模型设计的理论与方法,搭建了用户域(Customer Attribute,CA)、功能域(Function Requirement,FR)、结构域(Design Parameter,DP)和过程域(Process Variable,PV)的域间映射关系模型[3]。进而,为了体现早期故障形成机理的复杂性,基于并拓展功能域、结构域和过程域等公理化域间映射理论,提出如图 1-3 所示的产品寿命周期质量波动累积传播框架[4]。

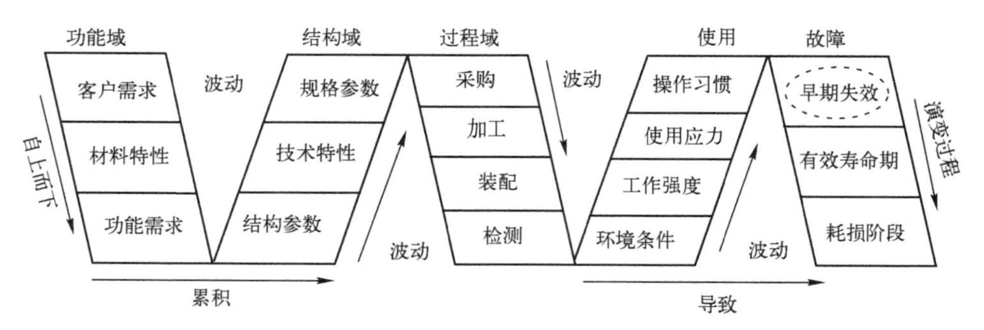

图 1-3 基于域间映射的质量波动与偏差传播框架

从图 1-3 来看,早期故障的频发关乎产品全寿命周期的方方面面,包括设计的技术水平,制造的能力以及使用的实际应力等。设计阶段的可靠性概念模型决定了早期故障的根本性问题,制造阶段的生产流程验证了早期故障的薄弱环节,而使用阶段的环境应力则诱发了早期故障的表现形式。考虑到使用可靠性的检测往往以显性的故障模式为提取对象,加以时间维度的计量,产品的可靠性特征值常定义为以时间为自变量的失效率函数,继而,早期失效率这一指标便成为产品使用初期开展可靠性问题分析与研究的核心所在,是表征制造过程可靠性是否受控的关键指示性指标。工程实践表明,来自设计、材料、加工制造及装配等的缺陷可映射为不同的偏差状态空间,偏差的传递、累积及相互作用导致产品在一定使用环境、应力、强度及操作习惯的激励下暴露出诸多的使用早期故障问题。图 1-4 刻画了设计阶段和制造阶段偏差累积效应下典型早期故障率的变化曲线。

如图 1-4 所示,T_0 表示产品交付于顾客的时间,对应早期故障率的最高水平。在 T_0 左侧,来自设计阶段和制造阶段的波动不断累积并随时间传播,作用于产品早期使用过程并以制造阶段的偏差效应最为明显,应成为关注的重点。在 T_0 右侧到有效寿命期的起点 T_1,产品早期失效率水平显性刻画并量化了 T_0 左侧不同阶段的偏差累积效应。相比于设计失效率水平,使用初期综合了前端高水平递减的质量型失效 f_1、恒定的应力型失效 f_3 及设计相关的损耗型失效 f_2,早期失效率指标远高于设计阶段定义的可接受的失效水平;同时可看出前端质量型失效对居高的早期故障率贡献较大,应成为分析及控制的关键。

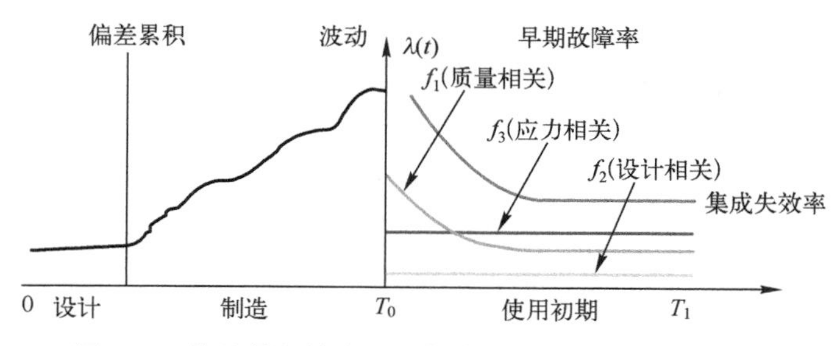

图 1-4　偏差累积效应下早期故障率曲线的分解示意图

1.2　制造过程对产品可靠性的影响

我国机械制造产品特别是高端精密军工装备制造水平相比发达国家存在较大差距。据美国海军电子实验室统计,美军装备故障原因中制造缺陷比例仅占10%;相比之下,我国制造工艺水平已成为制约装备性能发挥的重要因素。航天系统近年来开展的一次质量清理整顿工作,对 20 多个型号的产品在研制试验中暴露出来的 3000 多个可靠性问题进行了统计分析,其中加工制造方面的原因约占 50%;在某航空附件厂的某类机械零部件 55 起失效统计分析中,加工制造原因高达 49.1%;2014 年 8 月在俄罗斯举办的“坦克两项-2014”国际竞赛中,国产96A 型坦克首次参加比赛,凭借性能先进的火控系统,19 发炮弹全部命中目标获射击项目第一,但在 12 天高强度竞赛中 96A 型坦克发生了 20 多起故障,可靠性水平远低于俄罗斯的 T-72B 坦克。现代机电产品的性能对零件表面质量和表面完整性的要求越来越高,对制造工艺和装备精度的要求已经达到或接近极限;与此同时,大量新技术、新工艺、新材料广泛使用,由于对材料及工艺的物理机理认识不足导致质量安全事故时有发生,因此,为缩小制造水平与设计要求的差距、提高产品固有可靠性,制造阶段的可靠性工程技术成为一个亟待解决研究的基本科学问题。

产品寿命周期的失效率变化曲线(也称“浴盆曲线”)主要由设计、制造和材料老化三类因素对失效率的影响叠加而成,设计质量主要决定产品的随机失效率,通过减少随机故障提高设计可靠性;而制造缺陷主要影响产品早期故障率以及固有失效率,通过优化工艺设计,依据制造缺陷产生机理和规律加以控制以保证固有可靠性;而材料在使用环境中的退化主要影响产品的耗损期故障率。如图 1-5 所示,产品的固有可靠性总是低于设计可靠性,其根源在于:一是对制造缺陷产生的机理和规律认识不清,对新产品的可靠性所需要的制造工艺参数及其技术要求没有设定依据;二是产品的工艺技术条件不能反映可靠性的基本要求,设计可靠性要求不能完全地传递到制造阶段的过程特性要求[7];三是工艺文件不完善,可靠性试验方法有缺点,制造工艺产生的残留现象和附带现象所引起的隐性缺陷无法有效消除。

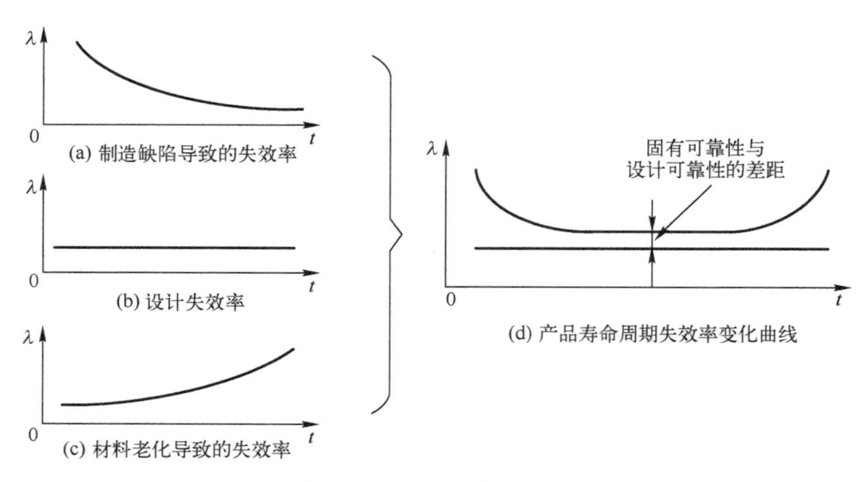

图 1-5　产品失效率变化曲线及其组成部分

产品固有可靠性是通过设计和制造赋予的,并在理想的使用和保障条件下所呈现的可靠性水平。设计规范相同的产品由于制造工艺和材料性能不同,其可靠性表现就不同,系统工程奠基人钱学森总结可靠性工作经验时曾明确指出"产品的可靠性是设计出来的,生产出来的,管理出来的",通过大量工程实践和探索,人们逐渐认识到:产品可靠性源于设计,成于生产,显于使用。长期以来可靠性技术研究与应用呈现出重设计、轻生产的现状,对产品设计可靠性有一套较为完整的设计、控制、验证方法和手段,但是由于制造可靠性涉及生产操作者、原材料、设备、工艺方法、环境以及计量检测等诸多因素,研究难度很大,故对其系统深入的研究甚少。制造可靠性是为了保证产品的固有可靠性尽可能达到设计可靠性要求,在制造过程中采取的工艺优化和控制技术。制造可靠性研究制造缺陷对产品可靠性的影响,依据制造缺陷具体的表现方式,可分为显性缺陷和隐性缺陷两大类:显性缺陷以几何缺陷为主,包括几何形位超差、几何变形、表面缺陷等,显性缺陷在制造质量检测环节可被直接检出。隐性缺陷以物理微缺陷为主,包括精密形位缺陷、表面微观缺陷、应力缺陷、材质变异等,难以通过质量检测直接发现或现有检测手段不够经济,隐性缺陷受到使用环境应力作用时会逐渐演化为显性缺陷,所以隐性缺陷是造成产品故障和破坏的根本原因。产品的耐磨性、耐蚀性、疲劳强度等物理机械特性很大程度上受制于隐性制造缺陷,导致产品在设计寿命内出现"跑、冒、滴、漏"等可靠性问题,不仅影响装备全寿命周期的费用,也影响装备系统性能的正常发挥和战斗力的形成,甚至关系人员的生命安全。

当前,我国经济发展已经进入了速度变化、结构优化、动力转换的新常态,制造业要想摆脱大而不强、创新不足、质量不高的窘境,必须认识新常态、适应新常态、引领新常态,把质量发展作为兴业之道、强国之策,通过质量创新"双轮驱动"实现制造业的提质增效。作为中长期质量强国战略的纲领性文件,《质量发展纲要(2011—2020年)》明确提出,要加快质量技术创新,开展可靠性提升工程、质量对比提升工程,力争"重大装备部分关键零部件、基础元器件、基础材料等重点工业产品和重要消费类产品的技术质量指标达到或接近国际先进水平",提高产品的制造质量和可靠性已成为当务之急。2014年9月15日,首届中国质量(北京)大会在京召开,国务院总理李克强出席会议并强调"质量是国家综合实力的集中反映",要下功夫"瞄准质量顽症,加快技术创新,淘汰落后产品""努力塑造中国制造的世界声誉",为实现上述目标,必须突破制造可靠性技术瓶颈,提高我国制造水平的国际竞争力。

1.3 制造过程可靠性内涵

面向被制造产品,可靠性理论和方法往往集中关注产品本身的寿命特征,分析产品的不同失效模式和失效率函数的变化特点,进而根据失效率变化的不同模式指导企业设计和制造的同时,助力顾客更好地展开针对性的后期维修和保养。传统的可靠性技术往往局限在产品设计与使用阶段,对于形成产品可靠性的制造阶段关注不多,造成了量产的产品可靠性发生达不到设计指标要求的可靠性退化现象,表现在表征制造过程可靠性水平高低的产品早期故障率一直居高不下,且制造阶段预防可靠性下滑的技术手段并不多。

为此,本书在国家自然科学基金面上项目"基于QR扩展链RQR的制造过程产品可靠性退化机理及抑制技术研究"的支持下,结合项目组提出的QR扩展链来表达制造过程可靠性内涵,如图1-6所示。QR扩展链即RQR链(制造系统可靠性R,制造过程质量Q,产品制造可靠性R)被认为是从系统工程的角度研究制造阶段可靠性的基本认知框架。

如图1-6所示,制造过程可靠性主要包括制造系统的可靠性、制造过程质量和被制造产品的可靠性及三者之间的相互影响关系。制造阶段形成的产品制造可靠性(固有可靠性)是本书中所研究的制造过程可靠性的核心。制造阶段是产品可靠性形成的核心环节,作为连接产品设计和产品销售与使用阶段的桥梁,制造过程产品可靠性的高低将直接影响设计阶段的可靠性意图能否完整地传递到销售和使用阶段,并同时决定销售和使用阶段可靠性初始量值的高低。

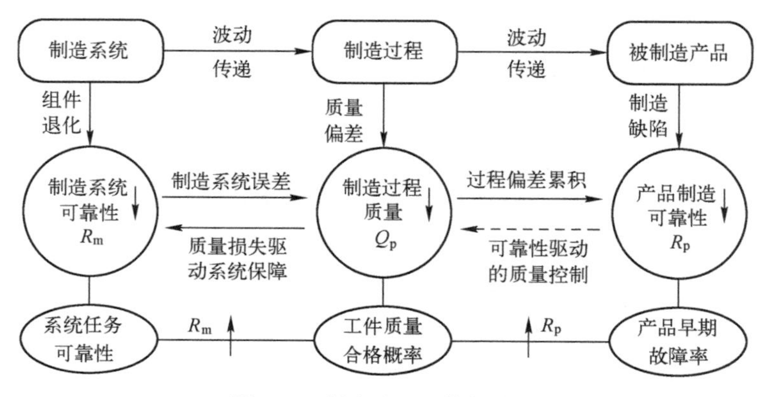

图 1-6　制造过程可靠性内涵

制造系统是指制造设备在制造过程中完成规定操作以生产产品的系统，其中制造设备主要指制造系统组件(Manufacturing System Component，MSC)，包括刀具、夹具等。制造系统可靠性通常定义为一个制造系统在规定操作条件和规定时间下完成预期功能的能力，制造系统可靠性将会受 MSC 及其他系统误差的影响而产生波动。制造过程是制造系统的执行过程，制造过程产品可靠性产生下滑的主要原因在于制造过程质量偏差的影响，例如加工和装配过程中的加工尺寸超差、装配定位不准等原因将造成产品使用早期故障的发生，使制造过程产品可靠性下滑。而 MSC 作为制造系统在制造过程中的主要执行单元，刀具和夹具等 MSC 的退化和失效等系统性误差将会造成制造过程质量发生偏差，例如刀具的磨损将造成加工尺寸精度不准，使尺寸发生超差。因此，产品制造可靠性下滑的原因(图 1.2)，主要来自于制造系统可靠性受 MSC 退化以及其他系统异常的影响降低继而导致制造过程质量发生偏差而影响制造过程产品可靠性下滑的偏差传导关系，其中制造过程质量是制造系统可靠性和制造过程产品可靠性传递的桥梁。

假设设计过程中考虑到的故障的分布为 $F_D(t)$，则其设计可靠度 $R_D(t)=1-F_D(t)$，故障密度函数 $f_D(t)=\mathrm{d}F_D(t)/\mathrm{d}t$，故障率 $r_D(t)=f_D(t)/R_D(t)$。

其中，故障率 $r_D(t)$ 将因设备退化的产生而不可避免地随时间的推移而增加，而设计可靠性并不考虑制造过程质量偏差的影响。

制造过程产品可靠性 $R_I(t)$ 将会受制造系统可靠性和制造过程质量偏差的影响，相对于设计可靠性 $R_D(t)$ 体现出下滑量 ΔR，如下式所示：

$$\Delta R=R_D(t)-R_I(t) \tag{1.1}$$

在设计方案不改动的情况下，ΔR 将恒大于 0，体现为制造过程产品可靠性相对于设计可靠性将出现下滑。制造过程产品可靠性下滑机理的分析，即探讨 $R_I(t)$ 受制造阶段哪些质量偏差的影响并将造成多大的可靠性下滑量 ΔR，并希望通过对

$R_I(t)$下滑机理的分析,为后续的可靠性下滑风险控制提供关键控制节点和控制方法的支撑,以使 ΔR 尽可能地趋向于 0。

1.4　制造过程可靠性技术的发展

1.4.1　制造过程可靠性保证技术概述

美国、俄罗斯在 20 世纪六七十年代时便把可靠性技术引入到汽车等机械产品制造过程中,并随着研究的深入,发现很大一部分产品的失效是由于工艺缺陷和制造缺陷引起的。认识到制造过程是形成产品可靠性的重要阶段,因此逐渐开始重视对制造过程可靠性技术的研究。

1972 年,Schroen[5]为提高电子产品的可靠性,在制造过程中开始了基于统计技术的应用研究并取得了良好的效果,提出制造可靠性概念;20 世纪 80 年代初苏联普罗尼科夫[6]给出的设备“工艺可靠性”定义:在规定范围和时间内,设备对于其决定的工艺过程质量指标数值得以保持的性质,并强调要根据分析的目的来定义设备的可靠性;苏联的学者利用实际数据统计具体生产线的可靠性指标及利用率,同时还采用拓扑联结图模型进行系统的可靠性评定,制定了有关自动化生产线的可靠性标准文件。Crook[7]于 1991 年基于设计可靠性和试验可靠性提出了制造可靠性方法,并命名为 Building in reliability(BIR)。Barringer[8]认为制造可靠性能够由生产数据获得,同时他提出过程可靠性是一种识别具有降低成本、提升利润空间的方法,并利用威布尔分析技术对过程进行分析,提出识别工艺过程中的潜在问题,并给出解决方案;陈从桂等[9]定义“工艺过程的可靠性”是指被加工零部件合格的可靠程度;孔学东等[10]研究了微电子生产过程的工艺可靠性评估手段,并利用可靠性评估技术、工艺过程控制及统计工艺控制技术实现对工艺的可靠性评价;Lin[11]利用贝叶斯估计给出了工艺可靠性估计模型;付桂翠等[12]通过建立工艺系统、工艺过程产品输出参数、产品使用性能、产品可靠性四者的关系,提出了基于产品可靠性的工艺系统基本影响关系可靠性模型;王文利[13]针对电子组装工艺可靠性问题,阐述了电子组装工艺可靠性的主要失效形式、失效机理、焊点与 PCB 的可靠性设计、焊点的仿真分析与寿命预测、工艺可靠性实验、工艺失效分析等内容,基本覆盖了电子组装工艺可靠性分析技术;樊融融[14]以现代电子装联工艺为对象,具体分析了影响现代电子装联工艺可靠性的因素、焊接界面合金层的形成及其对焊点可靠性的影响、环境因素对电子装备可靠性的影响及工艺可靠性加固、影响电子产品在服役期间的工艺可靠性问题、理想焊点的质量模型及其影响因素、有铅和无铅混合组装的工艺可靠性、电子产品无 Pb 制程的工艺可靠性问题等具体电子工艺可靠性问题,给出了开展波峰焊接焊点的工艺可靠性设计、SMT 再流焊接焊点的工艺可靠性设计、PCBA 常见的危及可靠性的故障现象及其分析、PCBA 焊点失效分析和工艺可靠性试验等的工程方法;可靠性领域资深专家 Patrick D. T. O[15] 在其 2012 年修订出版的可靠性巨著(世界畅销书)《Practical Reliability Engineering》(5th Edition)中特别将“Reliability in Manufacture”单列一章进行系统阐述,强调了制造可靠性技术,为加强制造阶段可靠性技术研究与应用指明了方向。Inman 等[16]通过例证研究的方式证明了制造工艺过程及系统与制造产品缺陷之间有必然的关系,再次证实了工艺及制造可靠性的必要性和重要性,极大地推动了制造过程可靠性理论及技术的研究。Gan[17]针对电子工艺可靠性分析,从电子制造工艺的物理原理入手,逐步分析了晶圆处理过程和晶圆针测过程等前段工艺(Front-end-of-line)的可靠性问题分析方法,然后给出构装和测试等后段工艺(Back-end-of-line)的可靠性测试技术。2014 年蒋平等出版了《机械制造的工艺可靠性》,该书以机械制造工艺为对象,重新定义“工艺可靠性”为“在规定的时间和条件下,加工系统工艺过程质量的指标值保持符合技术要求的能力”,进而应用经典可靠性理论和方法,给出了工艺可靠性概念及指标,结合机械制造过程可靠性分析需求,给出了工艺可靠性建模、工艺 FMEA 分析方法、工艺可靠性评定方法和工艺可靠性管理等方法。本书系统地研究了工艺可靠性指标体系及评估方法,并对设备可靠性与工艺可靠性之间的关系进行了深入研究。

1.4.2 制造过程与系统可靠性建模技术

产品是制造过程的输出结果,制造系统是制造过程稳定受控及可靠的物质基础,制造系统的可靠性将直接决定着产品的可靠性。制造系统可靠性研究包括可靠性设计、可靠性试验与评估、使用可靠性改进等内容,其中可靠性设计中的建模、分配和 FMEA 等是基础环节,处于首当其冲的位置。只有通过正确合理的模型和分析方法,才能得到准确的可靠性评估结果,并根据评估结果找出系统的薄弱环节,为系统可靠性设计、分配与改进等提供客观依据,制定相应的改进措施。现有的制造系统可靠性建模与分析方法研究大体分为如下几类:

(1) 经典可靠性框图法。沿用复杂系统建模理论,主要包括可靠性框图法[24]、故障树(FTA)法[25]、Markov 模型法[26]、Petri 网法[27-28]、GO 法[29]等。苏春等[30]利用 Petri 网对挖掘机制造系统的动态可靠性进行建模与分析;Abhulime[31]利用 Markov 模型法提出复杂制造系统可靠性建模分析法;Lin[32]利用随机任务流网络(Stochastic-flow manufacturing network)建立生产线可靠性分析与评估模型。

(2) 利用制造系统运行维护数据法。Li[33]提出基于制造系统运行和维护数据来利用极大似然估计方法估计制造系统可靠性，为开展制造系统预防性维修提供依据；Li[34] 提出利用灰色模型来建立制造系统可靠性预测模型；Lin[35-36] 提出基于限量制造网络模型（Capacitated manufacturing network），利用故障和返工等运行数据建立制造系统可靠性分析模型；Mokhtari 等[37] 建立了考虑制造系统可靠性的制造系统运行和维修调度算法。

（3）考虑制造过程质量数据法。Chen[38-39] 利用过程质量与系统可靠性交互效应（QR-co-effect）首次提出考虑过程质量的制造系统可靠性分析模型和维修策略；孙继文等[40] 提出了面向产品尺寸质量的制造系统可靠性建模与分析方法；Zhang 等[41] 基于状态空间模型（State space model）建立复杂制造过程可靠性建模方法；本书研究了基于过程质量数据的制造系统可靠性建模分析方法和机械制造过程中产品质量与制造系统可靠性关联模型。

1.4.3　制造过程产品可靠性分析技术

产品的质量通常可用多个维度加以描述，可靠性作为质量的其中一个维度，涉及产品性能随时间而变化的动态特征[44]。相对于设计阶段定义的可靠性要求，制造过程的末端将直接输出被制造产品的可靠性指标，即制造可靠性。制造可靠性在实际使用中表现为产品早期故障率，产品早期故障率是制造过程产品可靠性水平高低的指示指标。早期故障率对于企业而言，一方面作为制造过程质量的延伸指标，另一方面可作为产品可靠性的先行与征兆指标，其内在形成规律及量化研究对消除过高的早期故障率从而保证产品的质量与可靠性水平意义重大。因此，产品早期故障率的建模与优化是制造过程产品可靠性分析技术的核心。

产品的制造包括原料入场、零件加工、部件装配和出厂总测等过程，通过对外购和自制零部件对象的操作处理从而形成过程的在制品和最终的产出品，因而最终产品的可靠性问题除了可以依据产品维修数据进行可靠性问题分析外，还可追溯至上游的整个供应链体系[45]。总的来说，制造过程涵盖了加工、装配和检测等过程，人、机、料、法、环、测等方面的波动在制造过程的各环节传递和累积引起制造质量的偏差数据，是决定和影响产品最终可靠性水平的重要阶段，产品形成过程的一系列质量数据可以作为制造过程产品可靠性分析与改进的扩展数据。

数据方面，通常存在于产品制造过程的质检数据、可靠性试验数据以及外场使用的失效数据等是评估制造质量偏差效应最为相关的数据来源[46]。而由于数据的可测性及成本限制等，产品使用过程中的维修或失效数据等，相较于试验所测数据在反映产品实际可靠性状况方面，具有更大的优势。

面向使用阶段产品的维修或失效数据，Jiang 等[47] 讨论了制造过程波动对于产品固有可靠性的影响作用，具体针对过程中的组件不合格波动及装配误差波动构建了考虑制造波动因素的产品固有可靠性概念模型,并展开了参数型估计、非参数型估计的分类讨论。

模型方面,用于表征产品可靠性指标的分布往往具有不同的结构和形式,如分段威布尔分布、广义威布尔分布、混合分布、竞争风险分布,多项式分布等。以多项式可靠性模型为例,该形式模型受不同分布的综合作用,可用于不同失效机理下N型或W型故障率曲线的拟合等[48]。

在关联传统质量指标和可靠性指标的问题上,“出界点”的概念可用于对制造过程存在的影响产品可靠性下滑的风险因素[49]。进一步地,一种以出界点数目为纵坐标,累积时间为横坐标的新型浴盆曲线模型对质量方面“出界点”以可靠性方面“失效率”的转化,为二者关系的建立提供了指导[50]。

系统来讲,最前端的产品设计、中间的原料供应以及机加装配过程能力,均会对实际产品制造可靠性产生影响,进而,保障设计阶段即融入产品的可靠性分析,提高原材料的质量并加强供应链的管理,并稳定全过程制造能力是改善产品可靠性的几大可行与必要措施[51]。

一般而言,针对产品可靠性指标的统计推断,可依托于全寿命周期中所采集的失效数据。但是对于一个新产品来说,无法获得足够的失效数据,而原型试验不仅耗费大,且得来的数据无法保证其正确性和精确性,故而导致新产品的可靠性难以预测。面对此问题,Sanchez 和 Pan[52]提出了结合专家意见及市场同类别产品的失效或维修信息的数据源拓展思路,实现对新型产品可靠性的预测与评估。

Kim[53]重点研究了产品早期使用的可靠性问题表现,分析了制造阶段缺陷的增长模型及聚集效应对半导体器械递减失效率曲线的影响关系,建立了考虑制造缺陷的产品可靠度函数模型,对明确制造阶段偏差与产品可靠性之间的影响关系提供了参考。

Shirley[54]将缺陷分为制造质量缺陷与可靠性缺陷,提出二者间的比例系数 K,并认为每种失效机理对应特定的比例系数 K,搭建了质量与可靠性间的定量关系。

陈伟权等[55]以常见的缺陷模型如泊松分布和负二项分布为基础,针对表征IC电路质量指标的良品率(Yield)和可靠性指标的可靠性(Reliability)可能存在的关联,以时间为自变量提出 Y-R(Yield-reliability)关联模型,以期对老化试验参数的设计展开指导。

综上所述,设计水平既定时,产品的质量与可靠性无差异地被用来定性描述并反映产品的制造能力与稳定性。实际可靠性工程实践中,质量指标因其众多的产品特性表现出一般性和笼统性,产品的可靠性指标则更具针对性。制造缺陷常常配合制造良品率定量刻画产品的制造质量,从产品寿命周期的时间轴上来看,可视为“零时刻的产品质量”,而产品可靠性可视为基于时间累积的质量预测,即“大于零时刻的产品质量”,是动态变化的实时产品质量。因此,时间因素和产品符合性特性因素等成为联系产品制造质量与可靠性的关键纽带,如何立足于制造阶段对设计要求的符合性特性加以保证从而量化时间轴前端的使用初期可靠性水平,是展开制造过程产品可靠性分析及早期故障率控制的关键。

1.4.4　制造工艺缺陷故障机理分析技术

引起工艺缺陷的物理的、化学的、机械学或其他的过程称为工艺缺陷故障机理。现阶段对工艺可靠性机理的研究主要集中在电子产品行业。在集成电路(半导体)产品加工过程中,由于人们对其故障机理的研究投入了很多精力,因而对该类产品的可靠性保障积累了丰富的研究经验。对于集成电路产品,在其加工过程中产生的物理缺陷既影响到产品可靠性,也对产品的加工成品率产生重要影响,因此在产品可靠性和加工成品率之间存在一种强相关关系。

半导体产品的失效主要是由基本的机械、电路、温度或者化学过程引起的,所以对这类产品的失效研究主要集中在物理失效模型方面。贾新章[56]研究了集成电路产品的失效率与加工成品率之间的定量关系,将缺陷分为成品率缺陷(导致硬件故障)、可靠性缺陷(导致产品寿命缩短)和良性缺陷,给出了精度较高的集成电路产品成品率预测模型。刘衍平等[57]总结了失效物理模型的研究成果,指出失效物理模型不仅适用于产品的设计,在制造过程中对于提高产品可靠性也是一种经济有效的手段。Kuo 等[58]通过分析生产线的成品率对半导体产品可靠性的影响,建立了它们之间的关系模型,将影响半导体产品的成品率和可靠性的参数归纳为三类:与设计有关的参数、与制造过程相关的参数以及与操作相关的参数,前两类参数影响成品率,而所有参数都影响到产品的可靠性,同时还研究了晶片验收测试、老化、最终测试、质量控制等最终产品可靠性和用户满意度的保证方法。

上述模型基本上都是针对集成电路(半导体)产品建立的,它们的成功应用是建立在准确描述电子产品失效机理的基础上的。然而,对于应用广泛的具体机械制造过程故障机理的研究甚少,在工程实践过程中主要依靠制造从业人员的经验积累和对大量历史数据的分析,分析机械制造过程和产品可靠性之间的影响机理,建立描述产品可靠性和机械制造过程各种变量之间关系的定性模型,急需对定量的工艺缺陷机理及分析方法开展研究。

1.4.5　制造过程可靠性监控技术

由于缺乏对于制造过程可靠性的系统的认识,当前关于制造过程可靠性的监控研究主要分为如下 3 个离散方向:

1. 质量偏差流分析技术

先进制造与工艺技术发展的同时,产品面临着更加复杂的生产制造过程,并对制造系统能力有着更高的要求。实际产品的生产中，往往需要多工位制造系统(Multi-station Manufacturing System，MMS)环境的支撑[59]，同时辅以 N 个彼此作用的多工位制造过程(Multi-station Manufacturing Process，MMP)，以最终实现产品成品的制造，具体见图 1-7。“偏差流”(Stream of Variation，SoV)[60]理论描述了多工位制造系统的生产环境下，制造过程中的波动以两类形式的偏差，即制造过程偏差和产品质量特性偏差，在多工序流程中进行耦合性推进，使得产品加工特性的偏差流转于如图 1-7 所示的波动传递图中。以机械产品的多工位加工制造为例，产品的过程尺寸会受到各种制造波动的影响，例如夹具、机床刀具等，图 1-7 及图 1-8 清楚地描述了偏差传递的过程，伴随着随机误差 w_i 的影响，每个工位的执行会引入加工偏差、定位偏差等制造过程波动 u_i，同时从上游工位加工流转过来的产品毛坯存在着尺寸偏差，这些综合作用经过多个工位的积累，通过关键工位的测量值 Y_i 反映，综合测量误差因素 v_i 可判定最后使得产品尺寸与设计尺寸并不完全相符，如图 1-8 所示。

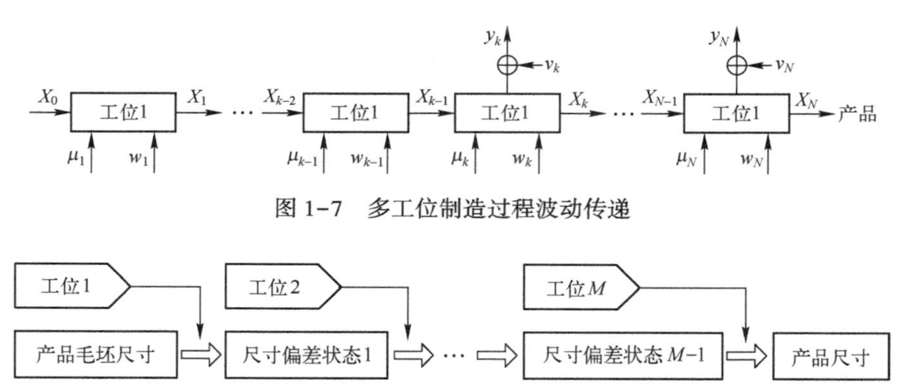

图 1-7　多工位制造过程波动传递

图 1-8　多工位制造过程偏差状态累积

事实上，尺寸的偏差状态累积一方面会使得下游加工过程中需要反复对刀具或夹具等作出修整，而增加了原本的制造周期；进一步地，偏差的存在对于装配部件来讲，因间隙不配合或封装不严实等常常会造成总装配的不良与失效[61]。

考虑到 MMP 中普遍存在的偏差流问题，国内外学者开展了多方面的分析与建模。1999 年，Agrawal 等[62-63]在 20 世纪 90 年代末以自回归模型对偏差流问题进行了建模，给出了上游工位的观测值 Y_{i-1}将决定当前工位观测值 Y_i的论断，并推荐选用包含如式(1.1)及式(1.2)的 AR(1)模型对此进行刻画。

$$Y_i \sim N(\mu_i, \sigma_i^2) \tag{1.2}$$

$$Y_i=\alpha_i+\beta_i Y_{i-1}+e_i,\quad i=1,2,\cdots N \tag{1.3}$$

AR(1)模型的建立依赖于时间序列自回归模型,认为上游工序以及噪声会影响到所研究工序的测量向量。通常情况下,模型本身的优势在于可对不确定偏差因素较高的工艺尺寸的波动行为进行解析和预测,并对时间平稳的串联型 MMS 较为有效。

而早在 1997 年,Hsieh 等[64-65],针对汽车车体的组装,基于遗传算法可用于优化为求解特征,以车体柔性零件的组装误差最小为导向,展开了相关的过程建模与优化,同时基于弹性静力学理论给出了物理结构的评价方法。

Liu 等[66-68]同样针对零件的装配问题,采用有限元的方法对装配能力和装配偏差展开研究,并对柔性装配过程中容差限分配问题进行了重点讨论。

对于尺寸偏差的分析,极值法和统计法通常适用于机械结构简单的刚性零件装配过程。面向复杂机械结构的复杂装配过程,蒙特卡罗仿真法更具优势。进而,以蒙特卡罗仿真法为导向,Turner 等[69-71]通过设置扰动因素以影响产品制造尺寸来衡量偏差的敏感性,并给出了 CAD 模型下线性装配函数的偏差分析方法。而对产品本身结构而言,其组件的复杂性决定了其相关 CAD 模型参数的庞大性,相应的偏差敏感性运算时间成为实际运用的一大瓶颈。

在预测产品尺寸特征偏差,并进而识别潜在故障的问题上,Hu 等[60]给出了系统偏差流的概念作为分析的基础。

基于系统偏差流概念的提出,Jin 和 Shi[72]于 1999 年通过分析刚性零件在平面内运动的尺寸偏差,面向或简化、或复杂的多工位装配过程的偏差流,构建出相应的状态空间模型,同时关注夹具定位、刀具定位等过程产生的波动,提出差累积模型,衡量了波动因素对于过程尺寸偏差的影响。

类似地,给予被加工零件以抽象和简化的建模,同时考虑定位和刀具偏差,Huang 等[73]拓展上述状态空间模型以适用于实际多工位制造过程的偏差流描述和建模。

Zhong 等[74]面向零件本身,融合柔性零件变形的特性,进一步地构建出点分布模型以展开前述多工位制造过程偏差流模型的深入推导工作。

之后,集成偏差流概念与状态空间模型的线性偏差流状态空间由 Djurdjanovic 等[75]提出,并在现代控制理论多方位发展与应用的环境下,可有效控制存在于多工位制造过程的偏差流。

可见,面向制造过程的 SOV 技术,一方面描述了多个工位或工序之间存在的相关性,另一方面也量化了制造质量偏差随加工过程由上游工序传递到下游工序并最终反映到产品尺寸偏差乃至产品可靠性下滑的过程,为通过控制过程偏差以保证实现设计要求的产品质量与可靠性水平提供了理论支撑。

鉴于其波动将对产品的安全性，或用户使用体验产生严重影响为特征的关键产品特性，以及相关联且关键的过程型控制特性，二者共同组成了产品级的关键质量特性，识别并提取以关键的过程型控制特性为核心的监控对象，进而利用相关监控技术展开针对性的控制，是监控过程偏差的两大要素。进而，亟需通过监控保证相对应的关键产品参数在目标值附近，且波动较小的关键过程参数，以对关键产品特性进行保障，进而实现设计质量与可靠性的要求。

传统工程实践中，产品质量特性的优先级排序甚至是关键质量特性的确定往往基于设计经验及 QFD 等质量功能展开工具，定位客户需求，并进行工程技术语言的转化，形成产品的功能特性、结构特性及工艺特性的分解，进而由企业内部 IPT 产品开发团队识别出需要进行监测的关键过程控制参数。

从产品质量特性偏差所致的损失角度来讲，田口质量损失函数也常用来挖掘筛选出制造过程对产品可靠性敏感的过程参数，并作为关键控制特性[76]。该思路认为质量特性的波动程度可用质量损失的大小加以衡量，平缓的质量损失对应波动不大的质量特性，即非关键质量特性；而质量损失观测值越大，相关联的质量特性存在更多的波动并远离设计规范值，而应成为着重关注并控制的关键型质量特性[77-78]。

基于已识别的关键型质量特性，偏差的监控主要归为以下两种：一种是借助传统 SPC 控制图技术的单工序监测以实现对于最后一个工位，或者是某个关键控制特性不再受到下游加工影响的监测[79]；另一种是面向多工位制造过程的监测，通过对产品 MMP 过程的系统分析与建模，实现多工位全过程的监控[80-81]。

具体到过程监测的实施，一方面可通过面向偏差流状态空间的变点分析方法展开对关键控制特性历史数据的分析，建立相关检测统计量，以对过程是否受控进行判别[82]；另一方面，可利用多工位状态空间模型等，在过程不稳定的情况下，发动警报以启动即时的调整和控制[83-84]。

2. 截尾控制图技术

制造过程对关键质量特性偏差进行传递和累积，形成过程产品质量，影响着被制造产品的可靠性，潜藏着产品可靠性退化的危机。特别是随着产品制造要求和复杂程度日益提高，限于检测技术、时间和成本的约束，信息不完备的截尾质量特性广泛存在于制造过程中，与信息完备的常规质量特性共同传递和制约着制造过程中的产品质量与可靠性。截尾型特性取值存在着模糊性和不确定性，与产品可靠性有着天然的联系，但目前，由于缺乏合适的控制图加以监控，大量截尾特性在制造过程质量控制中被遗漏或舍弃，加剧了制造过程产品可靠性的退化，导致生产出的产品可靠性达不到可靠性设计指标要求。考虑到截尾特性的重要性和特殊性，过程质量控制领域资深专家 Montgomery[79] 2009 年在其著作《Introduction to

Statistical Quality Control》(Sixth Edition)中首次对截尾特性控制图技术进行了专门介绍。

截尾型质量特性控制图技术起源于20世纪90年代,随着用户对产品可靠性保障需求的不断增加,面向截尾特性的过程控制技术研究也随之发展。早期的截尾特性数据处理方式普遍从整体分布入手,通过后期对控制限的修正来减弱截尾数据带来的分布扭曲影响[85-88]。

随后针对截尾特性具有的偏态样本分布和不完整取值等截尾特征,学者们又提出不同方法用于截尾特性的监控,研究大体可分为如下3类:

1) 概率限法(Probability Limits,PL)

Liu[89]探讨了面向高质量过程保证的非正态统计模型,提出概率限方法用于质量特性呈偏态分布时控制图上下限的确定,但未对截尾特性本身进行信息挖掘,所构建的控制图不能有效显示截尾特性的偏差信息;Huang 等[90]基于概率限思想,借用一阶统计量讨论了形状参数已知的情况下,运用警报界限监控威布尔分布过程百分位的无偏 ARL 控制图的构建;Guo 等[91]针对服从威布尔分布的第二类截尾特性,通过创建符合均匀分布的顺序统计量,基于概率限的思想借助自由度为$(2r-1)$的卡方分布给出单侧控制限和双侧控制限,却依赖于样本容量、失效数 r、错误警报率等,约束较大。

2) 概率图法(Probability Plotting,PP)

Schneider 等[92]面向偏态分布的左截尾数据,绘制概率图并采用点映射法计算不同分布下的控制界限,前提需要对左截尾数据进行分布的拟合;针对竞争风险因素对截尾机制的复杂化效应,Steiner 等[93]提出新型 EWMA 控制图用于监控混合了竞争风险因素的生存数据;Asadzadeh 等[94]为提高产品可靠性,立足多工位过程,提出考虑固定竞争风险因素的截尾机制的回归调整型 CUSUM 控制图,用于检测过程均值的减少。

3) 条件期望值法(Conditional Expected Value,CEV)

Steiner 等[95-97]给出了基于 CEV 的正态截尾特性的单侧控制图构建步骤,实现了过程质量退化的快速检测,当截尾水平一定时,给出基于 CEV 的休哈特控制图,用于过程的控制,相继给出了竞争风险因素导致高度截尾时的 CEV 控制图;Zhang 等[98]基于条件期望值方法通过指数分布尺度的转化构建了面向威布尔分布情况下截尾寿命数据的 EWMA 控制图,用于检测过程均值的变化;Olteanu[99]研究了面向区间截尾数据的潜在分布为二参数威布尔分布的假设下,基于似然比例(Likelihood Ratio,LR)的 CUSUM 的构建方法,并进行了初步的性能评价;Pascual[100]对第二类截尾的威布尔过程建立起样本的极小最值分布,基于无偏 ARL 确定出适于任何类型控制图的控制界限用于对威布尔分布的形状参数进行监控,但其控制界限的确定依赖于样本量、第二类截尾机制中的失效数及受控过程形状参数值等；Zhiguo Li 等[101]考虑秩统计量的渐进属性，运用加权秩试验法对右截尾可靠数据构建通用的操作特征函数，进而构建出控制图并表明了一类错误概率，二类错误概率等；郭宝才等[102]虽针对截尾型威布尔分布进行了控制图的设计，但未能对截尾造成的样本分布扭曲进行还原，得到的控制图并不准确；辛士波[103]研究了正态分布型截尾特性的控制限的问题；Wang 等[104]针对质量特性不完整或截尾等对质量信息的不完全体现问题，运用模糊数据原理对上述质量特性进行近似正态处理和近似卡方分布模拟，构建出含有模糊决策规则和 ARL 运算的 CUSUM 控制图。

从上述研究分析中可以看出，传统截尾特性控制图技术以基于条件期望值 CEV 技术构建截尾特性控制图为主要线索，但该方法存在局限于具体控制图类型的缺陷，不便于在制造过程中广泛应用，同时缺乏对截尾特性监控与制造阶段产品可靠性关系研究，限制了其发展。

3. 老炼技术

受制造过程人、机、料、法、环、测等系统性或随机性因素的影响，产品的质量发生波动，表现为质量特性值较规范值存在偏差，带来质量偏差损失，并与产品使用初期早期故障的频发密切相关[105-107]。McCluskey 等[108]从产品失效机理角度认为制造过程控制不良时，将产生制造缺陷从而影响产品应对高应力环境的稳健性，缺陷效应的累积最终导致产品的早期失效。Cha 等[109]关注具有不同失效模式的异构总体，提出了百分位和尾部混合机制的失效率模型用于观测总体失效率的真实动态变化特征。Almudever 和 Rubio[110]基于可靠性与波动的视角具体给出了碳纳米管场效应晶体管(Carbon Nanotube Field-Effect Transistors，CNFET)制造过程中导致产品早期失效的 5 大制造缺陷源，强调了加强制造过程监管及优化设计技术的重要性。为降低早期故障率，老炼试验作为一种特殊的制造过程失效导向的加速测试被用来筛选和剔除具有质量缺陷的产品以保证器件在使用过程中的稳定性能[111]，却带来较高的老炼成本[112]。根植于制造过程中固有的制造波动和偏差不可避免地导致大量的隐性损失和异常高出的早期故障率，是开展老炼时间优化的重要先验信息。然而，传统老炼试验环境的设定完全不考虑导致早期故障频发的制造过程偏差因素及其损失，而是基于为达到期望的可靠性水平老炼时间不宜过短和过长的认知，通常设计的较为简单和武断。区别于早期故障直接导致的维修成本，存在于制造过程的质量偏差损失可视为一种隐性的源成本，并伴随老炼成本及使用保修期内故障的累计维修成本逐渐显性化。传统早期故障率的优化研究多集中于既定保修策略及最小成本下对老炼试验时间的优化，而未充分考虑造成产品较高早期故障率的制造质量偏差损失的约束，使得老炼时间的优化独立于制造阶段的源成本，不能从根本上指导用于早期故障率降低的优化方案，导致制造过程质量控制与可靠性验证脱节[107]。

现阶段，面向早期故障率优化的最佳老炼试验时间的讨论，在不同的约束如特定的平均剩余寿命、特定的任务可靠度、特定的故障率，最大的老炼试验能力等限定下，一方面关注成本模型的结构，一方面关注产品的保修策略类型。Kuo[113]从系统角度出发，以电子产品组件的老炼时间为决策变量，以组件及系统应满足的可靠度要求为约束，提出了包含组件老炼成本、老炼维修成本及售后维修成本的总成本优化模型。随后，Chi 和 Kuo[114]又将实际老炼试验的最大能力作为约束，研究了综合可靠度和老炼试验能力约束下的老炼时间优化模型。Chandrasekaran[115]以最大平均剩余寿命为约束，基于对老炼成本与总老炼时间的线性假设等研究了不同失效特征下的总成本模型，确定了最优老炼时间。Lawrence[116]基于递减的失效率特征，利用一阶矩及失效分布的百分位方法，明确给出了满足特定平均剩余寿命约束的老炼时间的上下限值。Marko 和 Schoonmaker [117]定义全寿命周期成本为老炼成本与售后失效成本之和，运用穷举搜索技术优化备用组件的老炼时间从而最小化全寿命周期成本。Genadis [118]讨论了电子产品开展老炼试验的三个必要前提：非老炼组件可靠性水平是否满足设计目标、期望的老炼后组件可靠性有多大提升及组件的老炼是否符合经济性要求，考虑保修政策的影响，基于对早期故障阶段的威布尔失效假设和偶然故障阶段的指数失效假设衡量了组件或系统进行老炼的成本模型并确定出最佳老炼时间。上述模型虽均涉及产品的维修，但未系统地将保修政策融入老炼时间优化的建模中。而 Nguyen 和 Murthy[119]首次提出两类维修政策——免费替换和返利模式下的最小成本模型。基于浴盆曲线失效模式的假设，Yun 等[120]分析了累计免费替换保修政策下的总平均成本模型，通过调节老炼时间，对增加的制造成本和减少的维修成本进行权衡。Wu 等[121]提出了免费替换和按比例维修下的成本模型，可实现对老炼时间和保修时长的同时优化。同样的对于具有浴盆曲线失效特征的产品，Shafiee 等[122]研究了老炼、保修及预防性维修等策略在优化早期故障率的同时对单位产品总期望成本的不同影响，以指导管理决策。针对微机电系统更高可靠性导致的传统老炼失效的问题，Ye 等[123]基于退化模型建立了预防性维修策略下的老炼优化模型。为保证老炼后产品性能指标满足设计要求，Ye 等[124]对生产方成本及使用方接收的性能进行建模，给出双目标下的老炼优化模型。

综上可知，以消除早期故障特征为终极目标的最优老炼分析更多地立足于老炼试验对事后保修或维修的可靠性成果或效益的改善。而研究中关于老炼成本的论述多与使用失效成本、维修或保修成本相关构成老炼成本模型以对最优老炼时间进行分析[124]。即便存在一些文献强调了老炼时间优化过程制造成本的重要性，其处理方式仅限于将老炼试验费用粗略地计入制造成本中而并未系统展开由于制造质量偏差导致的根源性隐性损失[120]。如何将造成产品较高早期故障率的制造质量偏差损失融入优化老炼试验时间,并显性化表征制造质量偏差损失模型反映根源性的质量波动,成为老炼试验时间优化领域新的难题。

1.4.6 小结与分析

从以上分析可以看出,制造可靠性问题是装备研制的系统性问题,制造可靠性作为可靠性系统工程领域的新兴方向,由于缺乏对制造过程故障机理研究,制造系统可靠性、制造过程质量和产品可靠性间的影响关系尚未有机结合,现有工艺可靠性技术研究缺乏系统性。此外,仅有的几本工艺可靠性书籍都是零部件级的侧重于某类具体工艺类别(机械或电子)的应用类图书,缺乏覆盖整机及机械电子等典型工艺的通用理论和技术方面的专著来指导和引领制造可靠性的理论与技术发展,助力"中国制造 2025"[125]。

为此,本书从可靠性系统工程技术的层面,站在装备、制造过程和制造系统的宏观层面,提炼作者多年来在制造与工艺可靠性领域的多项科研成果,依据现代科学技术包括理论、基础技术和应用技术的框架,首次从理论的角度,提出制造过程可靠性完整的认知理论与使能技术体系,实现与设计可靠性技术和使用维修保障技术的高度集成,为从制造系统和制造工艺的角度认知和预防产品制造缺陷提供较为系统的理论与方法支持,将填补可靠性系统工程技术在制造应用领域的空白。

1.5 制造过程可靠性技术框架

针对现代科学技术的体系结构,我国著名科学家钱学森从系统科学思想出发提出了矩阵式结构。该科学技术体系从横向上看有 11 个科学技术门类。即:自然科学、社会科学、数学科学、系统科学、思维科学、行为科学、人体科学、军事科学、地理科学、建筑科学、文艺理论;从纵向上看,每一个科学技术部门里都包含着 3 个层次的知识:直接用来改造客观世界的应用技术(或工程技术);为应用技术直接提供理论基础和方法的技术科学(或基础技术);以及再往上一个层次,揭示客观世界规律的基础理论(或基础科学)。

制造过程可靠性技术作为制造技术与可靠性技术的交叉学科,其学科技术体系也具有层次性,这种层次性反映了我们对制造过程可靠性技术的研究与应用规律。为此,我们提出如图 1-9 所示的制造过程可靠性技术框架。

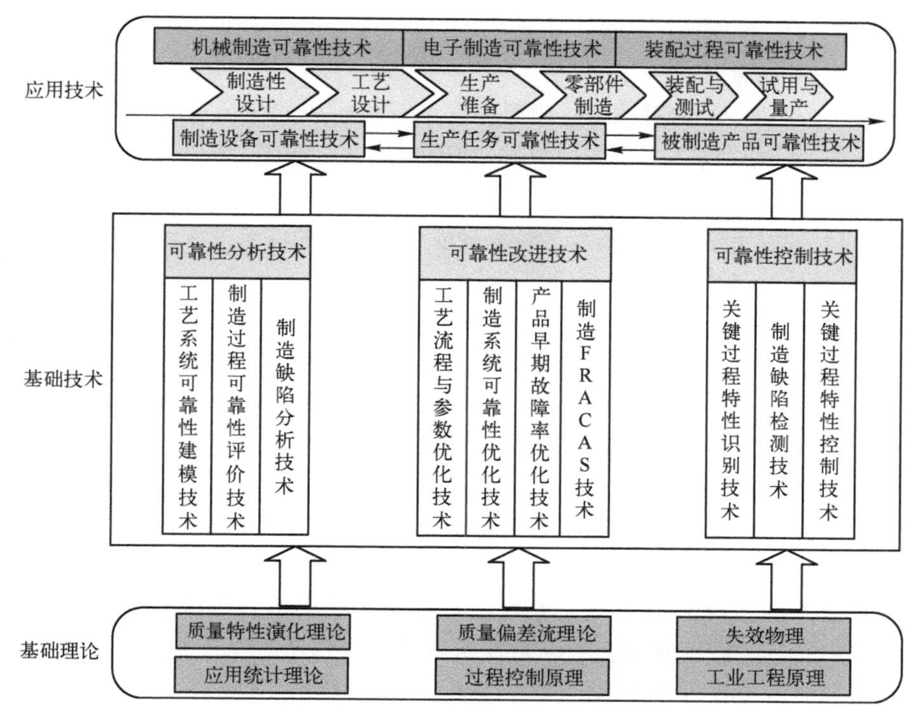

图1-9 制造过程可靠性技术框架

如图1-9所示,制造过程可靠性技术框架主要包括如下3部分:

1. 基础理论层

制造过程可靠性技术的基础理论是指依据应用统计理论、过程控制原理和工业工程原理认知制造阶段质量特性演化、质量偏差累积与传递、故障发生机理的理论体系,催生新的制造可靠性基础技术。该部分关键内容将在第2章中详细介绍。

1)应用统计理论

应用统计学是指统计学的一般理论和方法在社会、自然、经济和工程等各个领域的应用以及在应用中遇到的具体方法问题,它是统计学和其他学科之间形成的交叉学科,也是理论统计学发展的源泉。应用统计理论强调用数据说话,为从数据的角度认知制造过程可靠性机理提供相应的统计技术支撑。

2)过程控制原理

过程控制是研究生产过程机器内部的控制与通信的一般规律的学科,着重于研究过程参数的数学关系,是综合研究各类系统的控制、信息交换、反馈调节的科学。由此可见,有效的过程控制的基础是信息,一切信息传递都是为了控制,任何控制又都有赖于信息。因此,过程控制原理为我们充分利用制造过程信息开展有效的过程控制提供了理论支撑。

3）工业工程原理

工业工程是对人、物料、设备、能源和信息等所组成的集成系统，进行设计、改善和控制的一门学科，它综合运用数学、物理和社会科学的专门知识和技术，结合工程分析和设计的原理与方法，对该系统所取得的成果进行确认、预测和评价。工业工程原理为我们系统的认识和改进制造过程可靠性提供了方法论支持。

4）质量特性演化理论

基于适用性质量理念，研究质量特性从顾客需求、功能需求、结构需求、工艺需求的演化状态空间，为定量化实现设计和制造过程的质量控制提供具体的信息支持，达到实现产品寿命周期质量可观可测可控的目的。质量特性演化理论为我们将源于设计阶段的可靠性理论扩展到制造阶段提供了理论支撑。

5）质量偏差流理论

基于符合性质量理念，研究质量特性测量值受操作者、设备、材料、工艺方法、测量及环境等影响因素作用的波动规律及多个相关质量特性偏差互相影响及累积的量化数学关系，为消除不正常的系统波动提供理论支持。质量偏差流理论为我们深入认识制造阶段可靠性影响因素及影响规律提供了方法支持，同时也为我们认识和研究制造过程可靠性理论提供了先进的质量技术支持。

6）失效物理

失效物理是研究产品在各种应力下发生失效的内在原因及其机理的科学，包括观测各种失效现象及其表现形式（失效模式）与促使失效产生的诱因（应力，包括工作应力、环境应力和时间应力）之间的关系和规律；在原子和分子的水平上探讨、阐明与电子元件和材料失效有关的内部物理、化学过程（失效机理）；在查清失效机理的基础上，为排除和避免失效，提供相应的预防措施等。失效物理为我们深入认识制造缺陷及其对产品可靠性的影响机理提供了有效的技术支撑。

2. 基础技术层

制造过程可靠性技术的基础技术是指运用质量特性演化理论、质量偏差流理论、失效物理等基础理论提高制造过程产品可靠性的技术体系，以制造过程产品可靠性的分析、改进和控制为主线，为制造过程可靠性技术的应用提供技术手段。该部分是本书的主要阐述内容，将在第 3 章到第 5 章中对分析、改进和控制等技术分别作详细介绍。

1）制造过程可靠性分析技术

可靠性分析的主要任务是基于数据与故障机理对制造过程的工艺系统、制造过程和被制造产品的可靠性进行系统分析，实现对上述对象可靠性的建模及潜在缺陷的分析。主要包括工艺系统可靠性建模技术、制造过程可靠性评价技术、制造缺陷分析技术等,本书将在第3章介绍制造过程可靠性分析技术。

2）制造过程可靠性改进技术

可靠性改进的主要任务是基于数据与故障机理,从制造系统、制造过程和任务、被制造产品等3个不同维度和层次对识别的各类缺陷和故障模式进行优化和改进。主要包括工艺流程与参数优化技术、制造系统可靠性优化技术、产品早期故障率优化技术、制造 FRACAS 技术等,本书将在第4章介绍制造过程可靠性改进技术。

3）制造过程可靠性控制技术

可靠性控制的主要任务是依据过程控制理论,对分析和改进后的制造阶段影响产品的关键参数的最佳技术状态和水平加以监控和保持。主要包括关键过程特性识别技术、制造缺陷检测技术、关键过程特性控制技术等,本书将在第5章介绍制造过程可靠性控制技术。

3. 应用技术层

制造过程可靠性技术的应用技术是指在基础理论与基础技术之上形成的工程应用技术。这些技术最终为制造与形成最终产品的机械、电子与装配过程提供包括制造设备、生产任务和被制造产品等不同层次的应用技术,实现可靠和优质制造,提高和改进产品可靠性。

1）制造设备可靠性技术

制造设备可靠性技术是从制造系统的角度围绕制造设备的健康与维修为核心,是保证制造过程产品可靠性的基本抓手,只有从可靠的设备上制造出的产品才可靠,制造设备的可靠性分析与保证是制造现场的日常工作和基本工作。

2）生产任务可靠性技术

生产任务可靠性技术是从制造过程任务可靠性分析与保证的角度,实现对制造过程产品可靠性的预防性控制,产品是过程的输出结果,构成制造过程的制造任务的可靠性是影响被制造产品可靠性的关键因素,因此,生产任务的可靠性分析与提高也应是制造现场的日常工作。

3）被制造产品可靠性技术

被制造产品可靠性技术是从检测和识别制造过程中产品制造缺陷为目的的一类技术的总称,制造缺陷的多少直接决定着被制造产品早期故障率的高低,是制造过程可靠性是否受控的关键指示指标。因此,制造缺陷分析及早期故障率分析也应是制造现场的日常工作。

本书重点关注制造过程可靠性技术的基础理论与基础技术的介绍,重点阐述制造过程可靠性的分析、改进与控制等狭义制造过程可靠性技术,对于制造过程可靠性技术的应用技术不做专门介绍,只在第6章应用展望中加以简述。

参考文献

[1] LAI C D,XIE M,MURTHY D N P. Bathtub shaped failure rate life distributions[M]//Stochastic Ageing and Dependence for Reliability. New York:Springer,2006:71-107.

[2] MURTHY D N P. New research in reliability,warranty and maintenance:APARM 2010,Wellington,New Zealand,December 2-4,2010[C]. Taiwan,Republic of China:McGraw-Hill International Enterprises,2010.

[3] SUH N P. Axiomatic design:advances and applications[M]. New York:Oxford University Press,2001.

[4] 王林波. 考虑制造质量偏差的产品早期故障率分析与优化研究[D]. 北京:北京航空航天大学,2015.

[5] SCHROEN W H,AIKEN J G,BROWN G A. Reliability improvement by process control[C]. 10th IEEE Annual Proceedings,Reliability Physics,Les Vegas,1973.

[6] 普罗尼科夫 A C. 数控机床的精度与可靠性[M]. 李昌琪,遇立基,译. 北京:机械工业出版社,1987.

[7] CROOK D L. Evolution of VLSI reliability engineering[C]. 28th Annual Proceedings on Reliability Physics Symposium,New Orleans,2002.

[8] BARRINGER P. Process reliability concepts [C]. SAE 2000 Weibull User's Conference, Detroit, Michigan,2000.

[9] 陈从桂,林国湘,刘迪荣. 考虑加工时间和可靠性的机床的动态优化选择[J]. 机械设计与制造,2003,8:3-4.

[10] 孔学东,恩云飞,章晓文,等. 微电子生产工艺可靠性评价与控制[J]. 电子产品可靠性与环境试验,2004,3:1-5.

[11] LIN G H. Process reliability assessment with a Bayesian approach[J]. International journal of advanced manufacturing technology,2005,25:392-395.

[12] 付桂翠,上官云,史兴宽,等. 基于产品可靠性的工艺系统可靠性模型[J]. 北京航空航天大学学报,2009,35(1):9-12.

[13] 王文利,闫焉服. 电子组装工艺可靠性[M]. 北京:电子工业出版社,2011.

[14] 樊融融. 现代电子装联工艺可靠性[M]. 北京:电子工业出版社,2012.

[15] O'CONNOR P,KLEYNER A. 2012. Practical reliability engineering[M]. Chichester:John Wiley and Sons,Ltd.,2012.

[16] INMAN R R,BLUMENFELD D E,HUANG N J,et al. Survey of recent advances on the interface between production system design and quality[J]. IIE Transactions,2013,45(6):557-574.

[17] GAN Z H,WONG W,LIOU J J. Semiconductor process reliability in practice[M]. New York:The McGraw-Hill Companies,2012.

[18] 何益海,沈珍,尹超. 基于过程质量数据的制造系统可靠性建模分析[J]. 北京航空航天大学学报,2014,40(8):1027-1032.

[19] 蒋平,邢云燕,郭波. 机械制造的工艺可靠性[M]. 北京:国防工业出版社,2014.

[20] MA J H,HE Y H,WU C H. Research on reliability estimation for mechanical manufacturing process based on Weibull analysis technology [C]. IEEE 2012 Prognostics and System Health Management Conference (PHM),Beijing,2012.

[21] 武春晖. 基于制造参数的机械工艺可靠性评价及控制方法研究[D]. 北京:北京航空航天大学,2012.

[22] 吕阿鹏. 机床可靠性对工艺系统可靠性影响分析[D]. 北京:北京航空航天大学,2013.

[23] 杨力. 专用设备配套件工艺可靠性分析与控制方法研究[D]. 北京:北京航空航天大学,2013.

[24] 张国志,杨光,巩英海. 复杂系统可靠性分析[M]. 哈尔滨:哈尔滨工业大学出版社,2009.

[25] DUTUIT Y, RAUZY A. Approximate estimation of system reliability via fault trees[J]. Reliability engineering and system safety,2005,87(2):163-172.
[26] PERMAN M, SENEQACNIK A, TUMA M. Semi-Markov models with an application to power-plant reliability analysis[J]. IEEE transactions on reliability,1997,46(4):526-532.
[27] RAUSAND M,HØYLAND A. System reliability theory:models,statistical methods,and applicationsc[M]. 2nd ed. New York:Wley-Interscience,2004.
[28] CARNEIRO J S A,FERRARINI L. Reliability analysis of power system based on generalized stochastic Petri nets[C]//Proceedings of the 10th International Conference on Probabilistic Methods Applied to Power Systems,Rincon,Puerto Rico,2008.
[29] 沈祖培,郑涛. 复杂系统可靠性的GO法精确算法[J]. 清华大学学报,2002,42(5):569-572.
[30] 苏春,沈戈,许映秋. 制造系统动态可靠性建模理论及其应用[J]. 机械设计与研究,2006,22(5):17-19.
[31] ABHULIMEN K E. Model for risk and reliability analysis of complex production systems:Application to FPSO/flow-Riser system[J]. Computers & chemical engineering,2009,33(7):1306-1321.
[32] LIN Y K,CHANG P C. A novel reliability evaluation technique for stochastic-flow manufacturing networks with multiple production lines[J]. IEEE Transactions on reliability,2013,62(1):92-104.
[33] LI L,NI J. Reliability Estimation based on operational data of manufacturing systems[J]. Quality and reliability engineering international,2008,24(7):843-854.
[34] LI G D,MASUDA S,YAMAGUCHI D,et al. A new reliability prediction model in manufacturing systems[J]. IEEE Transactions on reliability,2010,59(1):170-177.
[35] LIN Y K,CHANG P C. System reliability of a manufacturing network with reworking action and different failure rates[J]. International journal of production research,2012,50(23):6930-6944.
[36] LIN Y K,HUANG C F,CHANG P C. System reliability evaluation of a touch panel manufacturing system with defect rate and reworking[J]. Reliability engineering and system safety,2013,118:51-60.
[37] MOKHTARI H,MOZDGIR A,ABADI I N K. A reliability/availability approach to joint production and maintenance scheduling with multiple preventive maintenance services[J]. International Journal of Production Research,2012,50(20):5906-5925.
[38] CHEN Y,JIN J H. Quality-reliability chain modeling for system-reliability analysis of complex manufacturing process[J]. IEEE Transaction on reliability,2005,54(3):475-488.
[39] CHEN Y,JIN J H. Quality-oriented-maintenance for multiple interactive tooling components in discrete manufacturing processes[J]. IEEE Transactions on Reliability,2006,55(1):123-134.
[40] 孙继文,奚立峰,潘尔顺,等. 面向产品尺寸质量的制造系统可靠性建模与分析[J]. 上海交通大学学报,2008,42(7):1100-1104.
[41] ZHANG F P,LU J P,YAN Y,et al. Dimensional quality oriented reliability modeling for complex manufacturing process[J]. International journal of computational intelligence systems,2011,4(6):1262-1268.
[42] HE Y H,HE Z Z,WANG L B,et al. Reliability modeling and optimization strategy for manufacturing system based on RQR chain[J]. Mathematical problems in engineering,2015. DOI:10. 1155/2015/379098.
[43] 沈珍. 机械制造过程中产品质量与制造系统可靠性关联模型研究与应用[D]. 北京:北京航空航天大学,2013.
[44] GARVIN D. Managing quality[M]. New York:The Free Press,1988.
[45] ZHOU C W,CHINNAM R B,KOROSTELEV A. Hazard rate models for early detection of reliability problems

using information from warranty databases and upstream supply chain[J]. International journal of production economics,2012,139(1):180-195.

[46] CHUKOVA S, KARIM M R, SUZUKI K. Analysis of warranty claim data: a literature review [J]. International journal of quality & reliability management,2005,22(7):667-686.

[47] JIANG R,MURTHY D N P. Impact of quality variations on product reliability[J]. Reliability engineering and system safety,2009,94(2):490-496.

[48] BEBBINGTON M,LAI C D,MURTHY D N P,et al. Modelling N- and W-shaped hazard rate functions without mixing distributions[J]. Proceedings of the Institution of Mechanical Engineers Part O-Journal of Risk and Reliability,2009,223(1):59-69.

[49] WILLIAM R,LITTLETON D. Assessing the reliability risk of a maverick manufacturing anomaly[C]. CS MANTECH Conference,Boston,2012.

[50] BOSACCHI B. Fuzzy logic application to quality & reliability in microelectronics[C]. 3rd International Conference on Applications of Fuzzy Logic Technology,Orlando,1996.

[51] ROESCH W J. Using a new bathtub curve to correlate quality and reliability[J]. Microelectronics reliability, 2012,52(12):2864-2869.

[52] SANCHEZ L M,PAN R. An enhanced parenting process:predicting reliability in product's design phase[J]. Quality engineering,2011,23(4):378-387.

[53] KIM K O. Effects of manufacturing defects on the device failure rate[J]. Journal of the korean statistical society,2013,42(4):481-495.

[54] C G SHIRLEY. A defect model of reliability [R]. Tutorial of the IRPS,1995.

[55] 陈伟权,李本亮,贾明辉. 缺陷引起的可靠性和成品率关系研究[J]. 现代电子技术,2011,34(2):96-98.

[56] 贾新章. 工艺可靠性及其关键技术[J]. 半导体技术,2000,3(25):13-17.

[57] 刘衍平,刘冬青,李林. 螺栓联接的可靠性设计[J]. 现代电力,2002,4:27-31.

[58] WAY K,TAEHO K. An overview of manufacturing yield and reliability modeling for semiconductor products[J]. Proceedings of the IEEE,1999,87(8):1329-1344.

[59] DING Y,SHI J J,CEGLAREK D. Diagnosability analysis of multi-station manufacturing processes[J]. Journal of dynamic systems,measurement and control,2002,124(1):1-13.

[60] HU S J,KOREN Y. Stream-of-variation theory for automotive body assembly[J]. CIRP Annals of the International Institution for Production Engineering Research,1997,46(1):1-6.

[61] THORNTON A C. Variation risk management[M]. Chichester:John Wiley and Sons Inc,2004.

[62] J F LAWLESS,R J MACKAY,J A ROBINSON. Analysis of variation transmission in manufacturing processes--Part I[J]. Journal of quality technology,1999,31(2):131-142.

[63] J F LAWLESS,R J MACKAY,J A ROBINSON. Analysis of variation transmission in manufacturing processes--Part II[J]. Journal of quality technology,1999,31(2):143-154.

[64] CHING C H,KONG P O. Simulation and optimization of assembly processes involving flexible parts[J]. International journal of vehicle design,1997,18(5):455-465.

[65] CHING C H,KONG P O. A framework for modeling variation in vehicle assembly processes[J]. International journal of vehicle design,1997,18(5):466-473.

[66] LIU S C,HU S J. Variation simulation for deformable sheet metal assemblies using finite element methods[J]. Journal of manufacturing science and engineering,1997,119(3):368-375.

[67] LIU S C,HU S J. An offset finite element model and its applications in predicting sheet metal assembly variation[J]. International journal of machine tools and manufacture,1995,35(11):1545-1557.

[68] LIU S C,HU S J. Tolerance analysis for sheet metal assemblies[J]. Journal of mechanical design,1996,118(1):62-68.

[69] TURNER J U,WOZNY M J. Tolerances in computer-aided geometric design[J]. The visual computer,1987,3(4):214-226.

[70] TURNER J U,WOZNY M J. The M-Space theory of tolerances[J]. Advances in design automation,1990,1:217-225.

[71] TURNER J U,WOZNY M J,HOH D. Tolerance analysis in a solid modeling environment[J]. Computers in engineering,1987,2:169-175.

[72] JIN J H,SHI J J. State space modeling of sheet metal assembly for dimensional control[J]. Journal of manufacturing science and engineering,1999,121(4):756-763.

[73] HUANG Q,ZHOU N,SHI J J. Stream-of-variation modeling and diagnosis of multi-station machining processes[C]//Proceedings of the 2000 ASME International Mechanical Engineering Congress and Exposition,Orlando,2000.

[74] ZHONG W P,HUANG Y,HU S J. Modeling variation propagation in machining systems with different configurations[C]. ASME 2002 International Mechanical Engineering Congress and Exposition, New York,2002.

[75] DJURDJANOVIC D,NI J. Dimensional errors of fixtures,locating and measurement datum features in the stream of variation modeling in machining[J]. Journal of manufacturing science and engineering,2003,125(4):716-730.

[76] PHADKE M S. Quality engineering using robust design[J]. Technometrics,1989,33(2):235-236.

[77] TAGUCHI G,CLAUSING D. Robust quality[N]. Harvard Business Review,1990,68(1):65-75.

[78] WILLIAM EDWARDS D. Out of the crisis:quality,productivity and competitive position[J]. General information,1986,38(7):38-49.

[79] MONTGOMERY D C. Introduction to statistical quality control[M]. 4th ed. Chichester:John Wiley & Sons,2001.

[80] HAWKINS D M. Multivariate quality control based on regression-adjusted variables[J]. Quality control & applied statistics,1991,36(1):677-680.

[81] HAWKINS D M. Regression adjustment for variables in multivariate quality control[J]. Journal of quality technology,1993,25(3):170-182.

[82] ZOU,C.,F.,TSUNG,Y.,Liu. A change point approach for phase I analysis in multistage processes[J]. Technometrics,2008,50(3):344-356.

[83] XIANG L M,TSUNG F. Statistical monitoring of multistage processes based on engineering models[J]. IIE Transactions,2008,40(10):957-970.

[84] ZANTEK P F,LI S,CHEN Y. Detecting multiple special causes from multivariate data with applications to fault detection in manufacturing[J]. IIE Transactions,2007,39(8):771-782.

[85] XIE M,GOH T N,RANJAN P. Some effective control chart procedures for reliability monitoring[J]. Reliability engineering and system safety,2002,77(2):143-150.

[86] NICHOLS M D,PADGETT W J. A bootstrap control chart for Weibull percentiles[J]. Quality and reliability engineering international,2006,22(2):141-151.

[87] LIU J Y,XIE M,GOH T N,et al. A study of EWMA chart with transformed exponential data[J]. International

journal of production research,2007,45(3):743-763.

[88] CASTAGLIOLA P,KHOO M B C. A synthetic scaled weighted variance control chart for monitoring the process mean of skewed populations[J]. Communications in statistics:simulation and computation,2009,38(8):1659-1674

[89] LIU S T. Springer handbook of engineering statistics[J]. Technometrics,2007,49(4):494.

[90] HUANG X H,PASCUAL F. ARL-unbiased control charts with alarm and warning lines for monitoring Weibull percentiles using the first-orderstatistic[J]. Journal of statistical computation and simulation,2011,81(11):1677-1696.

[91] GUO B C,WANG B X. Control charts for monitoring the Weibull shape parameter based on Type-II censored sample[J]. Quality and reliability engineering international,2014,30(1):13-24.

[92] SCHNEIDER H. Control charts for skewed and censored data[J]. Quality engineering,1995,8(2):263-274.

[93] STEINER S H,JONES M. Risk-adjusted survival time monitoring with an updating exponentially weighted moving average (EWMA) control chart[J]. Statistics in medicine,2010,29(4):444-454.

[94] ASADZADEH S,ABDOLLAH A. Improving the product reliability in multistage manufacturing and service operations[J]. Quality and reliability engineering international,2012,8(4):397-407.

[95] STEINER S H,MACKAY R J. Monitoring processes with highly censored data[J]. Journal of quality technology,2000,32(3):199-208.

[96] STEINER S H,MACKAY R J. Detecting changes in the mean from censored lifetime data[J]. Frontiers in statistical quality control,2001,6:275-289.

[97] STEINER S H,MACKAY R J. J. Monitoring processes with data censored owing to competing risks by using exponentially weighted moving average control charts[J]. Journal of the royal statistical society series C- Applied Statistics,2001,50(3):293-302.

[98] ZHANG L Y,CHEN G M. EWMA charts for monitoring the mean of censored Weibull lifetimes[J]. Journal of quality technology,2004,36(3):321-328.

[99] OLTEANU D A. Cumulative sum control charts for censored reliability data[D]. Blacksburg:Virginia Polytechnic Institute and State University,2010.

[100] PASCUAL F,LI S. Monitoring the Weibull shape parameter by control charts for the sample range of Type II censored data[J]. Quality and reliability engineering international,2012,28(2):233-246.

[101] LI Z G,ZHOU S Y,CRISPIAN S,et al. Statistical monitoring of time-to-failure data using rank tests[J]. Quality and reliability engineering international,2012,28(3):321-333.

[102] 郭宝才,王炳兴. 基于定数截尾样本监控 Weibull 分布形状参数的控制图设计[J]. 高校应用数学学报 A 辑,2012,4:405-414.

[103] 辛士波. 基于双侧等截尾正态分布的均值-极差控制图[J]. 火力与指挥控制,2012,8:180-183.

[104] WANG D,HRYNIEWICZ O. The design of a CUSUM control chart for LR-fuzzy data[J]. Proceedings of the 2013 Joint IFSA World Congress and Nafips Annual Meeting,2013,175-180.

[105] CHEN Y,JIN J H. Quality-oriented-maintenance for multiple interactive tooling components in discrete manufacturing processes[J]. IEEE Transactions on reliability,2006,55(1):123-134.

[106] JIANG R,MURTHY D N P. Impact of quality variations on product reliability[J]. Reliability engineering & system safety,2009,94(2):490-496.

[107] ROESCH W J. Using a new bathtub curve to correlate quality and reliability[J]. Microelectronics reliabili-

ty,2012,52(12):2864-2869.

[108] MCCLUSKEYA F P,LI N M,MENGOTTIB E. Eliminating infant mortality in metallized film capacitors by defect detection[J]. Microelectronics reliability,2014,54(9-10):1818-1822.

[109] CHA J H,FINKELSTEIN M. The failure rate dynamics in heterogeneous populations [J]. Reliability engineering & system safety,2013,112(4):120-128.

[110] ALMUDEVER C G,RUBIO A. Variability and reliability analysis of CNFET technology:impact of manufacturing imperfections[J]. Microelectronics reliability,2015,55(2):358-366.

[111] YUAN T,KUO Y. Bayesian analysis of hazard rate,change point,and cost-optimal burn-in time for electronic devices[J]. IEEE Transactions on reliability,2010,59(1):132-138.

[112] SUHIR E. Could electronics reliability be predicted,quantified and assured? [J]. Microelectronics reliability,2013,53(7):925-936.

[113] WAY K. Reliability enhancement through optimal Burn-In[J]. IEEE Transactions on reliability,1984,33(2):145-156.

[114] CHI D H,WAY K. Burn-in optimization under reliability and capacity restrictions[J]. IEEE Transactions on reliability,2002,38(2):193-198.

[115] CHANDRASEKARAN R. Optimal policies for burn-in procedures[J]. Opsearch,1977,14(3):149-160.

[116] LAWRENCE M J. An Investigation of the burn-in problem[J]. Technometrics,1966,8(1):61-71.

[117] MARKO D M,SCHOONMAKER T D. Optimizing spare module burn-in[J]. Microelectronics reliability,1983,23(2):397-397.

[118] GENADIS T C. A cost optimization model for determining optimal burn-in times at the module/system level of an electronic product[J]. International journal of quality and reliability management,1996,13(9):61-74.

[119] NGUYEN D G,MURTHY D N P. Optimal burn-in time to minimize cost for products sold under warranty[J]. IIE Transactions,1982,14(3):167-174.

[120] YUN W Y,LEE Y W,FERREIRA L. Optimal burn-in time under cumulative free replacement warranty[J]. Reliability engineering & system safety,2002,78(2):93-100.

[121] WU C C,CHOU C Y,HUANG C K. Optimal burn-in time and warranty length under fully renewing combination free replacement and pro-rata warranty[J]. Reliability engineering & system safety,2007,92(7):914-920.

[122] SHAFIEE M,FINKELSTEIN M,CHUKOVA S. Burn-in and imperfect preventive maintenance strategies for warranted products[J]. Proceedings of the institution of mechanical engineers,part o:journal of risk and reliability,2011,225(2):211-218.

[123] YE Z S,SHEN Y,XIE M. Degradation-based burn-in with preventive maintenance[J]. European journal of operational research,2012,221(2):360-367.

[124] YE Z S,TANG L C,XIE M. Bi-objective burn-in modeling and optimization[J]. Annals of operations research,2014,212(1):201-214.

[125] 国家制造强国建设战略咨询委员会. 优质制造(中国制造 2025 系列丛书)[M]. 北京:电子工业出版社,2016.

第2章

制造过程可靠性基础理论

2.1 制造过程与工艺构成

2.1.1 制造过程的内涵

随着社会的进步和人类生产活动的发展,制造的内涵也在不断地深化和扩展。目前对制造有两种理解:一种是狭义的制造概念,指产品的制作过程,如机械零件的加工与制作,称为“小制造”;另一种是广义的制造概念,覆盖产品整个生命周期,称为“大制造”。

《朗文词典》对制造(Manufacture)的解释是:“通过机器进行(产品)制作或生产,特别是以大批量的方式进行生产”。显然,这是狭义上的制造概念。广义的制造概念及内涵在范围和过程两个方面大大进行了扩展。范围方面,制造涉及机械、电子、化工等众多行业。过程方面,广义的制造不仅指具体的工艺制作过程,还包含产品设计、生产准备、制造管理、质量评价、售后服务等整个生命周期的全过程。国际生产工程学会(CIRP)在1983年定义“制造”为制造企业中所涉及产品设计、物料选择、生产计划、生产、质量保证、经营管理、市场销售和服务等一系列相关活动和工作的总称。

制造的概念可以从以下3个方面来理解:

(1)制造是一个工艺过程。制造过程是将原材料经过一系列的转换使之成为产品。这些转换既可以是原材料在物理性质上的变化,也可以是化学性质上的改变。通常将这些转变称为制造工艺过程。在制造工艺过程中还伴随着能量的转变。

(2)制造是一个物料流动过程。制造过程总是伴随着物料的流动,包括物料的采购、贮存、生产、装配、运输、销售等一系列活动。

(3)制造是一个信息流动过程。从信息的角度看,制造过程是一个信息传递、转换和加工的过程。整个产品的制造过程,从产品需求信息到产品设计信息、制造工艺信息、加工信息等，构成一个完整的制造信息链。同时，为保证制造过程能顺利和协调地进行，制造过程还伴随着大量的管理信息和控制信息。

因此制造过程是一个物料流、能量流和信息流“三流”合一的过程。以机械零件加工系统这一典型的制造系统为例，它以完成机械零件的加工制作为目的，由机床、刀具、夹具、操作人员、被加工工件、加工工艺与管理规范等组成。

2.1.2　机械工艺及其构成

1. 热加工工艺

金属热加工工艺一般是指在高于再结晶温度状态的加工，它会引起工件的化学或物相变化。常见的热加工工艺包括铸造、锻造、焊接、金属热处理等。

1）铸造

铸造是将金属熔炼成符合一定要求的液体并浇进铸型里，经冷却凝固、清整处理后得到有预定形状、尺寸和性能的铸件的工艺过程。铸造毛坯因近乎成形，而达到免机械加工或少量加工的目的，降低了成本并在一定程度上减少了时间。金属铸造种类按造型方法习惯上分为：普通砂型铸造（包括湿砂型、干砂型和化学硬化砂型）和特种铸造（以天然矿产砂石为主要造型材料的特种铸造和以金属为主要铸型材料的特种铸造）。金属铸造工艺通常包括铸型准备，铸造金属的融化和浇注，铸件处理和检验。

2）锻造

锻造是对金属胚料施加外力（冲击力或静压力）的作用使之产生塑性变形，获得所需形状、尺寸及性能的毛坯的制造方法。根据成形机理，可分为自由锻、模锻、碾环、特殊锻造。不同的锻造方法有不同的流程，其中以热模锻的工艺流程最长。

3）焊接

焊接是通过加热或加压，或两者并用，使分离的物体在被连接的表面间产生原子结合而连接成一体的成形方法，分为：熔焊、压焊和钎焊。焊接过程中，工件和焊料熔化形成熔融区域，熔池冷却凝固后便形成材料之间的连接。这一过程中，通常还需要施加压力。焊接的能量来源有很多种，包括气体焰、电弧、激光、电子束、摩擦和超声波等。除了在工厂中使用外，焊接还可以在多种环境下进行，如野外、水下和太空。

4）金属热处理

金属热处理是将金属工件放在一定的介质中加热到适宜的温度，并在此温度中保持一定时间后，又以不同速度在不同的介质中冷却，通过改变金属材料表面或内部的显微组织结构来控制其性能的一种工艺。金属热处理工艺大体可分为整体热处理、表面热处理和化学热处理三大类。热处理大致有退火、正火、淬火和回火 4 种基本工艺。热处理工艺一般包括加热、保温、冷却 3 个过程，这些过程相互衔接,不可间断。

2. 冷加工工艺

冷加工工艺一般是指在低于再结晶温度状态的加工,通常即指金属的切削加工,即用切削工具从金属材料(毛坯)或工件上切除多余的金属层,从而使工件获得具有一定形状、尺寸精度和表面粗糙度的加工方法。

冷加工工艺包括车削、铣削、刨削、钻削、磨削等。

1) 车削

车削加工是利用工件的旋转和刀具相对于工件的移动来加工工件的一种切削加工方法。车削一般分粗车和精车(包括半精车)两类。粗车力求在不降低切速的条件下,采用大的切削深度和大进给量以提高车削效率,但加工精度只能达 IT11 级,表面粗糙度为 *Ra*20~10μm;半精车和精车尽量采用高速而较小的进给量和切削深度,加工精度可达 IT10~IT7 级,表面粗糙度为 *Ra*10~0.16μm。车削一般在车床上进行,用以加工工件的内外圆柱面、端面、圆锥面、成形面和螺纹等。车床主要用于加工轴、盘、套和其他具有回转表面的工件,是机械制造和修配工厂中使用最广的一类机床加工方法。

2) 铣削

铣削是指由铣刀旋转做主运动,工件或铣刀做进给运动的切削加工方法。铣削的主要工艺范围是使用铣刀铣削平面、沟槽及成形面等。铣削用的机床有卧式铣床或立式铣床,也有大型的龙门铣床。铣削一般在铣床或镗床上进行,适于加工平面、沟槽、各种成形面和模具的特殊形面等。铣削加工质量同刨削加工相当,但不如车削加工质量高。精铣后,尺寸公差等级可达 IT9~IT7 级,表面粗糙度为 *Ra*6.3~1.6μm。

3) 刨削

刨削是指用刨刀对工件进行水平直线往复运动切削加工的方法。刨削的主要工艺范围是刨削平面(水平面、垂直面、斜面等)、沟槽(直槽、T 形槽、V 形槽、燕尾槽等)和成形面。刨削是单件小批量生产的平面加工最常用的加工方法,加工精度一般可达 IT9~IT7 级,表面粗糙度为 *Ra*12.5~1.6μm。刨削可以在牛头刨床或龙门刨床上进行,刨削的主运动是变速往复直线运动。因为在变速时有惯性,限制了切削速度的提高,并且在回程时不切削,所以刨削加工生产效率低。但刨削所需的机床、刀具结构简单,制造安装方便,调整容易,通用性强。因此在单件、小批生产中特别是加工狭长平面时被广泛应用。

4) 钻削

钻削(或钻孔)是指用钻头或扩孔钻在工件上加工孔的方法。钻削是孔加工的一种基本方法,钻孔经常在钻床和车床上进行,也可以在镗床或铣床上进行。其加工的尺寸公差等级一般为 IT10 级左右，表面粗糙度为 Ra12.5μm 左右。钻削的方式主要分为钻头旋转和工件旋转两种。钻头旋转时工件固定，当钻头刚性不足时，钻头进给时其轴线易产生偏离现象，引起孔的轴线偏斜，但孔径无明显变化；工件旋转时钻头固定，孔的轴线不偏斜并与端面垂直，由于钻头切削刃受力不均匀，钻头会发生摆动，孔径会形成锥形或腰鼓型，钻深孔或小孔时，为防止孔的轴线偏斜，尽量采用此方式。

5）磨削

磨削是指用磨具以较高的线速度对工件表面进行加工的方法。磨削用于加工各种工件的内外圆柱面、圆锥面和平面，以及螺纹、齿轮和花键等特殊、复杂的成形表面。磨削通常用于半精加工和精加工，精度可达 IT8～IT5 级甚至更高，表面粗糙度一般磨削为 Ra1.25～0.16μm，精密磨削为 Ra0.16～0.04μm，超精密磨削为 Ra0.04～0.01μm，镜面磨削可达 Ra0.01μm 以下。磨削的比功率比一般切削大，金属切除率比一般切削小，故在磨削之前工件通常都先经过其他切削方法去除大部分加工余量，仅留 0.1～1mm 或更小的磨削余量。因而磨削加工可获得高精度和低粗糙度的表面，一般情况下，它是机械加工的最后一道工序。

2.1.3　电子工艺及其构成

电子产品由种类复杂、材料各异的电子元器件、PCB、焊料、辅料以及软件等组成，所以电子产品的制造过程显得尤其复杂。电子产品的制造可以分为 4 个层次，即电子制造的 0 级（半导体制造）、电子制造 1 级（PCB 设计与制造、IC 封装、无源器件的制造、工艺材料及其他机电元件的制造）、电子制造 2 级（板级组装）、电子制造 3 级（电子产品的整机装联），电子制造工艺的 4 层分级如图 2-1 所示。

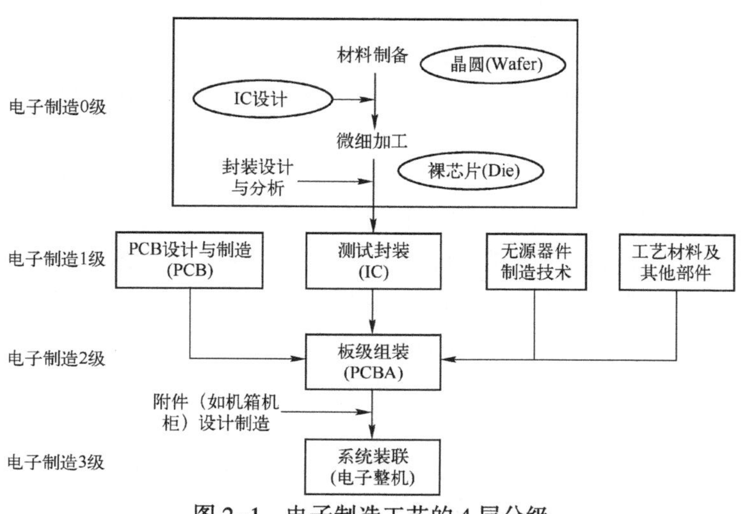

图 2-1　电子制造工艺的 4 层分级

2.2 制造过程可靠性的研究对象

2.2.1 工艺系统

工艺系统是指为在规定的生产条件下执行预先规定产品的给定工艺过程或工序,在功能上是相互联系的工艺设备、工艺装备(工装)、执行者和生产对象的集合体。它的功能是通过科学管理,合理集成工艺要素,在规定的时间内,生产出质量符合设计要求、成本低廉并符合环境要求的产品。根据工艺系统的组成范围,将工艺系统分为工序、流程、生产分部、企业工艺系统4个不同类型。工序工艺系统是保证执行一个给定的工艺工序;流程工艺系统本身作为一个系统包括针对同一工艺方法或对同一产品的工序工艺系统的集合;生产分部工艺系统由工作在给定分部范围内的过程工艺系统和(或)工序工艺系统所组成;企业工艺系统由其各生产分部的工艺系统组成。

在工艺加工过程中,采用机械加工的方法,直接改变毛坯的形状、尺寸和性能使之变为成品的工艺过程,称为机械加工工艺过程。机械工艺系统的加工任务即生产出符合设计要求的产品。因此,机械工艺系统的输出参数指的便是机械加工生产的产品的质量特性参数,如机械产品的外形尺寸、表面质量、机械性能等。机械工艺系统的输出参数即机械制造过程中对毛坯或半成品连续加工的结果,每一道工序应对该工序的输出质量特性参数予以保证。

根据机械工艺系统的功能,可得出机械工艺可靠性的基本功能是保证机械工艺系统生产出的产品符合设计文件、标准、规范、手册等明确提出的与可靠性有关的要求;符合有关的通用惯例、习惯做法等隐含的与可靠性有关的要求;同时,机械工艺系统不应该产生影响产品固有可靠性的缺陷。因此,研究机械工艺可靠性既要研究工艺要素对产品固有可靠性的影响,又要研究机械工艺系统本身的可靠性。

机械工艺可靠性工作基本上可以分为机械工艺可靠性设计和机械制造过程中的工艺可靠性控制两大部分。在产品设计和生产准备阶段中完成的即机械工艺可靠性设计,其基本任务是通过科学集成工艺要素,保证其设计的工艺能力能满足固有可靠性要求。工艺可靠性设计的水平受到现有工艺技术水平和工艺设计能力的制约。机械制造过程中工艺可靠性的基本任务是通过严格管理和控制机械制造参数偏差,稳定质量,保持工艺过程能力,并处理好现场工艺可靠性问题。工艺过程稳定性越高,则工艺可靠性越高。

产品可靠性是指产品在使用过程中随着时间的变化保持自身工作能力的性能,因此,产品的可靠性取决于产品的使用性能,如耐磨性、疲劳强度、抗腐蚀性等。

而机械工艺系统输出的制造参数,如尺寸、表面质量等,又决定了产品的使用性能。具体内容,如图 2-2 所示。

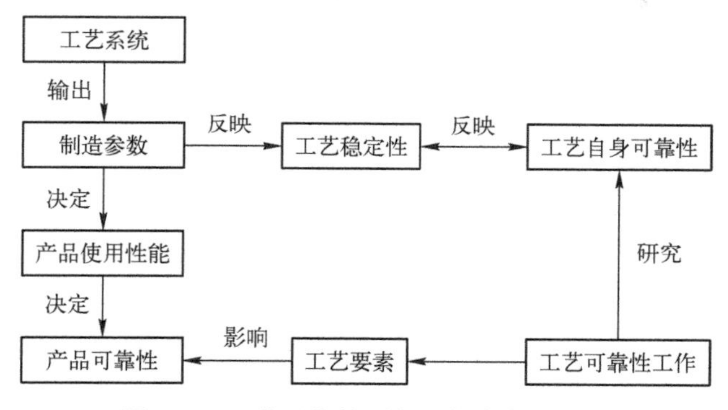

图 2-2　工艺可靠性研究工作内容示意图

由图 2-2 可得,通过分析机械工艺系统运行输出的制造参数,可以评价机械工艺自身的可靠性及产品可靠性。工艺可靠性研究的工作,即研究工艺要素对产品可靠性的影响,及工艺本身的可靠性。因此,工艺系统运行产生的制造参数可以用来评价整个工艺系统的稳定性、可靠性。可见,制造参数的分析控制是工艺可靠性研究工作的基础内容。

2.2.2　工艺参数

机械过程中的工艺参数主要分为 4 类:工序开始时需核实的参数;工序过程中的控制参数与约束参数;工序结束时需校验的参数。制造过程各类参数示意图如图 2-3 所示。

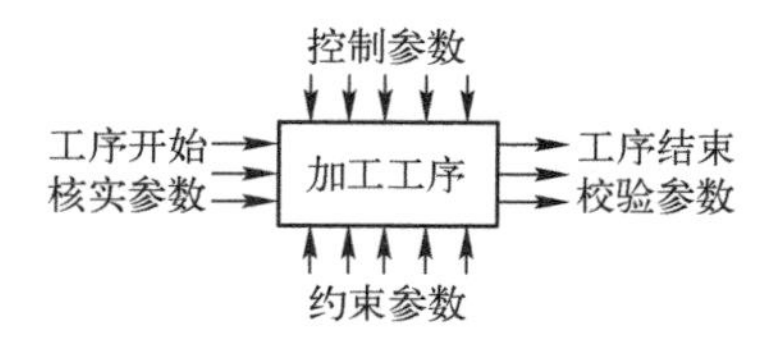

图 2-3　制造过程各类参数示意图

核实参数是指工序开始前,检验毛坯或半成品是否达到加工要求,即流转到该工序的半成品是否是合格品;校验参数是指工序结束后,检验经该工序加工后,半成品或零部件是否到达设计文件要求,即是否是合格品;控制参数及约束参数是指该加工工序过程中支承、约束该工序的各参数包括环境条件、工装设备、加工设备各参数等。由制造过程产生的参数即加工结束后的校验参数。现给出一个实例对制造过程各类参数进行具体说明,具体如图 2-4 所示。

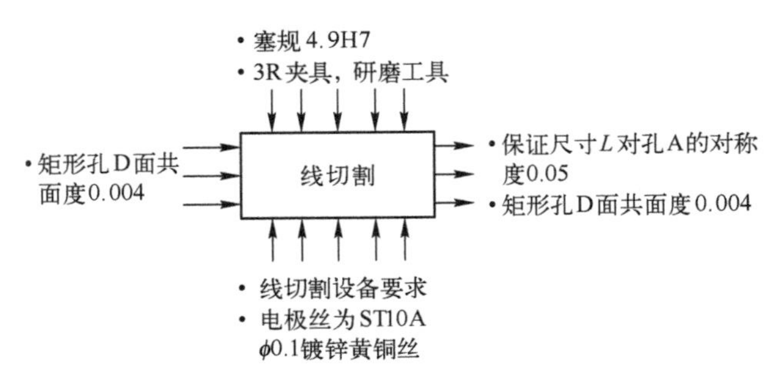

图 2-4　线切割工序各制造参数示意图

由图 2-4 可以看出，加工该工序的设备要求、工装夹具（如塞规、研磨工具等）要求均为该工序的约束与控制参数，在该工序前需检验的共面度要求，及工序后需检验的共面度、对称度要求则为该工序的制造参数。

本书中将机械加工结束后，需校验的参数（即产品的质量特性数据）称为机械制造参数。由图 2-5 可以看出机械制造参数的产生贯穿于整个机械制造过程，每一道加工工序均会产生相应的制造参数。通过分析机械工艺系统或加工工序产生的相应制造参数，可判断该机械工艺系统或加工工序生产的产品是否满足设计要求。因此，机械制造参数是工艺可靠性研究中重要的基础条件，如图 2-5 所示。

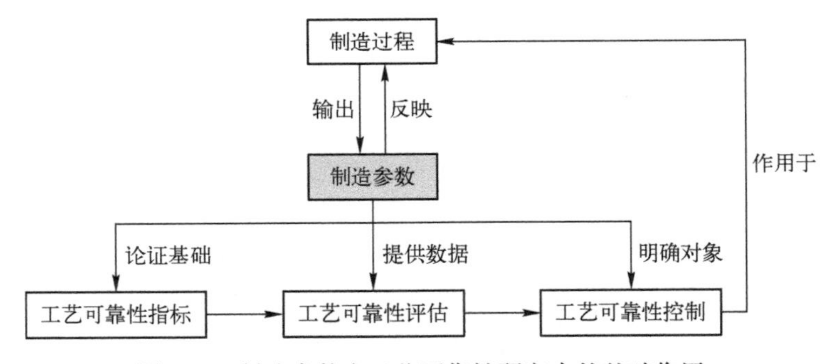

图 2-5　制造参数在工艺可靠性研究中的基础作用

制造参数的基础作用主要表现在如下方面：

1. 工艺可靠性指标的选取基础

制造参数是工艺可靠性的指标计算的数据来源。若没有制造参数数据支撑指标的计算，则对工艺可靠性指标的选取工作将变得毫无意义，只有得以计算、获得结果的工艺可靠性指标才有参考的价值。

2. 工艺可靠性评估的数据来源

工艺可靠性各评估模型均由制造参数获得，因此，制造参数是工艺可靠性评估的数据来源。只有通过收集、分析机械工艺系统输出参数（即制造参数），才能评价机械工艺系统的好坏。

3. 工艺可靠性控制的对象

制造参数(即产品质量特性数据)是机械制造过程的输出结果,因此,通过对质量特性参数控制可达到对机械制造过程控制的目的。然而,工艺可靠性控制正是对制造过程进行控制。因此,工艺可靠性控制的对象是制造参数。

2.2.3 工艺要素

工艺可靠性与工艺要素密切相关,在工艺设计和生产过程中,由于工艺要素的选用或配置不当,或发生故障都可能影响工艺可靠性。工艺要素包括人(Man)、机(Machine)、料(Material)、法(Method)、环(Environment)、测(Measurement)等,这 6 个工艺要素一般用 5M1E 表达。

1. 人

人是工艺要素中最为重要的。人是工艺的设计者、实施者和管理者。在生产过程中,相关人员包括:直接从事生产工作的操作者;技术人员;管理人员;工艺装备的维修人员;工艺装备的设计人员等。

在生产过程中,相关人员必须经过培训,有较强的责任心、良好的技能和健康的身心状况。相关人员如果责任心不强或操作水平低或身心健康欠佳,将会造成管理不到位,现场处理发生差错,工艺设计不恰当,发生操作错误等情况。这些情况都将造成制造现场故障、废品、次品或引起多余物、错装、漏装等结果。因此,有关人员必须掌握一定的技术知识并接受岗前培训,确保产品生产过程等顺利进行。

2. 设备工装

设备是完成工艺过程的主要生产装置,包括各类通用或专用的机床、设备、生产线,如普通或数控的金属切削机床(如车、铣、磨、钻、镗等)、压力加工设备(包括冲、锻、挤压、旋压、热压、拉伸等)、铸造设备、热处理炉、烘箱、焊接设备、表面处理槽、机床附件(如分度头、焊接工作台等)、平衡设备、包装设备、运输起吊设备、计量检测仪器、仪表、试验设备等。

工装是产品制造过程中所用的各种工具的总称,包括各类通用或非标准的刀具、夹具、模具、量具、检具、辅具、钳工工具、工位器具等。

设备和工装是制造过程中必不可少的硬件,是实施各种工艺过程的实体,是保证产品质量和可靠性、降低制造成本、提高生产效率的重要手段。工艺设备和工装必须适用、安全、便于操作。为了保证加工质量,在工艺方法确定后,应根据产品的加工要求,正确选择工艺设备的型号、规格、精度,要有足够的工艺可靠性储备能力。

要根据加工要求、工件材质、机床设备等情况,正确选择刀具的材质、形状及磨具的形状、粒度等。

采用夹具是提高生产效率和保证产品一致性、互换性的重要措施。夹具的定位方式、定位精度、刚性、装夹方式等满足工艺的要求，尽量做到产品设计基准与工艺基准的统一。要采取有效措施防止装夹引起的工件变形。

设备和工装的状态直接影响到工件的加工质量，所以在制造过程中应确保设备、工装处于受控状态。考虑到设备、工装在使用过程中存在磨损、变形、损坏等现象，要确定其平均故障间隔时间和平均维修时间。它们的维修性直接影响到工艺系统的可靠性，与产品的生产效率和制造成本密切相关。要按有关规定对设备、工装进行投产前的鉴定、验收，使用中的定期检查、维护、保养、修理，保证其处于完好的工作状态。根据刀具的使用寿命确定其更换时间。

3. 原材料

原材料是指投入生产过程以创造新产品的物质，包括构成产品实体的主要材料及外购件和在生产中起辅助作用而不构成产品实体的辅助材料。

主要材料包括元器件、半成品，以及焊接材料、封装、灌封、黏结材料、镀(涂)覆材料等。辅助材料种类繁多，如造型材料、冷却润滑液、助焊剂、清洗剂、工艺介质、防护包装用材料等。采用辅助材料的目的是为了工艺过程顺利进行，使产品质量得到保证，但它并不构成产品本身。

主要原材料是制造过程的输入端，它经过加工、处理，改变其形状或性能，使其符合设计要求，并成为产品的组成部分(零、部件)。主要原材料的品种、规格虽然是设计决定的，但原材料直接影响到加工处理过程和产品零件的质量及可靠性。同时，工艺过程能否顺利进行也在很大程度上与辅助材料的质量有关。因此，材料的质量在保证产品质量中具有十分重要的意义。

4. 方法

在产品制造过程中所采用的工艺技术方法及相关文件，包括工艺技术、工艺文件、工艺总方案、工艺路线、工艺规程和工艺参数等。有关文件内容必须完整、正确、统一、清晰。

1) 工艺技术

工艺技术具有多样性和部分可替代性，因此制造过程中有多种选择途径来生产产品。但对于特定的产品，需要合适的工艺技术才能得到最佳效果。为了保证工艺系统可靠性，必须针对实际情况进行优选，并尽可能采用规范的、成熟的、经过验证的工艺，充分利用标准和规范进行生产。应尽量采用制造难度小和简单的工艺来保证产品的质量和可靠性。对于被继承的工艺应该经过充分论证或验证其对当前产品制造的适用性，尤其是对生产条件、研制阶段、批量大小以及工艺参数的适用性，否则可能对产品可靠性产生较大的影响。

2）工艺文件

工艺文件是用于组织生产，进行工艺管理和指导工人操作的各种技术文件的总称。工艺文件的编制是工艺技术准备工作的核心内容。要全面规定产品和全生产过程的技术状态、技术要求及实施方法、手段和条件，要确保工艺文件与设计文件的符合性，保证生产过程的可操作性和可检测性，以确保生产的产品可靠性。否则，生产过程就可能出现矛盾或漏洞，形成产品的缺陷或隐患，在这种技术文件指导下的生产过程及产品可靠性是无法保证的。

3）工艺总方案

工艺总方案是生产单位的工艺部门根据制造的总体要求和承制单位的生产能力全面规划和部署产品的工艺技术准备、生产准备和组织生产的总原则和实施方案，是指导生产准备，全面完成生产任务的指令性纲领文件，是生产线建设、调整、工艺设备配置及改造、生产过程的技术协调等工作的主要依据。应将保证产品设计可靠性的要求作为编写工艺总方案的重要原则。

4）工艺路线

生产对象由投产到产出需要经过按一定顺序排列的多个工序组成的程序，以保证工件从材料到产品能够有序地逐步完成。前道工序即为后道工序创造条件，同时，由于存在工艺遗传性，某些前道工序形成的工艺缺陷要由后道工序纠正、消除。同时也不能漏排必要的工序。只有合理安排、科学协调、优化组合工艺流程才能满足工艺系统可靠性要求。

5）工艺规程

工艺规程是规定产品或零部件制造工艺过程和操作方法的工艺文件，应明确规定工件的加工条件、工艺过程、工艺检验要求以及所使用的工艺设备、工艺装备、主要材料、辅助材料等。工艺规程的编制不但要确保产品的技术设计指标，具有可操作性，还要使工艺过程具有可检验性。

6）工艺参数

工艺参数是为了达到预期的技术指标，工艺过程所需选用或控制的有关量。在生产过程中工艺参数直接对产品的加工质量和效率产生巨大影响，如切削加工时的切削速度、切削深度或走刀量不合理，可能造成工件变形、内应力过大、刀具损伤或加工效率低。因此，为保证产品的质量和可靠性必须对工艺参数进行优化、控制，要保证产品质量的前提下追求质量效率。

5. 环境

环境指生产、包装、运输、装卸、贮存等的场地的大小、高低、通风、照明、温度、湿度、振动、噪声、洁净度、电磁辐射、静电、动力供应以及现场文明生产管理等环境条件。生产环境对产品性能、质量和可靠性影响很大，但往往不能在现场通过直接检查立即发现,而需要经过一定批量生产和长期经验积累才能掌握。环境因素对机械产品质量与可靠性的影响描述如下。

(1) 温度:影响材料的加工精度;表面氧化、腐蚀;使有机材料尺寸、黏度变化,软化或脆化,老化;结合部位松动,开裂;密封部位泄漏。

(2) 湿度:金属件加速氧化、腐蚀,影响表面及表面处理质量;使铸件、塑压件、复合材料制品和焊缝产生内部缺陷(如气孔、针孔、疏洞等)力学性能下降。

(3) 尘埃:表面质量受损;铸、灌、焊、黏结件性能变坏;活动部件运动受阻,精度下降;磨损加剧,寿命缩短;油(气)通道受阻。

(4) 静电:在使用易燃用品场合有火灾危险。

(5) 照明:质量下降,废品率增加;甚至发生误操作、误判读、错装、漏装等。

6. 计量与检测

计量工作贯穿于产品开发、原材料检测、生产过程控制、产品质量检验、环保监测等制造过程。计量所确定元器件、外购件、工艺辅料、工艺装备、工艺过程和产品是否符合设计的重要手段。

为了保证工艺可靠性,所有计量检测的质量标准、方法、内容、使用时间、场合、抽检率、检测部位和所用技术必须符合相应的标准和技术规范,并与检测对象的要求相一致。计量器具应处于合格、受控状态,计量检测器具必须适用于制造过程。

为保证计量器具的有效性与精度,必须使器具的状态处于受控,所以要确定其平均故障间隔时间和平均维修时间。

2.3 制造过程可靠性数据分析原理

2.3.1 偏差流分析原理

在多工位制造过程中最终产品的质量和可靠性受到来自加工过程中所有工序上多个偏差的共同作用,这些偏差传递、耦合和累积,形成了产品加工尺寸偏差的流转,即“偏差流”(Stream of Variation,SoV)[1-2],下面从零件模型、坐标变换、零件定位与加工以及集成化的偏差流模型来简述其基本原理。

1. 零件模型

在空间里,每个面 S 可以由法向向量 f_o:$\boldsymbol{n}=[a,b,c]^{\mathrm{T}}$,位置向量 f_L:$\boldsymbol{P}=[x_o,y_o,z_o]^{\mathrm{T}}$,形状特征向量 f_D:$\boldsymbol{D}=[d_1,d_2,\cdots,d_j]^{\mathrm{T}}$ 表示。可以记为 $\boldsymbol{s}=\{f_o,f_L,f_D\}$。

由 M 个面 $S_1,S_2,\cdots,S_M$ 组成的零件 P,如图 2-6 所示。

可以将零件 P 表示为 $\boldsymbol{P}=\{S_1,S_2,\cdots,S_n\}$,这里 $n\leqslant M$。通常在偏差流模型构建过程中 $n<M$,这是由于在加工过程中并非所有面的尺寸会发生波动或者导致其他

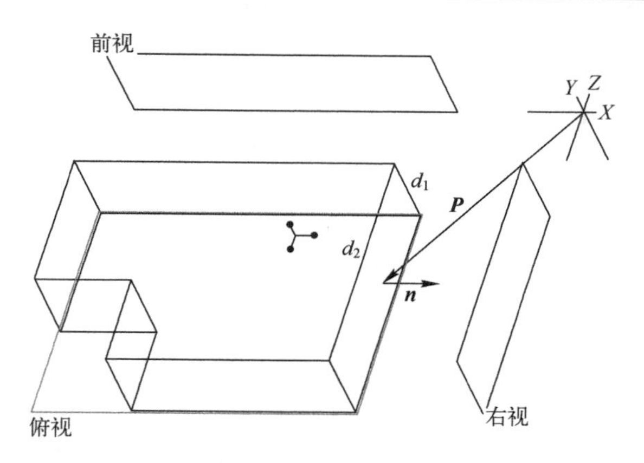

图 2-6　零件模型

面发生波动。可以依据下面的原则来选取要建模的面:①要被加工的面;②设计基准面;③加工基准面;④测量基准面。

在笛卡儿坐标系里,可以写出,面 S_i 的法向向量 $\boldsymbol{n}_i=[n_{ix},n_{iy},n_{iz}]^{\mathrm{T}}$,位置向量 $\boldsymbol{P}_i=[p_{ix},p_{iy},p_{iz}]^{\mathrm{T}}$,以及形状特征向量 $\boldsymbol{D}_i=[d_{i1},d_{i2},\cdots,d_{ij}]^{\mathrm{T}}_{j\times1}$。假设 n 个面形状特征向量维数最高为 m,则有 $j\leqslant m$,将其补足,$\boldsymbol{D}_i=[d_{i1},d_{i2},\cdots,d_{im}]^{\mathrm{T}}_{m\times1}$,其中 $d_{i(j+1)}=0,\cdots,d_{im}=0$。于是面 S_i 可以表示为

$$\boldsymbol{S}_i=[n_{ix},n_{iy},n_{iz},p_{ix},p_{iy},p_{iz},d_{i1},d_{i2},\cdots,d_{im}]^{\mathrm{T}}_{(6+m)\times1} \tag{2.1}$$

这样零件 P 可以写为

$$\boldsymbol{X}=[S_1^{\mathrm{T}},S_2^{\mathrm{T}},\cdots,S_n^{\mathrm{T}}]^{\mathrm{T}} \tag{2.2}$$

这样,对于 S_i 面,其尺寸偏差可以写为

$$\Delta S_i=[\Delta n_{ix},\Delta n_{iy},\Delta n_{iz},\Delta p_{ix},\Delta p_{iy},\Delta p_{iz},\Delta d_{i1},\Delta d_{i2},\cdots,\Delta d_{im}]^{\mathrm{T}}_{(6+m)\times1} \tag{2.3}$$

对于零件 P,其尺寸偏差可以写为

$$\boldsymbol{x}=\Delta\boldsymbol{X}=[\Delta S_1^{\mathrm{T}},\Delta S_2^{\mathrm{T}},\cdots,\Delta S_n^{\mathrm{T}}]^{\mathrm{T}} \tag{2.4}$$

进一步地使用 $X(k)$ 表示经过第 k 个工位的加工产品的过程尺寸。使用 $x(k)$ 经过第 k 个工位的加工产品的过程尺寸偏差。

2. 坐标系定义与坐标系之间的齐次变换

在加工过程中,会涉及全局坐标系与零件坐标系之间的齐次变换。定义:

(1) 全局坐标系:指加工器具如车床等所在坐标系。

(2) 零件坐标系:指零件在使用 CAD 等辅助工具设计时,或进行零件尺寸测量时所用零件本身的坐标系。

本书约定对于尺寸向量 X,如有下标 G 标记则认为该坐标是全局坐标系中的向量,否则则是零件坐标系中的向量。

令 X 为零件在零件坐标系里的向量表示,X_G 为零件在全局坐标系里的向量表

示,则有

$$X_G=R_{PG}X+T \tag{2.5}$$

$$X=R_{GP}(X_G-T) \tag{2.6}$$

其中 $T\in R^{n(6+m)\times 1}$,有

$$T=\left[\overbrace{O_P,O_P,\cdots,O_P}^{n\text{项}}\right]^{\mathrm{T}}$$

$$O_P=\left[\underbrace{0,0,0,x_{op},y_{op},z_{op},\overbrace{0,\cdots,0}^{m\text{项}}}_{6+m\text{项}}\right]$$

其中 $R_{PG}\in R^{n(6+m)\times n(6+m)}$,有

$$R_{PG}=\mathrm{diag}\underbrace{(R,\cdots,R)}_{n\text{项}}$$

$$R=\mathrm{diag}(\mathrm{Rot}(\alpha,\beta,\gamma)_{3\times 3},\boldsymbol{I}_{3\times 3},\boldsymbol{I}_{m\times n})$$

$$\mathrm{Rot}(\alpha,\beta,\gamma)_{3\times 3}=\begin{bmatrix} c_\beta c_\gamma & -s_\gamma c_\alpha+s_\alpha s_\beta c_\gamma & s_\alpha s_\gamma+c_\alpha s_\beta c_\gamma \\ s_\gamma c_\beta & c_\alpha c_\gamma+s_\alpha s_\beta s_\gamma & c_\alpha s_\beta s_\gamma-s_\alpha c_\gamma \\ -s_\beta & s_\alpha c_\beta & c_\alpha c_\beta \end{bmatrix}$$

式中:c_α 是 $\cos\alpha$ 的缩写,s_α 是 $\sin\alpha$ 的缩写,其余类推;$\boldsymbol{I}_{3\times 3}$,$\boldsymbol{I}_{m\times m}$是单位矩阵;$R_{GP}=(R_{PG})^{-1}$。

使用 k 标记第 k 个工位,即 $T(k)$,$R_{GP}(k)$,$R_{PG}(k)$表示在第 k 个工位上发生的坐标齐次变换。

3. 零件定位与加工

零件经过一系列车削操作,将表面材料去除,逐渐形成成品。

在加工之前,需要先使用夹具将零件固定。可以认为这是一个坐标系变换的过程。零件在定位过程中,经过平移操作 $T(k)$ 和旋转操作 $R_{PG}(k)$,被固定在机床上,其坐标也完成了从零件坐标系向全局坐标系的转换。这一过程可以表示为

$$R_{PG}(k)=X(k-1)+T(k) \tag{2.7}$$

在第 k 个工位进行的操作可以表示为

$$X(k)=[I-B(k)]X(k-1)+B(k)X^u(k) \tag{2.8}$$

式中:$X^u(k)$是在第 k 个工位新加工成的面。

$B(k)$表征了加工流程,有

$$B(k)=\mathrm{diag}((I_1)_{(6+m)\times(6+m)},\cdots,(I_n)_{(6+m)\times(6+m)}) \tag{2.9}$$

其中

$$(I_i)_{(6+m)\times(6+m)}(1\leqslant i\leqslant n)=\begin{cases}\boldsymbol{I}_{(6+m)\times(6+m)} & (\text{当 } S_i \text{ 在工位 } k \text{ 加工}) \\ \boldsymbol{0} & (\text{其他})\end{cases}$$

式中:$I_{(6+m)\times(6+m)}$是单位矩阵。$(I_i)_{(6+m)\times(6+m)}(1\leqslant i\leqslant n)$表征了面 S_i是否在工位 k 进行加工。

$B(k)$说明了所有在工位 k 进行加工的面,进一步地,$I-B(k)$说明了在工位 k 之前进行加工的面,记为

$$A(k)=I-B(k) \tag{2.10}$$

4. 偏差流模型

在工位 $k(k=1,2,\cdots,N)$存在的偏差来源有:①基准偏差 e_k^d;②夹具偏差 e_k^f;③加工偏差 e_k^m;④其他噪声 w_k。

零件定位时,由于存在基准偏差和夹具偏差,使得定位发生误差,记为 $e_k^d\oplus e_k^f\to e_k^s$,定位偏差 e_k^s 仅仅会影响工位 k 的加工操作,即影响在工位 k 新形成的面$B(k)X^u(k)$。

加工偏差 e_k^m 可以表示为

$$X_G^O(k)=R_{PG}^O(k)X^O(k)+T^O(k) \tag{2.11}$$

$$B(k)x_G^u(k)=B(k)[X_G^u(k)-X_G^O(k)] \tag{2.12}$$

需要指出,零件在加工时固定于车床之上,车床坐标系与全局坐标系重合,故上述加工偏差是在全局坐标系下计算的。上标 o 表示尺寸的正常值。当加工完成,在全局坐标系下,有

$$X(k)=A(k)[R_{PG}(k)X(k-1)+T(k)]+B(k)X_G^u(k) \tag{2.13}$$

在零件坐标系下,产品过程尺寸为

$$\begin{aligned}
X(k)&=R_{GP}(k)[X_G(k)-T(k)]\\
&=R_{GP}(k)\{A(k)[R_{PG}(k)X(k-1)+T(k)]+B(k)X_G^u(k)\}-R_{GP}(k)T(k) \qquad (2.14)\\
&=R_{GP}(k)A(k)R_{PG}(k)X(k-1)+R_{GP}(k)B(k)X_G^u(k)+\\
&\quad R_{GP}(k)A(k)T(k)-R_{GP}(k)[A(k)+B(k)]T(k)\\
&=R_{GP}(k)A(k)R_{PG}(k)X(k-1)+R_{GP}(k)B(k)[X_G^u(k)-T(k)]\\
&=A(k)X(k-1)+R_{GP}(k)B(k)[X_G^u(k)-T(k)]
\end{aligned}$$

于是,经过工位 k 加工后,总引入偏差可以写为 $e_k^s\oplus e_k^m\to e_k$,且知道工位 k 并没有影响 $A(k)X(k-1)$,即 $A(k)X^o(k-1)=A(k)X^o(k)=(1-B(k))X^o(k)$,于是有

$$\begin{aligned}
x(k)&=\Delta X(k)=X(k)-X^o(k)\\
&=A(k)X(k-1)+R_{GP}(k)B(k)[X_G^u(k)-T(k)]-X^o(k)\\
&=A(k)X(k-1)+R_{GP}(k)B(k)[X_G^u(k)-X_G^o(k)+X_G^o(k)-T(k)]-\\
&\quad [A(k)+B(k)]X^o(k)\\
&=A(k)[X(k-1)-X^o(k-1)]+R_{GP}(k)B(k)[X_G^u(k)-X_G^o(k)]+ \qquad (2.15)
\end{aligned}$$

$$
\begin{aligned}
&R_{GP}(k)B(k)X_G^o(k)-R_{GP}(k)B(k)T(k)-B(k)X^o(k)\\
=&A(k)x(k-1)+R_{GP}(k)B(k)x_G^u(k)+R_{GP}(k)B(k)[R_{PG}^o(k)X^o(k)+T^o(k)]-\\
&R_{GP}(k)B(k)T(k)-B(k)X^o(k)\\
=&A(k)x(k-1)+R_{GP}(k)B(k)x_G^u(k)+[R_{GP}(k)B(k)R_{PG}^o(k)-B(k)]X^o(k)-\\
&R_{GP}(k)B(k)[T(k)-T^o(k)]
\end{aligned}
$$

定义转动偏差 $\Delta R(k)=R_{GP}(k)B(k)R_{PG}^o(k)-B(k)$，平移偏差 $\Delta T(k)=T(k)-T^o(k)$，式(2.15)可以化为

$$
x(k)=A(k)x(k-1)+R_{GP}(k)B(k)x_G^u(k)+\Delta R(k)X^o(k)-R_{GP}(k)B(k)\Delta T(k) \tag{2.16}
$$

式(2.16)说明，工位 k 结束之后，产品的过程尺寸偏差 $x(k)$ 受到前一工位加工结束后的尺寸偏差状态 $x(k-1)$，零件固定时的转动偏差 $\Delta R(k)$ 以及平移偏差 $\Delta T(k)$，加工时机械加工偏差 $x_G^u(k)$ 的共同影响。

记工位 k 偏差源 $\boldsymbol{u}_k=[e_k^s,e_k^m]^{\mathrm{T}}$，其中 e_k^s 为安装偏差，e_k^m 为加工偏差，有

$$
x(k)=A(k)x(k-1)+B(k)\boldsymbol{u}_k+H(k)x(k-1) \tag{2.17}
$$

对比式(2.16)与式(2.17)，有

$$
B(k)\boldsymbol{u}_k+H(k)x(k-1)=R_{GP}(k)B(k)x_G^u(k)+\Delta R(k)X^o(k)-R_{GP}(k)B(k)\Delta T(k) \tag{2.18}
$$

记 $A(k)=A(k)+H(k)$，引入其他噪声 w_k，有

$$
x(k)=A(k)x(k-1)+B(k)\boldsymbol{u}_k+w_k \tag{2.19}
$$

式(2.19)表征了产品在前工位传递下来的的尺寸偏差状态 $x(k-1)$，受到第 k 个工位定位偏差以及加工偏差的影响，向尺寸偏差状态 $x(k)$ 的转移。即为过程尺寸的偏差流模型。

2.3.2 RQR 链分析模型

1. RQR 链概念模型

制造过程产品可靠性的下滑机理主要是制造系统异常导致制造过程质量下降，继而由制造过程偏差的累积造成的产品可靠性下滑的这样一种链式偏差传导关系[3]。具体地，体现为制造系统可靠性(Manufacturing System Reliability, R_{MS})、制造过程质量(Process Quality, Q_{P})和产品制造可靠性(Product Production Reliability, R_{P})的 RQR 链，其中，制造过程质量是 RQR 链传导的核心，如图 2-7 上半部分所示。制造过程人、机、料、法、环、测等偏差是产品可靠性产生波动的来源。

如图 2-7 下半部分所示，产品受制造过程质量偏差的影响将会形成缺陷，即制

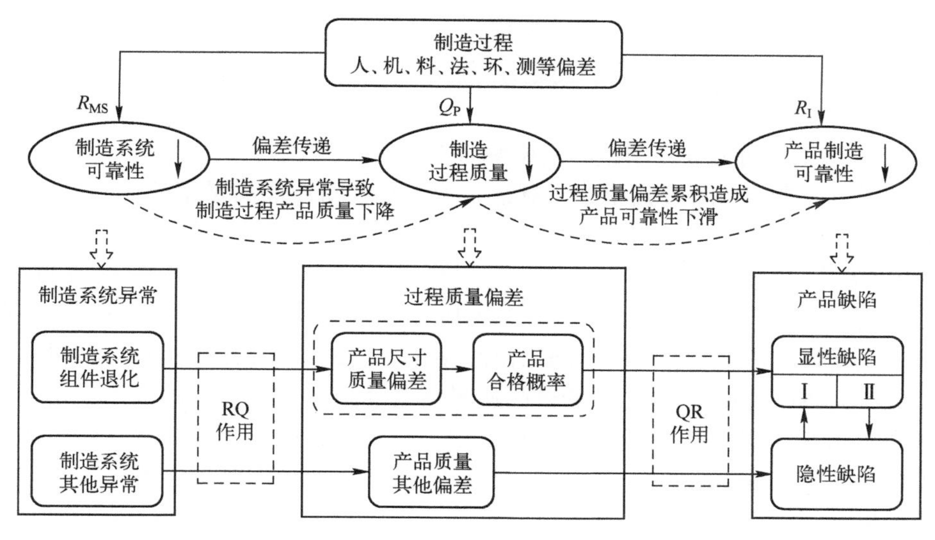

图 2-7　RQR 链概念模型

造过程质量对制造过程产品可靠性的 QR 作用;同时,过程质量的偏差主要来源于制造系统异常的影响,即制造系统可靠性对制造过程质量的 RQ 作用。

在工程实际中常出现这样的情况:制造过程中产品质量检验合格,但投入到使用后,产品可靠性无法满足设计可靠性要求,这主要是因为产品缺陷将会在使用阶段暴露形成故障,从而造成产品可靠性的下滑。因此,依据缺陷对产品的具体作用,可将其区分为显性缺陷(Exteriordefect)和隐性缺陷(Interiordefect)两类。如图 2-7所示,制造过程产品可靠性将会受显性缺陷和隐性缺陷两者的影响,造成可靠性的下滑。

(1) 显性缺陷。显性缺陷由两部分组成:显性缺陷Ⅰ,因在制造阶段便会造成产品质量的不合格而在产品制造过程的检测环节被直接检出,无法传递到产品的使用阶段,如尺寸超差和几何变形等;显性缺陷Ⅱ,通过产品尺寸在公差范围内不同程度的波动而对制造过程产品可靠性造成影响,具体地,其尺寸偏差主要来源于制造系统组件的退化,即 RQ 作用,并最终体现在表示产品合格程度的产品合格概率上。

(2) 隐性缺陷。隐性缺陷主要源自于除显性的尺寸偏差外的其他质量偏差的影响,即 QR 作用。它在制造阶段难以被检测到,最终将会随着时间,通过用户使用得以体现,造成产品的可靠性问题,如焊接过程中的虚焊和装配过程中的潜在裂纹等,相应地,显性缺陷Ⅱ可看做是一种特殊的隐性缺陷。

显性缺陷与隐性缺陷间还存在着相互影响和转化的关系。在产品的使用过程中,随着时间的推移,在制造阶段未检测出来的裂纹等隐性缺陷将会逐渐地扩大转化成显性缺陷Ⅰ,造成产品可靠性的问题;与此同时,显性缺陷Ⅱ在使用过程中将会造成产品部件之间相互配合的问题,从而会引发更多的隐性缺陷的产生,譬如残余应力等。

2. 制造系统可靠性与制造过程质量的交互效应

如图 2-7 所示,RQ 作用描述了制造系统可靠性对产品质量偏差的影响,本节主要探讨其中 MSC 可靠性与制造过程产品质量的交互影响。制造系统组件 MSC 作为 RQR 链中的基础因素,所有的原材料都需通过 MSC(如机床、刀具等)的加工、装配、检测等环节形成最终产品。在 QR 链中,MSC 的可靠性和制造过程产品质量的交互效应在制造阶段的不同工位间存在着传递累积(图 2-8)。具体地,其交互效应关系体现在,当前工位的产品质量将会受组件磨损导致的加工或定位等异常影响,而产生质量上的偏差,同时,下游工位组件的磨损率和失效率将会受上游工位产品质量偏差的影响而加剧。最终,产品质量的偏差将会在不同工位间进行传递累积,并表现在产品尺寸的偏差上。

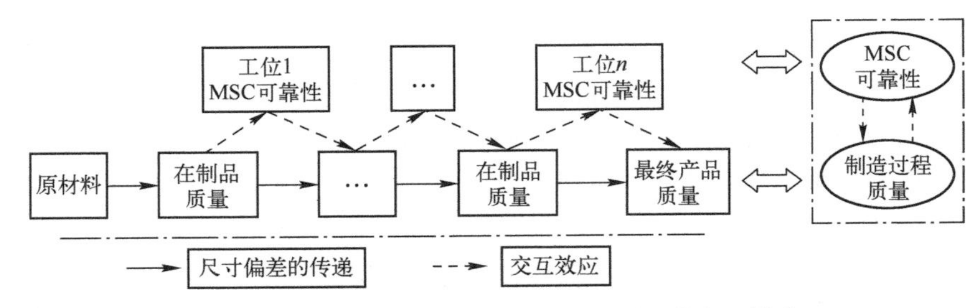

图 2-8　制造系统可靠性与制造过程质量的交互效应

以 BIW(Body In White)的装配过程为例。夹具对保障产品的质量起到了至关重要的作用,而关键产品特性(Key Product Characteristics,KPC)的定位精确程度反映了组装产品的质量。为简单起见,在 BIW 通过“一面两销”法定位的过程中仅以定位销作为关注对象进行分析,选择相应 KPC 点测量夹具定位中实际定位与设计定位的偏差,并将其作为衡量产品质量的标准。MSC 可靠性与产品质量的交互效应关系体现在定位销的磨损将会影响 KPC 点的定位偏差,即 MSC 将影响产品的质量;同时 KPC 的定位偏差也将加剧定位销的磨损,从而影响 MSC 的可靠性。

3. 基于缺陷的制造过程质量与制造过程产品可靠性的关联关系分析

产品由多个工位制造而成,为简化问题,假设各工位缺陷是相互独立的,即系统可靠性模型为串联模型。因此,依据显性缺陷Ⅱ和隐性缺陷对产品可靠性的影响,将制造过程产品可靠性定义为显性缺陷Ⅱ和隐性缺陷在产品的使用时间 t 内不引发故障的概率(此处定义的 $R_I(t)$ 是产品制造完成后可靠性的理想状态,仅与

制造阶段的影响因素有关,与产品的实际使用情况无关,不考虑产品使用阶段的使用模式与环境应力):

$$
\begin{aligned}
R_I(t) &= \Pr(T>t) \\
&= \Pr(\text{显性缺陷Ⅱ不引发故障和隐性缺陷不引发故障} \mid \text{在使用时间 } t \text{ 内}) \\
&= R(E_f) \times \prod_{k=1}^{n} R_k(I_f) \quad (k = 1,2,\cdots,n)
\end{aligned} \tag{2.20}
$$

式中:$R(E_f)$和 $\prod_{k=1}^{n} R_k(I_f)$ 分别为基于显性缺陷Ⅱ和隐性缺陷的可靠性。$R(E_f)$的值等于产品的合格概率,它关注于最后一个制造工位中偏差累积效应,通过界定产品尺寸在合格范围内的波动对制造过程产品可靠性的影响进行计算。$\prod_{k=1}^{n} R_k(I_f)$ 的值可以通过各工位间隐性缺陷对产品可靠性的影响模型 $R_k(I_f)$进行计算,因为各工位间缺陷的产生是相互独立的,$\prod_{k=1}^{n} R_k(I_f)$ 是 $R_k(I_f)$的串联模型。

2.4　电子产品工艺可靠性失效物理基础

电子产品工艺可靠性是为电子产品的系统可靠性提供保障的,但目前业界尚没有建立完善的系统理论,能够将电子产品的系统可靠性要求分解到工艺层面的具体可靠性指标。针对焊点和电路板镀通孔的工艺可靠性寿命预测已经有了较为完善的理论研究。下面分别阐述焊点和电路板镀通孔的工艺可靠性寿命预测模型。

2.4.1　焊点的热疲劳模型

焊点在电子封装技术中不仅用于电连接、机械连接,还为芯片提供热耗散通道。随着芯片封装从带引脚通孔安装发展到带引脚表面安装,直至目前的无引脚焊球阵列表面贴装。电子封装正朝着焊球阵列节距越来越小,焊球尺寸越来越小,而芯片尺寸却越来越大,焊球数目越来越多的方向发展,这使得焊点的可靠性问题变得越来越突出,研究表明,电子器件失效的 70%是由封装及组装的失效所引起,而在电子封装及组装失效中,焊点的失效是主要原因。

焊点热疲劳故障的主要原因是由于焊点周边材料的热膨胀系数不同,从而导致在热膨胀或者收缩时,各种材料产生的热应变不匹配,并在应变不协调处产生应力集中,导致裂纹的萌生和扩展。

焊点疲劳寿命预测模型大致可分为 3 大类:

(1) 基于应力的疲劳模型;
(2) 基于应变的疲劳模型;
(3) 基于能量的疲劳模型。

1. 基于应力的疲劳模型

基于应力的疲劳模型主要适用于振动或者冲击载荷的情况下,对于电子封装器件,承受的载荷主要是使用环境的温度变化所引起的热循环载荷。

外界应力对产品的作用有两种类型:一类是可逆的,即当应力作用于产品或材料时,其参数会发生变化,而当应力消失后,产品又恢复原状;另一类作用是不可逆的,即当应力消失后,应力作用的后果仍然存在或部分存在,这样每次应力作用都会给产品带来损伤,这些损伤累积起来超过某一临界值时,产品就会发生故障或失效,这种模型就是累积损伤模型。

线性疲劳累积损伤理论是指在循环载荷作用下,疲劳损伤与载荷循环数的关系是线性的,而且疲劳损伤是可以线性累积的,各个应力之间相互独立和互不相关,当累积的损伤达到某一数值时,试件或构件就发生疲劳破坏。线性疲劳累积损伤理论中典型的是 Palmgren-Miner 理论,简称为 Miner 理论。

Miner(1945 年)将 Palmgren (1924 年)提出的疲劳损伤累积与应力循环次数成线性关系这一假设公式化,并给出了力学前提:

(1) 任意等幅疲劳加载下,材料在每一应力循环里吸收等量的净功,净功累积到临界值时,疲劳破坏发生;

(2) 变幅疲劳加载下,材料最终破坏的临界净功全部相等;

(3) 变幅疲劳加载下,材料各级应力循环里吸收的净功相互独立,与应力等级的前后顺序无关。

构造一个线性疲劳累积损伤理论,不管它有效与否,必须定量地回答下述 3 个问题:

(1) 一个载荷循环对材料或结构造成的损伤是多少?
(2) 多个载荷循环时,损伤是如何累积的?
(3) 失效时的临界损伤是多少?

Miner 理论对于 3 个问题的回答如下:

(1) 一个循环造成的损伤:

$$D=\frac{1}{N} \tag{2.21}$$

式中:N 为当前载荷水平的疲劳寿命。

(2) 等幅载荷下,n 个循环造成的损伤:

$$D=\frac{n}{N} \tag{2.22}$$

（3）变幅载荷下，n 个循环造成的损伤为

$$D=\sum_{i=1}^{n}\frac{1}{N_i} \tag{2.23}$$

式中：N_i 为当前载荷水平 S_i 的疲劳寿命。

若是常幅循环载荷，显然当循环载荷的次数 n 等于其疲劳寿命 N 时，疲劳破坏发生，即 $n=N$，由式(2.23)得到

$$D_{CR}=1 \tag{2.24}$$

Miner 理论归纳为：在某一等幅疲劳应力 S_j 作用下(对应的等幅疲劳寿命为 N_j)，在每一应力循环里，材料吸收的净功(Net work) Δw 相等，当这些被材料吸收的净功达到临界值 W 时，疲劳破坏发生。在变幅应力 $S_1,S_2,\cdots,S_n$ 作用下，各应力水平的等幅寿命为 N_i，实际循环数为 n_i，产生的净功为 w_i，当 $\sum w_i=W$ 时疲劳破坏产生，且有

$$\sum\frac{w_i}{W_i}=\sum\frac{n_i}{N_i}=1 \tag{2.25}$$

Miner 理论可以认为是线性损伤、线性累积循环比理论，其成功之处在于大量的试验结果(特别是随机谱试验)显示临界疲劳损伤 D_{CR} 的均值确实接近于 1，在工程上因其简便而得到了广泛的应用，而其他非线性累积确定性的方法需要进行大量试验来拟合众多参数，精度也不比 Miner 理论来得更好。Miner 理论的主要不足是：损伤与载荷状态无关，损伤累积与载荷次序无关。

1945 年，Miner 研究了上述反复疲劳问题，提出了疲劳损伤理论。他将材料在某一应力 S 下的疲劳寿命(次数)记为 N，并画出了反映这两者关系的 $S-N$ 曲线。加载引起的作用应力和导致失效的作用次数之间的关系大致可以用 $S-N$ 曲线来描述。

图 2-9 的曲线描述的是一系列试验的平均值，其中 S 为应力幅值，N 为导致失效的作用次数。$S-N$ 曲线的中央有效范围部分在双对数坐标上常常近似于直线。$S-N$ 曲线简化形式类似于图 2-10。

当斜率确定以后，$S-N$ 近似关系为

$$NS^b=C \tag{2.26}$$

式中：b 为一般在 3~25 之间(由材料决定)；C 为常数。

给定 b 并且知道曲线上点(N_0,S_0)，就能确定在载荷 S_i 作用下曲线上任意点 N_i，即

$$N_i=N_0\left[\frac{S_0}{S_i}\right]^b \tag{2.27}$$

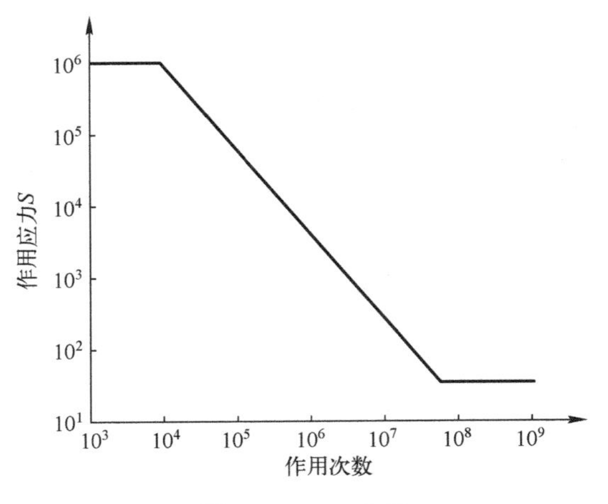

图 2-9　*S-N* 曲线

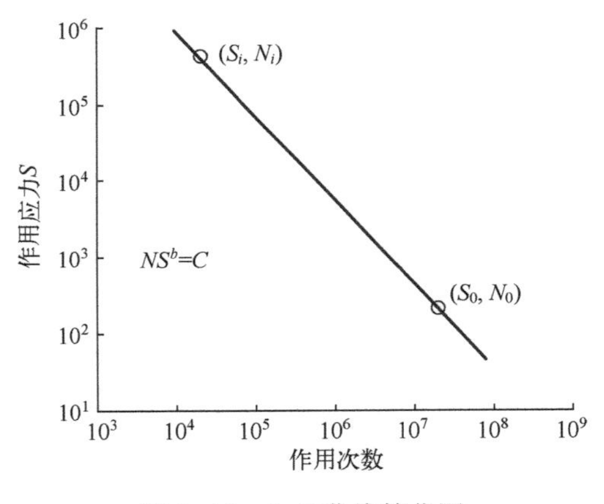

图 2-10　*S-N* 曲线简化图

2. 基于应变的疲劳模型

对于比较常用的基于应变的疲劳寿命模型,通常将应变分成三部分:

$$\Delta\gamma=\gamma_e+\gamma_p+\gamma_c \tag{2.28}$$

式中:γ_e 为弹性应变分量;γ_p 为塑性应变分量;γ_c 为蠕变应变分量。它们通常是交织在一起产生的,因此实际应用过程中把三者严格的区分开是十分困难的。

按照焊点在热循环条件下产生的应变类型,基于应变的疲劳模型又可分为:基于塑性应变的疲劳模型,基于蠕变的疲劳模型,以及二者兼顾的疲劳模型。基于塑性应变的模型认为:焊点产生疲劳破坏的主要因素是焊点产生的塑性变形,而弹性变形对疲劳破坏产生的影响很小,甚至可以忽略不计。因此将塑性应变作为判断焊点是否产生疲劳破坏的主要参数。考虑塑性应变的疲劳模型包括以下几种：

（1）Coffin-Manson 模型；

（2）Total Strain 模型；

（3）Solomon 模型；

（4）Engelmaier 模型。

这几种疲劳模型都是通过计算或者试验来确定在焊点上施加的塑性剪切应变，以此塑性应变为基础求出焊点的疲劳寿命。

Coffin-Manson 模型是广为使用的一种低周疲劳寿命模型，即

$$\frac{\Delta\varepsilon_P}{2}=\varepsilon_f(2N_f)^c \tag{2.29}$$

式中：N_f 为焊点发生疲劳失效时所经历的热循环周期数；ε_P 为塑性应变幅值；ε_f 为疲劳延展系数，实际使用中常将 ε_f 近似认为等于材料的真实断裂韧性；c 为疲劳延展指数，取值一般在-0.5～-0.7 之间。

由于 Coffin-Manson 模型只考虑了塑性变形，若要考虑弹性变形的影响，通常可以把它和 Basquin 方程结合起来，就可同时考虑弹性应变和塑性应变的影响，这就是 Total Strain 模型，即

$$\frac{\Delta\varepsilon}{2}=\frac{\sigma_f}{E}(2N_f)^b+\varepsilon_f(2N_f)^c \tag{2.30}$$

式中：$\Delta\varepsilon$ 为应变范围；E 为焊点材料的弹性模量；σ_f 为疲劳强度系数；b 为疲劳强度指数，也称 Basquin 指数。

Total Strain 模型相对 Coffin-Manson 模型的改进，在于它考虑了弹性变形对疲劳失效的影响。

Solomon 低周疲劳模型将塑性剪切应变与失效时的疲劳循环周期数联系起来，即

$$\Delta\gamma_p N_p^{\alpha}=\theta \tag{2.31}$$

式中：$\Delta\gamma_p$ 为塑性剪切应变范围；N_p 为焊点发生失效时所经历的热循环周期数；θ 为疲劳延展系数的倒数；α 为材料常数。

这种疲劳寿命模型已被多位研究者应用到有引脚塑封 QFP 封装中，及含填充料的倒装焊封装中，并取得了很好的结果。Solomon 经过试验测定，确定了式（2.31）中材料常数，得到

$$\Delta\gamma_p N_p^{0.51}=1.14 \tag{2.32}$$

即

$$N_p = 1.2928(\nabla \gamma_p)^{-1.96} \tag{2.33}$$

但是，由于 Solomon 低周疲劳模型没有考虑蠕变对焊点疲劳的影响，所以在实际使用中仍然有一定限制。

另一个常用的模型是 Engelmaier 模型，它考虑了热循环加载频率与加载温度的效应以及弹塑性应变的影响。

$$N_f = \frac{1}{2}\left(\frac{\Delta\gamma}{2\varepsilon_f}\right)^{\frac{1}{c}} \tag{2.34}$$

式中：N_f 为疲劳寿命；ε_f 为疲劳延展系数，对于广泛采用的共晶焊料，$\varepsilon_f = 0.325$；c 为与稳定循环剖面相关的参数，由下式确定：

$$c = -0.442 - 0.0006T_{sj} + 0.0147\left(1 + \frac{360}{t_H}\right) \tag{2.35}$$

式中：T_{sj}为温度循环的平均温度（℃）；t_H 为温度循环中高温保持时间（min）；$\Delta\gamma$ 为总剪切应变范围。

对于简化的一阶疲劳模型，针对无引脚封装和有引脚封装，总剪切应变范围由总体作用与局部作用组成，即

$$\Delta\gamma = |\Delta\gamma_g| + |\Delta\gamma_l| \tag{2.36}$$

（1）总体作用：

有引线封装：

$$\Delta\gamma_g = 0.5FI\frac{K_D}{(200\text{psi})Ah}(\Delta\alpha LT_s - \Delta\alpha LT_c)^2; \tag{2.37}$$

无引线封装：

$$\Delta\gamma_g = \frac{0.5FI(\Delta\alpha LT_s - \Delta\alpha LT_c)}{h}; \tag{2.38}$$

式中：F 为用户定义的校正参数；I 为内部的校正参数；K_D 为引线的扭曲系数；A 为焊球有效连接面积；h 为焊球象征性的高度（实际高度的 1/2，典型值 $h = 4 \sim 5$mils）；$\Delta\alpha LT_c = \sqrt{(L_x\alpha_{cx})^2 + (L_y\alpha_{cy})^2}\,(T_c^{\max} - T_c^{\min})$ 为元器件的延展量值；$\Delta\alpha LT_s = \sqrt{(L_x\alpha_{sx})^2 + (L_y\alpha_{sy})^2}\,(T_s^{\max} - T_s^{\min})$ 为基板的延展量值；α_{cx}、α_{sx} 为元器件和基板在 X 轴上的线性热延展系数；α_{cy}、α_{sy} 为元器件和基板在 Y 轴上的线性热延展系数；T_c、T_s 为元器件和基板的温度。

（2）局部作用：

$$\Delta\gamma_l = \frac{\Delta T \Delta\alpha \sinh(Al_{\text{eff}})}{bA\cosh(Al_{\text{eff}})} \tag{2.39}$$

$$A = \sqrt{\frac{G}{b}\left(\frac{1}{E_l t_l} + \frac{1}{E_b t_b}\right)} \tag{2.40}$$

式中：G 为焊球扭曲系数；b 为焊球厚度；E_l 为引线弹性模量；E_b 为电路板弹性模量；t_l 为引线厚度；t_b 为电路板厚度。

基于蠕变分析的疲劳模型，着重考虑焊点在热循环载荷下发生的蠕变效应。对于焊点材料，一般认为蠕变是由于晶界滑移，或者是基体蠕变两者机制引起的。以下介绍的两种基于蠕变的疲劳模型，都是以此为前提条件的。

Knecht 和 Fox 提出了一个简单的基体蠕变的疲劳模型，如以下两式所列：

$$N_f = \frac{C}{\Delta\gamma_{\text{mc}}} \tag{2.41}$$

$$\gamma_{\text{mc}} = \int C_0 \left(\frac{\tau}{\tau_0}\right)^{\text{nMC}} \mathrm{d}t \tag{2.42}$$

式中：γ_{mc}为由于基体蠕变产生的剪切应变范围；nMC，C_0，τ_0 为材料参数，由试验测定，在 Knecht 和 Fox 的文献中，$nMC = 7.1$，$C_0 = 890\%$。

另一种蠕变机理认为与晶界滑移有关，将它与基体蠕变相结合，建立疲劳模型为

$$N_f = (0.022 D_{\text{gbs}} + 0.063 D_{\text{mc}})^{-1} \tag{2.43}$$

此模型中将蠕变应变分为两部分，D_{gbs}和 D_{mc}是在每个循环周期中累积的等效蠕变应变，前者是晶界滑移引起的应变，后者是基体蠕变引起的应变。Syed 通过对 TSOP 封装的研究后还指出，随着温度变化率的变大和封装元件整体刚度的增大，控制蠕变发生的主要机理将由晶界滑移逐渐变为基体蠕变。

此外，Pang 还提出了将 Solomon 的塑性应变模型和 Knecht-Fox 的蠕变疲劳模型进行综合，即

$$\frac{1}{N_f} = \frac{1}{N_p} + \frac{1}{N_c} \tag{2.44}$$

式中：N_p，N_c 为 Solomon 模型和 Knecht-Fox 模型中的疲劳寿命。

Pang 在他的研究中将该模型应用到 FCOA 和 CBGA 封装中来预计元器件的疲

劳寿命。经过与其他疲劳寿命模型比较后,他推荐使用这种“蠕变疲劳模型”。

3. 基于能量的疲劳模型

基于能量的疲劳模型一般都考虑迟滞能量项或者是体积加权平均的应力—应变项。Dasgupta 建议:总应变能同时包含应力与应变的信息,它是一个很好的权衡焊点破坏与否的重要参数。和前面的模型相比较,这种能量模型综合考虑了迟滞回线能量以及试验条件的影响。Akay 基于总应变能,提出了以下疲劳模型:

$$N_f=\left(\frac{\Delta W_{\text{total}}}{W_0}\right)^{\frac{1}{k}} \tag{2.45}$$

式中:N_f 为焊点失效前所经历的平均循环周次;ΔW_{total} 为总应变能;W_0,k 为疲劳系数。

他将此疲劳模型应用到所有引脚封装结构中,经过试验他得出公式汇总的常数为 $k=-0.6342$,$W_0=0.1573$,但是他没有针对焊点的疲劳问题进行研究。

Darveaux 提出了一个疲劳模型,他是基于产生和裂纹扩散所需的塑性耗散功提出的。这种模型利用有限元分析计算出在每个循环周次内累积的单位体积塑性功,然后此累积塑性功被用来计算在焊点内部“诱发产生”裂纹所经历的循环周次,以及裂纹在焊点内部扩散所经历的循环周期数,二者相加即是焊点失效前所经历的总的循环周期数。Darveax 模型中关于裂纹产生和裂纹扩展的方程式为

$$N_0=K_1\Delta W^{K_2} \tag{2.46}$$

$$\frac{\mathrm{d}a}{\mathrm{d}N}=K_3\Delta W^{K_4} \tag{2.47}$$

式中:K_1,K_2,K_3,K_4 为材料常数。

塑性功 ΔW 是在焊点单元内部进行平均的计算,如下式:

$$\Delta W=\frac{\sum_i \Delta W_i V_i}{\sum_i V_i} \tag{2.48}$$

然后焊点的疲劳寿命用下式计算:

$$a=N_0+\frac{a}{\mathrm{d}a/\mathrm{d}N} \tag{2.49}$$

Liang 考虑了焊点几何尺寸的影响,经过对焊点进行弹性—蠕变分析后,他提出了另一个以能量为基础的疲劳模型:

$$N_f = C(W_{ss})^{-m} \tag{2.50}$$

式中：W_{ss}为应力—应变迟滞回线下的能量密度；C，m 为依赖于温度的材料常数。

2.4.2　电路板镀通孔(PTH)失效模型

随着电子技术的发展，对印制线路板技术提出越来越高的要求。对于电子产品高密度封装、超小型化的需求，仅靠各类元器件的小型化、引脚节距的微细化尚不能实现真正意义上的高密度封装，还需要搭载这些元器件的封装基板与之配合，即需要基板布线图形的微细化、结构的多层化等来实现。印制线路板(Printed Wiring Board，PWB)是指搭载电子元器件的整个基板，其基本功能是搭载电子元器件并实现其间的电气连接。

从 1961 年 Hazeltine 公司开发出电镀通孔法多层 PWB 制造工艺以来，至今已有 50 多年的历史，形成了雄厚的产业体系。可以说，其他多种类型的多层 PWB 都是在此基础上发展起来的。图 2-11 是多层 PWB 电镀通孔的横截面示意图。

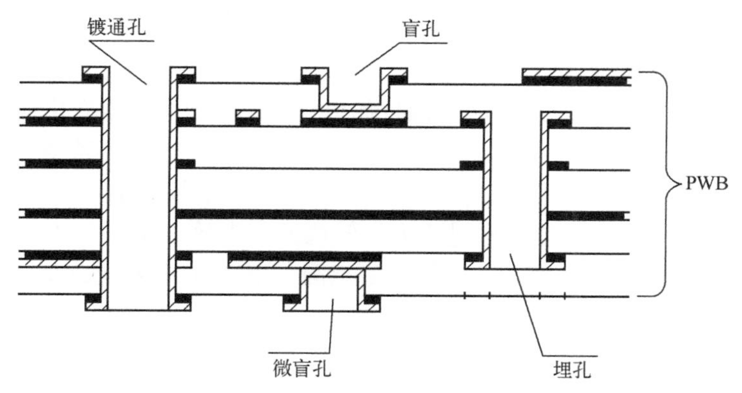

图 2-11　PWB 及 PTH 结构示意图

从图 2-11 中可以看出，通用 PWB 结构的一个共同特点是带有贯穿整个基板的通孔。镀通孔(Plated Through Hole，PTH)是指多层 PWB 中贯穿的通孔，用导电材料如铜、镍或焊料等进行电镀，用于为不同板层的导电金属提供电连接，是 PWB 重要的结构组成部分。为了提高布线自由度，除了贯穿的通孔之外，还有其他类型的通孔，如微盲孔、盲孔以及内部埋孔等。本章中将主要针对贯穿整个 PWB 类型的 PTH 进行研究。

如图 2-12 所示是典型的 PTH 结构显微图。PTH 结构主要包括镀层孔壁

(Barrel)、外部焊盘(Pad)以及内部焊盘等。其中与PTH相关的PWB关键几何设计参数有孔径(D_{hole})、镀层厚度($T_{plating}$)、板厚(T_{layers})、外部焊盘直径(D_{pad})以及相邻PTH孔间距($L_{spacing}$)等,如图2-13所示。

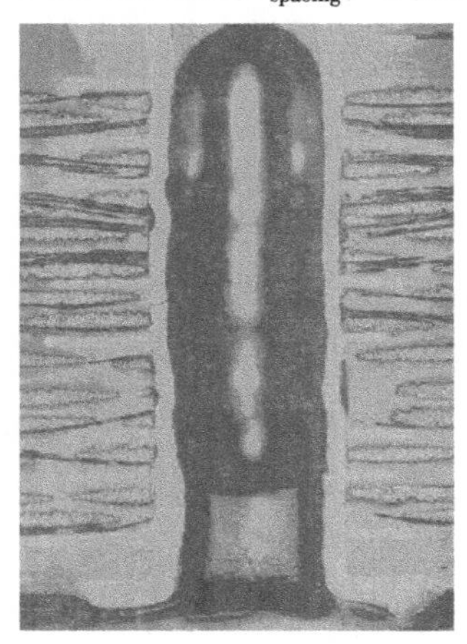

图2-12 PTH横截面显微图

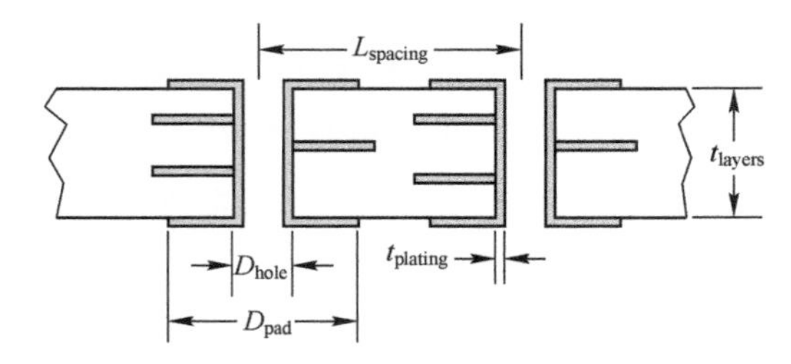

图2-13 PTH关键几何设计参数示意图

PTH失效主要是由于镀层材料和基板材料的CTE(热膨胀系数)不匹配而引起的。这种不匹配主要表现在最外侧的焊盘以及PWB的厚度方向,这是由于多层板最外层焊盘的CTE通常是镀层的3~4倍。由于CTE不匹配,当PWB在其整个寿命周期内经历复杂的温度环境条件时,如电路工作引起的温度变化或PWB实际处于热循环的环境条件下(如制造和使用过程中经红外热熔、热风整平、波峰焊接以及使用和储存时经受热循环等)时,在PTH中产生的热应力将导致金属镀层的损伤,并最终导致PTH的热机械过应力失效或疲劳失效。如图2-14所示是PTH结构在高温和低温环境下的热机械行为示意图。表2-1中分析总结了PTH结构在各种热环境条件下的失效情况。

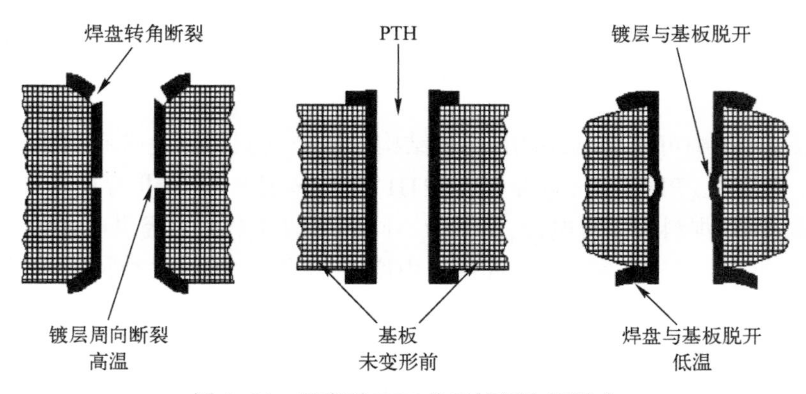

图2-14 温度对PTH热机械行为的影响

表 2-1　不同温度负载下 PTH 的热机械行为及失效模式分析比较

热载条件	应力/应变	失效模式	指示参数
高温	镀层被拉伸,焊盘在最外层方向弯曲,失效可能发生在热冲击的上升沿	孔壁周向断裂焊盘转角失效	镀层中最大拉应力焊盘中最大径向拉应力
低温	镀层被压缩,焊盘在最内层方向弯曲,失效可能发生在热冲击的下降沿	翘曲的镀层中周向断裂外部焊盘脱层	翘曲的镀层中最大压应力最外层焊盘/基板结合处的最大剥离(peeling)应力
温度循环	镀层被循环拉伸和压缩,失效可能发生在镀层的中心处、焊盘与镀层的结合处	疲劳失效	每循环最大的塑性应变每循环最大总应变

由于印制线路板在其整个寿命周期内会经历复杂的温度环境条件,如制造和使用过程中经红外热熔、热风整平、波峰焊接以及使用和储存时经受热循环等,在多层 PCB 和 PTH 孔壁中产生热应力,并最终导致 PTH 的热机械应力失效或疲劳失效。本章的内容及目的在于对这种热循环条件下,PTH 的热疲劳失效进行定量化的评估,从而为整个 PWB 和电子产品的可靠性定量化评估或寿命预测提供理论和模型基础。

1. 模型成立的假设

图 2-15 所示为 PTH 垂直于基板的横截面,为便于建立简化模型,在保证不忽略那些影响 PTH 应力—应变分布的重要影响因素的前提下做如下假设:

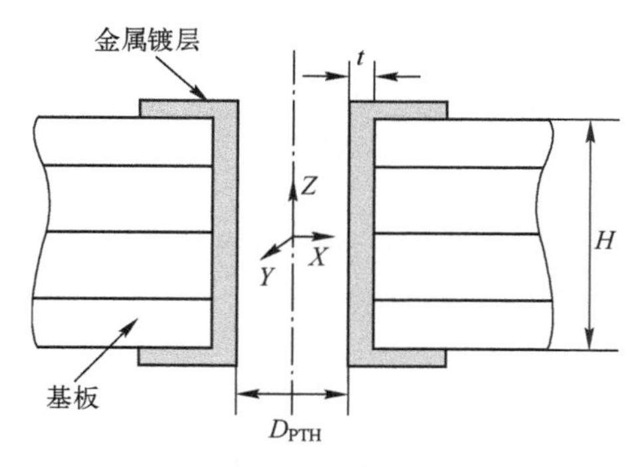

图 2-15　PTH 横截面示意图

(1) PTH 是轴对称的;

(2) PTH 镀层厚度均匀,即不考虑电镀工艺的缺陷;

(3) 不考虑焊盘及铜箔的影响;

(4) 镀层材料和基板材料不发生蠕变;

(5) 材料的热膨胀理想化,即满足线性关系 $\varepsilon=\alpha \cdot \Delta T$;

（6）PTH 镀层及基板中各处温度相同。

2. 空间轴对称问题的弹性力学基本方程

由于基板材料和 PTH 镀层材料的热膨胀系数不匹配(一般相差 3~4 倍),在热循环条件下会产生热应力,并最终导致 PTH 发生疲劳断裂失效。已有的研究表明,这种不匹配主要发生在轴向(z 向),会引起 PTH 的镀层中心处发生轴向断裂。因此,确定 PTH 镀层中的轴向应力分布后即可对 PTH 失效进行量化评估。由镀通孔的几何结构和受力特点可知其属于空间轴对称问题,而在弹性力学中对于空间轴对称问题的求解,通常采用圆柱坐标系(r,θ,z)较为方便。为建立热应力条件下 PTH 的弹性力学基本方程,首先给出一般情形下的空间轴对称问题的基本方程。圆柱坐标系内任意微元 *MABC* 的变形情况如图 2-16 所示(取水平横截面 r-z)。

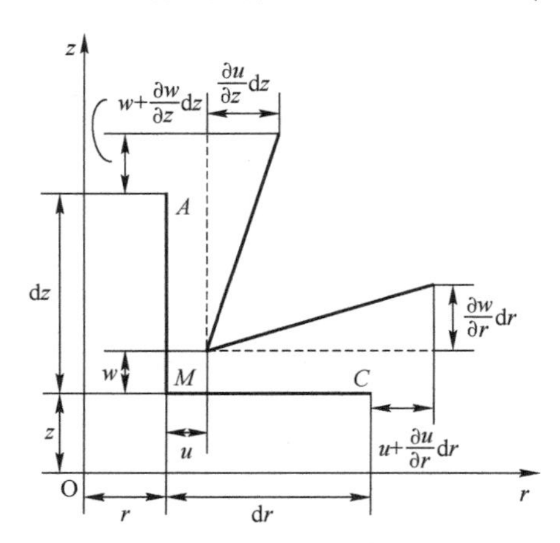

图 2-16 圆柱坐标系内任意微元变形情况示意图

由物体变形的轴对称性可知,各径向平面内的变形状态都应相同,即与角度 θ 无关,而且每一径向平面内的变形位移始终位于该平面内。即有任意点 M 的径向、切向和轴向位移分量为

$$u=u(r,z);\quad v=0;\quad w=w(r,z) \tag{2.51}$$

结合微元的变形位移分量和有关定义可推导得到轴对称问题的基本方程(仅列出与本研究相关的方程)如下：

（1）几何方程：

$$\gamma_{r\theta}=\gamma_{z\theta}=0 \tag{2.52}$$

$$\gamma_{rz}=\frac{\partial u}{\partial z}+\frac{\partial w}{\partial r} \tag{2.53}$$

$$\varepsilon_r=\frac{\partial u}{\partial r},\varepsilon_z=\frac{\partial w}{\partial z},\varepsilon_\theta=\frac{u}{r} \tag{2.54}$$

（2）物理方程：

$$\varepsilon_z=\frac{1}{E}[\sigma_z-\mu(\sigma_r+\sigma_\theta)] \tag{2.55}$$

$$\gamma_{rz}=\frac{2(1+\mu)}{E}\tau_{rz}=G\tau_{rz} \tag{2.56}$$

3. 简化的PTH物理模型

在实际的PTH结构中，镀层材料与基板材料是“粘结”在一起的，需要考虑两种材料之间“粘连”作用对应力—应变分布的影响。据此构建如图2-17所示简化的PTH空间轴对称模型。

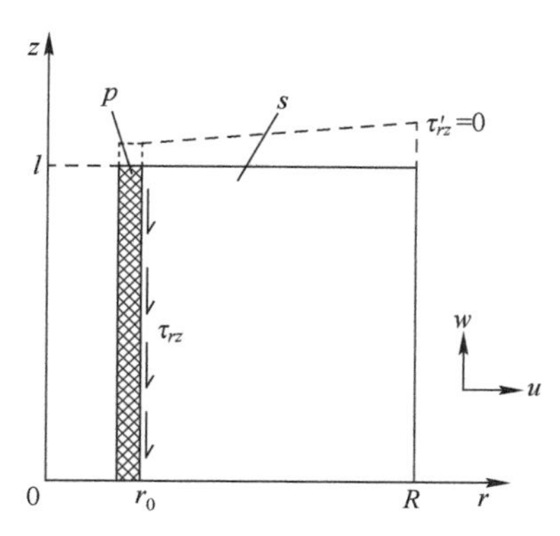

图2-17　简化的PTH轴对称模型

图2-17所示是沿基板中心面取对称结构的上半部分任意径向平面内的变形情况（只取一侧）。p表示镀层部分，s表示基板部分。u和w分别为径向r和轴向z的位移。在热应力条件下，镀层和基板接触处（即$r=r_0$处）沿轴向分布有某种形式的剪应力τ_{rz}，正是这个力促成了两者之间的“粘连”作用。假设镀层厚度非常小，则在径向镀层可近似为“刚体”。由位移连续条件以及作用力和反作用力的关系，在$r=r_0$处有如下关系式（边界条件）成立：

$$u_p^+=u_s^-,\quad w_p^+=w_s^- \tag{2.57}$$

$$\sigma_{r_p}^+=\sigma_{r_s}^-,\quad \tau_{rz_p}^+=\tau_{rz_s}^- \tag{2.58}$$

并且由于Z方向可近似为镀层受力的主应力方向，结合在径向镀层可近似为“刚体”，根据式（2.57）、式（2.58）有下面近似的物理方程和几何方程：

$$\varepsilon_z=\frac{\partial w}{\partial z}=\frac{1}{E}\sigma_z \tag{2.59}$$

$$\gamma_{rz}=\frac{\partial w}{\partial r} \tag{2.60}$$

在热循环条件下，可将镀层和基板中的变形分成两部分，即热应力产生的位移

w^{thermal}和它们之间“粘连”作用产生的位移 w^{stress}。下面将对此进行详细分析。

4. PTH 的应力-应变分布简化模型

为确定 PTH 镀层中轴向应力的分布，在上述轴对称模型中沿 PTH 镀层轴向取如图 2-17 所示的受力“微元体”，并结合平衡条件进行应力分析。在图 2-18 所示的模型中，镀层微元上下表面分别作用有轴向应力，侧向有基板材料作用在镀层材料的剪力，这个剪力造成两种材料之间的“粘连”作用，使 PTH 镀层中的轴向应力具有某种形式的分布。根据 FEM 的初步分析结果，我们可以假定两种材料之间的剪力是沿接触面以 $\tau_{rz}=\lambda z^2$ 分布的。根据边界条件可以确定 λ，即确定了剪力 τ_{rz}，再根据平衡条件可最终确定镀层中的轴向应力。

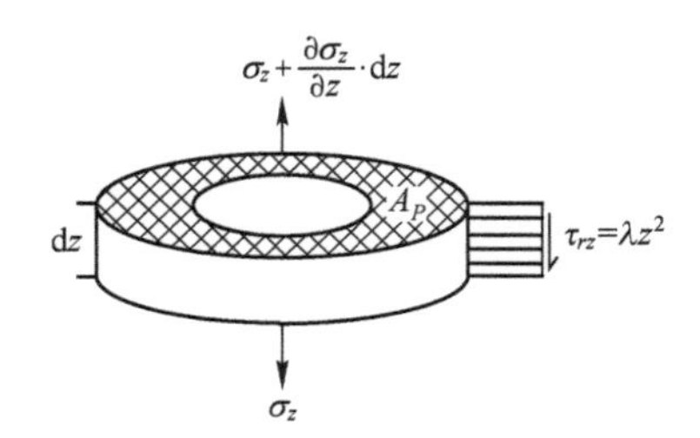

图 2-18　简化物理模型中的微元体

根据受力平衡条件，有

$$\left(\sigma_z+\frac{\partial \sigma_z}{\partial z}\cdot dz\right)\cdot A_p-\lambda z^2\cdot 2\pi r_0\cdot dz-\sigma_z\cdot A_p=0 \tag{2.61}$$

式中　σ_z——PTH 镀层中的轴向应力；

A_p——镀层横截面积，$A_p\approx 2\pi r_0\cdot t$。

解微分方程(2.61)可得到

$$\sigma_z=\frac{\lambda}{3t}\cdot z^3+C \tag{2.62}$$

由 PTH 镀层端面的边界自由条件 $\sigma_z\mid_{z=l}=0$ 得到 $C=-\frac{\lambda}{3t}l^3$，即

$$\sigma_z=\frac{\lambda}{3t}(z^3-l^3) \tag{2.63}$$

式(2.63)即为镀层中轴向应力沿轴向的分布式，式中仅有 λ 为未知量，下面将结合边界条件确定 λ。

由式(2.59)可得

$$\varepsilon_z=\frac{\partial w_p^{\text{stress}}}{\partial z}=\frac{1}{E_p}\sigma_z=\frac{\lambda}{3tE_p}(z^3-l^3)=\frac{\lambda l^2}{3E_p}\cdot\left(\frac{l}{t}\right)\cdot\left[\left(\frac{z}{l}\right)^3-1\right] \tag{2.64}$$

解微分方程(2.64)并结合边界条件可得

$$w_p^{\text{stress}}=\frac{\lambda l^2}{3E_p}\cdot\left(\frac{l}{t}\right)\cdot\left[\frac{1}{4}\left(\frac{z}{l}\right)^3-1\right]\cdot z \tag{2.65}$$

考虑两种材料间由于 CTE 不匹配引起的热应力,则镀层的总位移为

$$w_p^{\text{total}}=w_p^{\text{stress}}+w_p^{\text{thermal}}=\frac{\lambda l^2}{3E_p}\cdot\left(\frac{l}{t}\right)\cdot\left[\frac{1}{4}\left(\frac{z}{l}\right)^3-1\right]\cdot z+\alpha_p\Delta T\cdot z \tag{2.66}$$

根据两种材料结合处的位移连续条件,同理有基板的总位移为

$$w_s^{\text{total}}=w_s^{\text{stress}}+w_s^{\text{thermal}}=w_s^{\text{stress}}+\alpha_s\Delta T\cdot z \tag{2.67}$$

w_s^{stress} 应满足如下边界条件:

$$w_s^{\text{stress}}\Big|_{r=r_0}+\alpha_s\Delta T\cdot z=w_p^{\text{total}}=\frac{\lambda l^2}{3E_p}\cdot\left(\frac{l}{t}\right)\cdot\left[\frac{1}{4}\left(\frac{z}{l}\right)^3-1\right]\cdot z+\alpha_p\Delta T\cdot z \tag{2.68}$$

$$\frac{\partial w_s^{\text{stress}}}{\partial r}\Big|_{r=r_0}=\frac{\tau_{rz}}{G_s}=\frac{\lambda z^2}{G_s} \tag{2.69}$$

据此构造出满足上述边界条件的函数:

$$w_s^{\text{stress}}=\frac{\lambda z^2\cdot r_0}{G_s}\left(\frac{r}{r_0}-1\right)+\left\{\frac{\lambda l^2}{3E_p}\cdot\left(\frac{l}{t}\right)\cdot\left[\frac{1}{4}\left(\frac{z}{l}\right)^3-1\right]+(\alpha_p-\alpha_s)\Delta T\right\}\cdot z\cdot\left[-k\left(\frac{r}{r_0}-1\right)^2+1\right] \tag{2.70}$$

将式(2.70)两边对 r 求导,得

$$\frac{\partial w_s^{\text{stress}}}{\partial r}=\frac{\lambda z^2}{G_s}+\left\{\frac{\lambda l^2}{3E_p}\cdot\left(\frac{l}{t}\right)\cdot\left[\frac{1}{4}\left(\frac{z}{l}\right)^3-1\right]+(\alpha_p-\alpha_s)\Delta T\right\}\cdot z\cdot\left[-\frac{2k}{r_0}\cdot\left(\frac{r}{r_0}-1\right)\right] \tag{2.71}$$

由边界条件$\frac{\partial w_s^{\text{stress}}}{\partial r}\Big|_{\substack{r=R\\z=l}}=0$ 计算,得

$$\lambda=\frac{(\alpha_p-\alpha_s)\Delta T}{\dfrac{l}{\dfrac{2k}{r_0}\left(\dfrac{R}{r_0}-1\right)\cdot G_s}+\dfrac{l^2}{4E_p}\cdot\left(\dfrac{l}{t}\right)} \tag{2.72}$$

将式(2.72)确定的 λ 关系式代入

$$\sigma=\sqrt{\frac{1}{2}[(\sigma_x-\sigma_y)^2+(\sigma_y-\sigma_z)^2+(\sigma_z-\sigma_x)^2+6(\tau_{xy}^2+\tau_{yz}^2+\tau_{zx}^2)]} \tag{2.73}$$

可最终得到镀层中的轴向正应力为

$$\sigma_z=\left[\left(\frac{z}{l}\right)^3-1\right]\cdot\frac{(\alpha_p-\alpha_s)\Delta T}{\frac{3}{2k\left(\frac{R}{r_0}-1\right)\cdot G_s}\cdot\left(\frac{t}{l}\right)\cdot\left(\frac{r_0}{l}\right)+\frac{3}{4E_p}}\tag{2.74}$$

并且有最大值发生在 PTH 的中心处即 $z=0$ 处

$$\sigma_z\big|_{z=0}=\frac{(\alpha_s-\alpha_p)\Delta T}{\frac{3}{2k\left(\frac{R}{r_0}-1\right)\cdot G_s}\cdot\left(\frac{t}{l}\right)\cdot\left(\frac{r_0}{l}\right)+\frac{3}{4E_p}}\tag{2.75}$$

式中：p,s 为镀层和基板的相关参数；σ_z 为镀层中的轴向应力；τ_{rz}为基板对镀层的剪应力；ε_z 为镀层中的轴向应变；w^{stress}为基板和镀层相互作用引起的轴向位移；w^{thermal}为热应力引起的轴向位移；α_p,α_s 为镀层和基板材料的热膨胀系数；E_p，G_s 为镀层的弹性模量和基板材料的剪切模量；r_0 为 PTH 的孔径（含镀层）；t 为 PTH 镀层厚度；R 为基板有效作用半径；$l=H/2$ 为基板厚度（即 PTH 的长度）的 1/2；ΔT 为温度变化幅值（℃）；k 为校准系数，经与 FEM 的结果对比分析可以确定 $k=0.25$。

2.5 机械产品工艺可靠性失效物理基础

机械产品加工过程产生的缺陷是造成机械产品故障和破坏的根本原因，对产品的使用性能和可靠性具有重要影响。引起机械产品失效最常见的原因包括：材料组织缺陷、材料的变形与开裂、工艺环境及介质作用下的缺陷、表面完整性缺陷。

2.5.1 材料组织缺陷

1. 成分偏析

偏析是金属材料在凝固过程中产生的化学成分不均匀的现象。偏析使金属材料的组织和性能变得不均匀，抗蚀性降低，在生产中应尽量防止并限制在允许的范围内。金属材料宏观区域成分不均匀现象称为宏观偏析；一个或几个晶粒范围内成分不均匀的现象称为显微偏析。

合金中的微观偏析是凝固单元中的胞状/树枝状晶间距的不均匀分布造成的。

当凝固组织由于溶质元素和杂质在凝固过程中重新分配导致的组成差异在宏观尺度上发生变化时,就会产生宏观偏析。

偏析缺陷对合金铸件伸长率的影响很大,随着偏析缺陷级别的提高,合金铸件的伸长率呈下降趋势。无缺陷铸件与偏析铸件的断口形貌相比,主要为窝坑和冰糖状堆积形貌,随着偏析级别的提高,铸件絮带状形貌增多,断口窝坑形貌减少,且窝坑深度减小。宏观偏析缺陷对合金铸件的抗拉强度有影响,随着偏析缺陷级别的提高,合金铸件的抗拉强度呈下降的趋势。无缺陷铸件的断裂则主要表现为韧性断裂,偏析铸件的断裂为沿晶脆性断裂。

除了铸造工艺,焊接中也容易出现偏析。焊缝金属中化学元素分布不均匀的现象,称为偏析。它分为显微偏析、区域偏析和层状偏析3种。偏析可引起焊缝的热裂纹、气孔、夹渣等缺陷。

2. 夹杂缺陷

夹杂是指材料内部或表面存在着的化学成分、物理性能不同于基体材料的组成物。夹杂破坏了基体材料的连续性,造成了组织的不均匀,尤其是针对金属材料的抗疲劳性能、塑性、韧性、耐蚀性及气密性都产生不利影响。夹杂缺陷主要出现在铸造、焊接、热处理等热加工中。

1) 金属夹杂物

铸件截面有不同于金属机体颜色的粒状物,大小形状各异,有颗粒较大、单独存在于颗粒截面的,也有在铸件一定范围内以小颗粒状存在的。机械加工时因形成的金属夹杂元素不同,而显出不同的颜色。硬度一般都比金属基体高,影响机械加工质量。

金属熔炼时,加入调整成分及脱氧的中间合金未全部融化,或炉前处理所用合金未完全融化,这些都会形成夹杂物,加入位置不当也可能形成此类缺陷。

2) 非金属夹杂与渣气孔

非金属夹杂物是金属氧化物、硫化物、磷化物、氮化物以及由它们组成的复杂化合物组成。铸件内部或表面夹杂缺陷是形状不规则的孔穴,孔穴内包容着渣滓。渣滓的颜色因渣系的不同而有差异。焊接中的夹杂物对焊缝的危害很大,它减少了焊缝的有效工作面积,降低了焊缝强度和冲击韧性,并降低了焊缝的抗腐蚀能力;尤其呈尖角状的夹渣会引起应力集中,并进一步发展成为裂纹源。如图2-19为典型的铸造工艺产生的夹杂缺陷。

渣气孔形成的原因为,高温时在液态合金内部发生氧化反应,产生液态或固态的氧化物,并生成气体,凝固过程中氧化物未能排出,存在于气孔中即形成渣气孔。

非金属夹杂物按形成的时间可分为一次夹杂物和二次夹杂物。一次夹杂物是

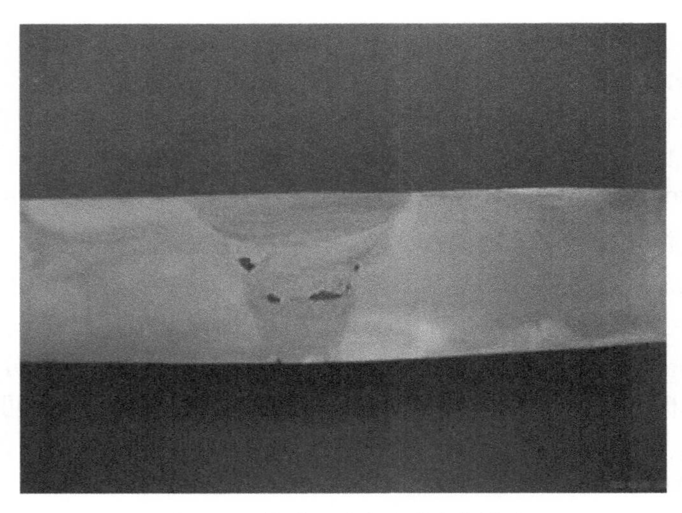

图 2-19　铸造工艺产生的夹杂缺陷

浇注前即金属熔炼及炉前处理过程中形成的，二次夹杂物是金属液在浇包内除掉一次渣后，进行浇注直至充型过程中再次被氧化形成的夹杂物。

易氧化合金的熔炼，一次和二次氧化物都很多，如熔炼铝合金，铝是极易被氧化元素，又是合金基体，在融化后和大气接触，表面很快形成一层固态氧化膜（Al_2O_3）。浇注时液流表面被氧化，形成 Al_2O_3 薄膜，并随流进入铸型中，如不及时排除，铸件会产生单纯的 Al_2O_3 薄膜夹杂。铸件表面和内部有金属液充型时形成的氧化膜，破坏铸件金属的连续性，力学性能降低，会导致构件的早期失效。

3）冷豆、内渗物

冷豆缺陷是指在空洞内，金属珠与铸件基体不相熔但相互连接，金属珠化学成分与铸件本体相同的豆类夹杂。金属液在浇注或充型过程中发生飞溅，形成金属珠。液珠表面被氧化，形成一层氧化膜，如果浇注温度低，不能将有表面氧化膜的液珠重新熔合，铸件凝固时，液珠表面的氧化膜同金属液中的碳发生反应，生成一氧化碳气体包围液珠。液珠凝固后，形成孔中的金属豆即冷豆缺陷。冷豆形成的过程是先有豆后有孔，大多出现在铸钢、铸铁中。

内渗物也称内渗豆，外观类似冷豆。在铸件内部孔洞壁上，附有一颗或多颗带有光泽的金属豆，但化学成分与铸件本体不相同，是低熔点的熔体。同冷豆形成的原因相反，逐渐凝固时形成孔洞类缺陷，然后在凝固过程中，存在共晶团晶间含磷高的低熔点共晶成分的熔体，受内外压力的挤压。如铸铁共晶转变时共晶膨胀压力，溶解气体析出压力，外部侵入气体压力，凝固时壳体收缩压力。在这些压力挤压下，含磷高的低熔点共晶熔体被挤入孔洞中，渗出在孔壁上，形成金属豆即内渗豆夹杂。

4）砂眼

砂眼是存在于铸件表面或内部的孔眼。孔内全部或部分为型砂或芯砂填塞。产生原因主要为:铸型中型砂或芯砂的强度不够,浇注系统设置不当等,有些型砂落入铸型空腔中,致使金属液浇入时即被混入或浮上液面,冷凝后遂在铸件上形成孔眼。如图2-20为典型铸件的表面砂眼。

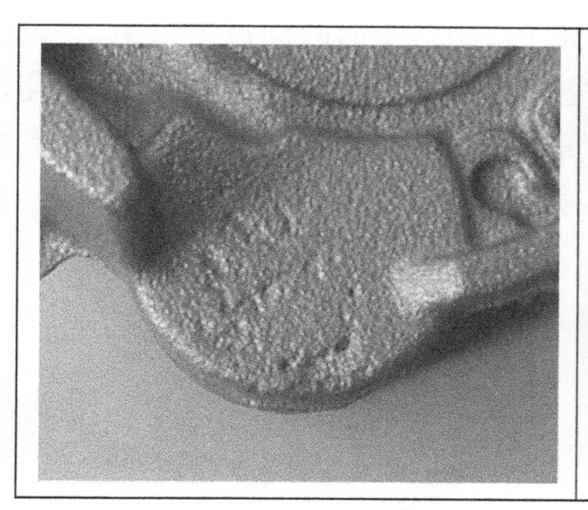

图2-20　铸件表面砂眼

3. 组织不均匀

制造加工工艺中,由于工艺缺陷会造成加工材料的组织不均匀性,包括晶粒的不均匀,晶粒粗大,过热过烧和流线分布不当等,造成材料的强度、刚度或韧性等力学性能及抗疲劳性能的降低,而形成产品缺陷。此类缺陷广泛存在于各种制造工艺中,主要包括锻造、铸造。

1）晶粒不均匀

晶粒不均匀指某些部位的晶粒特别粗大,某些部位却较小。产生原因包括坯料各处的变形不均匀使晶粒破碎程度不一,或局部区域的变形程度落入临界变形区,或高温合金局部加工硬化,或淬火加热时局部晶粒粗大等。晶粒不均匀为锻造常见缺陷。晶粒不均匀将使锻件的持久性能、疲劳性能明显下降。

2）晶粒粗大

大晶粒通常是由始锻温度过高和变形程度不足、或终锻温度过高、或变形程度落入临界变形区引起的。晶粒粗大将使锻件的塑性和韧性降低,疲劳性能明显下降。

锻铝和硬铝锻造时很容易产生大晶粒,它们主要分布在锻造程度小而尺寸较大的部位,以及变形程度大和变形激烈的区域以及飞边区域附近。另外,在锻件表面也常常有一层粗晶。产生大晶粒的原因除了由于变形程度过小、变形程度过大和变形不均匀所引起外,加热和模锻次数过多,加热温度过高,终锻温度太低也会产生大晶粒。锻件表面层的粗晶,一是挤压坯料表面粗晶环被带入锻件;二是模锻时模腔表面太粗糙,磨具温度较低,润滑不良,使表面接触层剪切变形而产生。

3) 过热和过烧

金属在锻造加热时,由于温度过高,晶粒长得很大或者出现异常组织,以致性能显著降低的现象,称为过热,图 2-21 所示是 PCrNi3Mo 钢锻件过热组织,是典型的过热组织形貌。过热温度接近于其固相线附近时,晶界氧化和开始部分融化的现象,称为过烧,图 2-22 所示是 GCr15SiMn 钢锻件过烧组织。钢的过热不仅会大大降低钢的力学性能和使用性能,而且很容易产生淬火开裂。

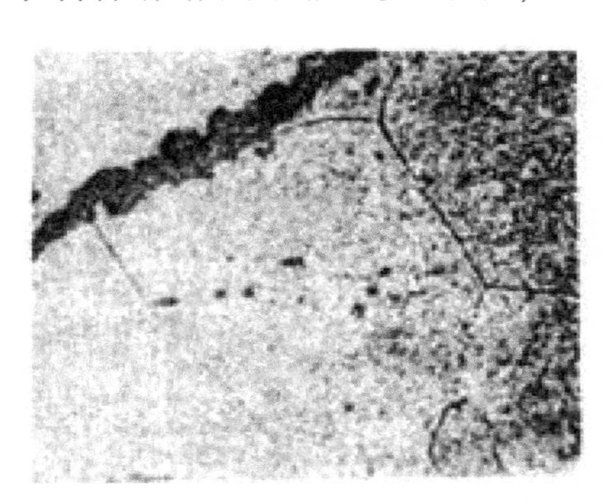

图 2-21 PCrNi3Mo 钢锻件过热组织

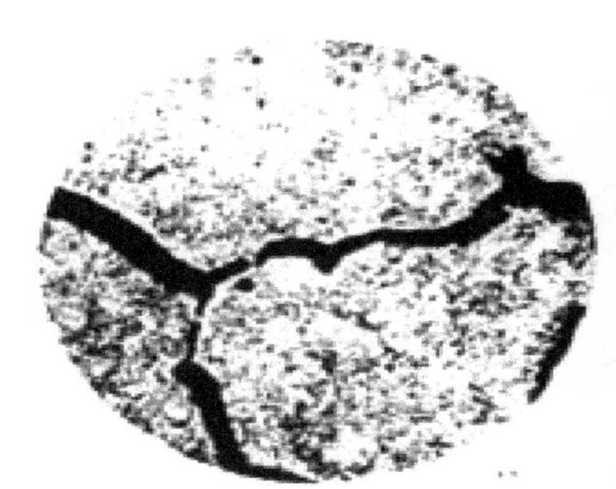

图 2-22 GCr15SiMn 钢锻件过烧组织

4) 流线分布不当

金属中的杂质、化合物、偏析、晶界等在低倍组织上沿着主伸长变形方向呈纤维状分布的组织,称为金属纤维组织或流线。流线不按锻件几何外形分布的现象称为流线不顺或流线分布不当。锻件在锻压过程中出现的流线不顺、涡流和穿流,对塑性、疲劳和抗腐蚀性能影响很大,对强度影响较小。

纤维方向对强度,特别是塑性影响较大。因为沿着材料流线分布有大量脆性杂质和化合物等,所以横向试样受拉伸应力应变时,将以这些异相质点为核心形成显微孔洞,并不断扩大和连接成大的裂纹,而纵向试样则不然,所以锻件的横向性能一般低于纵向性能。

2.5.2 变形与开裂

机械构件受到力学负荷、热负荷或环境介质的单一或共同作用时,会产生变形及开裂的缺陷。这两类缺陷有一定的关联性,单纯因为变形而引起的失效过程一般比较缓慢,大多是非灾难性的,因此经常不能引起人们特别的关注,但忽视变形缺陷的监督与预防,会导致很大的损失甚至灾难性的事故,这是因为过量变形最终会导致材料的断裂。产品材料的开裂将使零构件完全丧失工作能力,有时还会造成机器装备的重大事故和人身危害,因此开裂缺陷造成的失效是工程上最危险的失效。

1. 变形

材料在外力作用下产生形状和尺寸的变化即是变形。制造工艺中出现的变形可分为冷加工变形和热加工变形。

1) 冷加工变形

冷加工工艺一般是指在低于再结晶温度状态的加工,通常即指金属的切削加工,而使工件获得具有一定形状、尺寸精度和表面粗糙度的加工方法。包括车削、铣削、刨削、钻削、磨削等。工件经过冷加工后残留一部分塑性变形,造成工件的缺陷甚至报废。

弯曲起皱:在弯曲过程中,内层金属受到切向压应力作用,这时容易产生失稳起皱或折叠。当弯曲半径很小、弯曲角又很大且板料厚度比较大时,起皱或折叠的现象更加严重。如对于管材,弯曲起皱时,管材弯曲加工时的变形区内侧壁及缩口变形区管壁,壁厚在弯折处均有增加。若变形程度过大,则壁管丧失稳定,引起皱折。此类缺陷均发生在压缩类成型工序中。另外,旋压时,当旋轮在高速旋转的毛坯表面上滚动,若有其他轻微障碍将会引起振动,使工件表面产生皱折,在后面的工序中不易消除,导致报废。

拉伸起皱:拉伸是将平面毛坯变成开口的空心零件的一种塑性成型的工艺方法。毛坯在拉伸过程中,它的周围边缘部分由于切向压应力过大,造成材料失去稳定,使得产品沿边缘切向形成高低不平的皱纹,称为拉伸起皱。严重起皱后毛坯很难通过凹凸模之间的间隙,而被拉断,造成废品。

2) 热加工变形

热加工主要包括铸造、锻造、焊接等加工工艺,工艺的不同导致其变形原因也不同,下面分别介绍铸造变形和焊接变形的原因。

铸造变形:铸件完全凝固后便进入了固态收缩阶段,若铸件的固态收缩受到阻碍,将在铸件内部产生应力,称为铸造应力。它是铸件产生变形的基本原因,变形的结果是受拉应力的部位趋于缩短变形、受压应力的部位趋于伸长变形,以使铸件中的残余应力减小或消除。按照应力产生的原因,将铸造应力分为热应力和机械应力两种。

热应力是由于铸件壁厚不均或各部分冷却速度不同,使铸件各部分的收缩不同步而引起的。它在铸件落砂后仍然存在于铸件内部,是一种残留应力。残留热应力的形成原因是,铸件壁厚不均或各部分冷却速度不同使铸件的厚壁处或心部受拉应力、薄壁或表层受压应力,且随着铸件壁厚差的增大、各部分冷却速度差的不同,铸造合金线收缩率的提高以及其弹性模量的增大,导致铸件的热应力增大。

预防铸件产生热应力的基本措施是减小铸件各部分之间的温度差,使其均匀冷却。具体为选择弹量模量较小的合金作为铸造合金;设计铸件结构时,力求使其壁厚均匀;采用合理的铸造工艺,使铸件的凝固符合同时凝固原则。消除铸件残留热应力的方法是对其进行去应力退火处理。即将此铸件加热到塑性状态,保温一定时间后,缓慢冷却至室温,可基本消除其残留铸造应力。

机械应力是因铸件的收缩受到铸型或型芯等的机械阻碍而形成的应力,如图 2-23 所示。这种应力是暂时的,在铸件落砂后或机械阻碍消失后会自行消失。

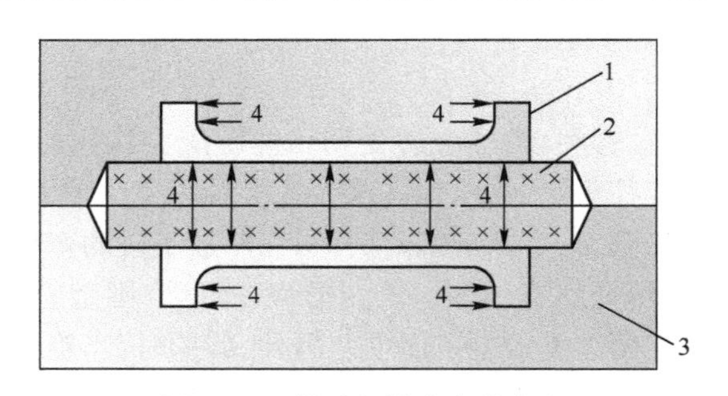

图 2-23　铸造机械应力的产生
1—铸件;2—型芯;3—铸型;4—阻力。

为防止变形,应尽可能使铸件的壁厚均匀或使其截面形状对称,在铸造工艺上应采取相应措施,力求使其同时凝固;有时,对细长易变形的铸件,在制造模型时,将模型制成与变形方向正好相反的形状以抵消其变形。

焊接残余变形:焊接后,焊件残留的变形有平面变形和体积变形两大类。平面变形又可分为焊缝纵向收缩、焊缝横向收缩、回转变形。体积变形可分为角变形、弯曲变形、扭转变形和失温波浪变形。

常见的为板件对接时,板件直线对接焊缝焊接,产生的弯曲变形有:在横截面上温度分布不均,引起的两板向外张开的弯曲变形;已焊好的焊缝横向收缩引起的两板向内弯曲变形;已焊好的焊缝纵向向内收缩引起的面内弯曲变形;还有因热力作用而产生的板件的面外瞬态失稳变形(波浪式变形)。板件的翘曲失稳是由于焊缝中纵向残余拉应力而引起两侧板件中的压应力作用,当压应力值高于板件的临界失稳压应力值时,则板件发生翘曲变形。

2. 开裂

裂纹是金属材料加工过程中常见的主要缺陷之一，产生的原因主要有两大类：一是材料的组织结构，这是裂纹产生和扩展的内因；另一个是材料所处的应力状态，这是裂纹产生和扩展的外因。其他因素如变形温度和变形速率等通过影响材料的组织结构和应力状态，来影响裂纹的产生和扩展，也可以归结为裂纹产生的外因。裂纹的产生可以由外力直接引起，如剪切时的剪裂，膨胀时工件的拉裂等；也可以由附加应力引起，附加应力往往是由变形不均匀或流速不均匀产生的。

不同成形过程中产生裂纹的具体原因和相应的裂纹形态不同，主要如下：

1）铸件裂纹

当铸造应力超过金属的强度极限时，铸件便产生裂纹。典型的铸造裂纹有热裂、冷裂、冷隔。

（1）热裂：在凝固末期高温下形成的裂纹。在铸锭尚未完全凝固或虽已凝固而晶界和枝晶间尚有少量低熔点相时，因金属液态、固态收缩及凝固收缩受到阻碍，当收缩应力超过了当时的金属强度或线收缩大于合金延伸率时形成的。这种裂纹多沿晶界出现，形状曲折而不规则，并有分支。因产生于较高的温度，故多带氧化色。

影响热裂纹的工艺因素主要为浇注工艺。合金中某些元素及不溶性的低熔点杂质能明显增大热裂倾向，紫铜如浇温过高亦会增大表面热裂的可能，半连续铸锭的冷却强度较大因而比铁模铸锭热裂倾向大得多，铸造中加大铸造速度也会增大热裂倾向，从铸锭结构看，截面尺寸越大，则越易发生热裂。图2-24所示为铸造工艺引起的热裂纹，可看出裂纹形状曲折并带有分支，可推测其走向是沿晶界出现的。

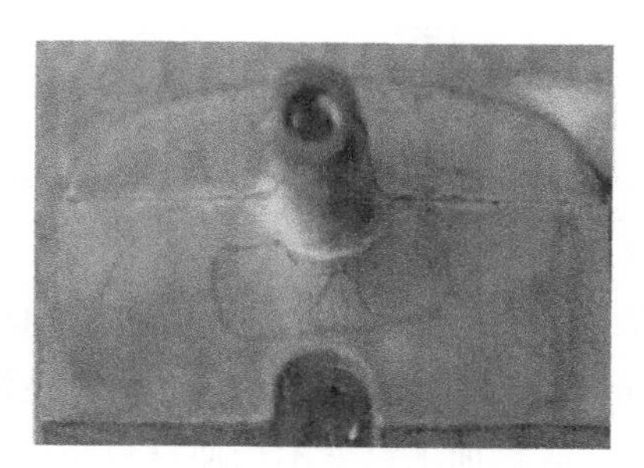

图2-24 铸造工艺引起的热裂纹

（2）冷裂：是铸件处于弹性状态即在低温时形成的裂纹。其表面光滑，具有金属光泽或呈微氧化色，裂纹穿过晶粒而发生，外形规则，常是圆滑曲线或直线。其产生机理为在铸件凝固处于弹性状态，冷却过程中，合金会发生固态相变引起的收缩或膨胀,使铸件体积和长度发生变化,当这种变化受到阻碍时,铸件内会产生铸造应力。铸造应力超过合金的抗拉强度时,应力集中部位就会产生裂纹,即冷裂。

机械加工工艺中,残余应力是铸件产生冷裂的主要原因。铸件内很少存在单一的残余应力,一般是残余热应力和残余机械应力共存,或是再与相变应力三者共存。铸件凝固末期,合金已搭接成枝晶骨架,在随后的冷却过程中,由于截面厚薄不均,冷却速率不同,存在着温差引起的铸造应力,称热应力。铸件冷却是有固态相变的合金由于达到相变的温度和时间不一致,各部分相变程度也不同,由此产生的应力称相变应力。铸件收缩受到铸型、型芯、浇冒口系统及铸件本身结构的阻碍产生的应力称机械应力。3 种残余应力导致冷裂。

(3) 冷隔:冷隔是指铸件上有未完全融合的缝隙,其交接的边缘是圆滑的。该缺陷多出现在远离内浇道的铸件宽大表面处,或难充满的薄壁截面及两股金属液流在型腔中的汇合处。防止措施可适当提高金属液浇注温度和型壳温度,增加金属液压头,防止断流;改进浇注系统设计,增加浇注系统横截面积等。图 2-25 为典型的铸件表面冷隔。

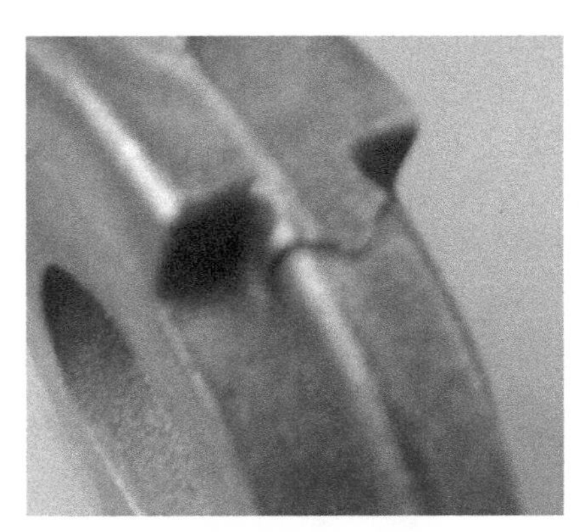

图 2-25 铸件表面冷隔

2) 锻造裂纹

裂纹通常是锻造时存在较大的拉应力、切应力或附加拉应力引起的。裂纹发生的部位通常是在坯料应力最大、厚度最薄的部位。如果坯料表面和内部有微裂纹,或坯料内存在组织缺陷,或热加工温度不当使材料塑性降低,或变形速度过快、变形程度过大,超过材料允许的塑性指针等,则在镦粗、拔长、冲孔、扩孔、弯曲和挤压等工序中都可能产生裂纹。

镦粗裂纹是当进行使坯料高度减小,横截面增大的镦粗工序时,压下量比较大,坯料侧表面处易产生纵向裂纹或 45°方向的裂纹。镦粗时作用力是沿轴向的,而侧表面上的纵向裂纹是由切向拉应力引起的,切向拉应力的产生与镦粗时不均匀形变有关。产生这种变形不均匀的主要原因是模具与坯料之间的摩擦,这种变形不均匀使坯料外表受切向拉应力,越靠近表面,切向拉应力越大。当切向拉应力超过强度极限或切向变形超过材料允许的最大程度时,便引起纵向裂纹。低塑性材料由于抗剪切的能力弱,常在侧表面产生 45°方向的剪切裂纹。

拔长裂纹是当进行使毛坯横截面积减小而长度增加的拔长工序时,在平砧上拔长锭料和低塑性材料(如高速钢等)的坯料时,在毛坯外部常常引起侧表面的裂纹和角裂。

此外,白点也为典型的锻造缺陷,是锻件在锻后冷却过程中产生的一种内部缺陷。其形貌在横向低倍试片上为细发丝状锐角裂纹,断口为银白色斑点。白点实质是一种脆性锐边裂纹,具有极大的危害性,是马氏体和珠光体钢中十分危险的缺陷。图 2-26 为宏观断口上的白点形貌,可看到银白色斑点断口。

图 2-26　宏观断口上的白点形貌

3) 热处理裂纹

热处理裂纹包括升温速度过快引起的裂纹、表面增碳或脱碳引起的裂纹、过热过烧引起的裂纹、回火裂纹、时效裂纹等。其中,淬火裂纹是最常见的一种热处理裂纹,是指在淬火过程中或在淬火后的室温放置过程中产生的裂纹。淬火裂纹是宏观裂纹,主要由宏观内应力引起。在制造工艺中,由于选材不当、淬火温度控制不准确、淬火冷速不合适等因素,一方面增大了显微裂纹的敏感度,增加了显微裂纹的数量,降低了材料的脆断抗力 S_K,从而增大淬火裂纹形成的可能性;另一方面增大淬火内应力,使已形成的淬火显微裂纹扩展,形成宏观的淬火裂纹。控制淬火裂纹需准确控制热处理工艺,选择合适的加热温度、保温时间、加热介质、冷却介质和冷却方法等。图 2-27 所示为 9Cr2Mo 钢轧辊表面淬火横向裂纹及其微观组织。

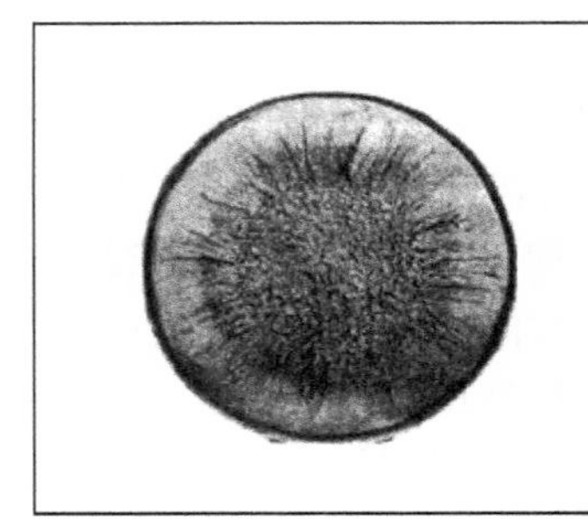
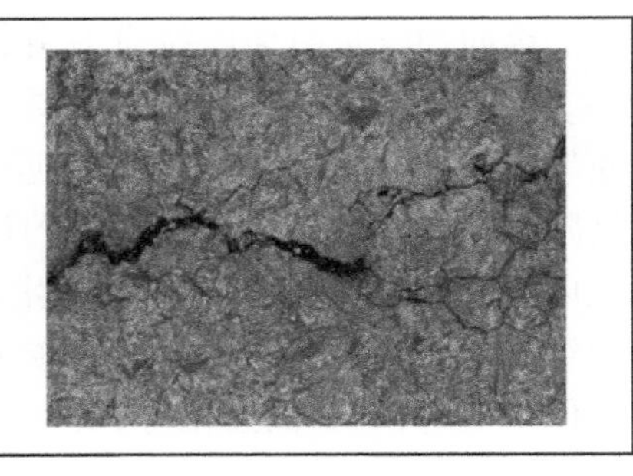

图 2-27　9Cr2Mo 钢轧辊表面淬火横向裂纹及其微观组织

4）焊接裂纹

焊接裂纹是在焊接应力及其他致脆因素共同作用下，材料的原子结合键遭到了破坏，形成新的界面而产生的缝隙。裂纹是焊接结构中最危险的缺陷，往往造成焊接结构的失效。焊接结构出现的裂纹通常分为热裂纹、再热裂纹、冷裂纹、层状裂纹和应力腐蚀裂纹 5 类。

（1）热裂纹是在固相线附近的高温下，在焊缝金属或焊接热影响区中产生的一种沿晶裂纹。其中，发生在焊缝区的热裂纹是在焊缝结晶过程中产生的，称为结晶裂纹。发生在热影响区的热裂纹是靠近焊缝的母材被加热到过热温度时，晶间低熔点杂质发生熔化而形成的裂纹，称为液化裂纹。

（2）再热裂纹是指焊接件在焊后一定温度范围再次被加热而产生的裂纹，它是消除应力处理裂纹、焊后回火裂纹、应变时效裂纹的总称。再热裂纹形成的条件是，接头在焊后再次加热时，处在应力集中的粗晶区的残余应力松弛，使晶界微观局部滑动变形的实际塑性应变量超过该材料的塑性应变能力。研究发现，工艺选材上，合金元素含量较多，又能使晶内发生沉淀硬化的合金，才具有明显的再热裂纹敏感性。

（3）冷裂纹是焊接接头在室温附近的温度下产生的裂纹。最常见的冷裂纹是延迟裂纹，即在焊后延迟一段时间才发生的裂纹。冷裂纹形成的三个基本要素：焊接接头存在淬硬组织，使接头性能发生脆化；焊接接头的含氢量较高，造成氢脆；并且氢通过扩散在某些焊接缺陷处聚集，形成局部高应力区而引发裂纹；焊接接头存在较大的焊接应力作用。在中碳钢、高碳钢、低中合金钢、工具钢、马氏体不锈钢、铸铁和钛合金中有产生冷裂纹的倾向。

（4）层状裂纹存在于轧制的厚钢板角接头、T 型接头和十字接头中。由于多层焊角接焊缝产生的过大的 Z 向应力，在焊接热影响区及附近的母材内引起沿轧制方向发展的具有阶梯状的裂纹。层状裂纹属冷裂纹性质，在裂纹平台部分常常可以找到非金属杂质。

(5) 应力腐蚀裂纹是金属在某些特定环境和拉应力共同作用下发生的延迟开裂现象,低合金高强度钢、奥氏体钢和铝合金焊接结构中均可能出现应力腐蚀裂纹。

2.5.3　工艺环境及介质作用下的缺陷

机械产品制造过程都处于一定的环境中,一切的工艺缺陷都与环境有关,只不过有时环境的影响不是主要因素而已。环境介质作为主因引起的工艺缺陷,包括腐蚀、氢脆和液态金属致脆。

2.5.3.1　腐蚀

腐蚀是指材料与周围介质发生化学及电化学作用而遭受的变质和破坏。因此,金属零件的腐蚀损伤多数情况下是一个化学过程,是由金属原子从金属状态转化为化合物的非金属状态造成的,是一个界面的反应过程。按照腐蚀发生的机理,腐蚀基本上可分为两类:化学腐蚀和电化学腐蚀。二者的差别仅仅在于前者是金属与介质只发生化学反应,在腐蚀过程中没有电流产生。而后者在腐蚀进行的过程中有电流产生。

1. 化学腐蚀

金属与周围非电解质之间发生纯化学作用而引起的腐蚀损伤称为化学腐蚀。其反应历程的特点是材料表面的原子与非电解质中的氧化剂中直接发生氧化还原反应(如下式),腐蚀产物生成于发生腐蚀反应的表面。腐蚀反应过程不伴随电流的产生。

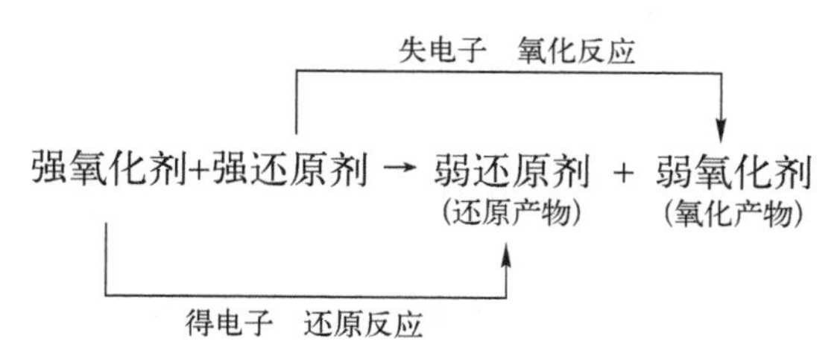

相对于电化学腐蚀而言,发生纯化学腐蚀的情况较少,它可分为如下两类:

1) 干燥气体腐蚀

干燥气体腐蚀是金属在干燥气体中(表面没有湿气冷凝)发生的腐蚀。例如金属与干气体 O_2, H_2S, SO_2, Cl_2等接触直接发生的化学反应。

2) 非电解质溶液中的腐蚀

一般指金属在不导电的溶液中发生的腐蚀,例如金属在有机液体(如酒精和石油等)中的腐蚀。

2. 电化学腐蚀

金属和电解质接触时,由于腐蚀电池作用而引起的金属腐蚀现象称为电化学腐蚀。腐蚀电池的定义是:只能导致金属材料破坏而不能对外界做有用功的短路原电池。腐蚀原电池工作的基本过程必须包括以下三方面:

(1) 阳极过程:金属 M 进行阳极溶解,以离子形式进入溶液,同时将等量的电子 ne 留在金属表面:

$$[ne^- \cdot M^{n+}] \rightarrow M^{n+} + [ne^-]$$

(2) 阴极过程:溶液中的氧化剂 D 吸收电极上释放的电子,自身被还原:

$$D + [ne^-] \rightarrow [ne^- \cdot D^{n+}]$$

(3) 上述两个阴、阳两极过程是在同一块金属上或在直接相接触的不同金属上进行的,并且在金属回路中有电流流动。

制造过程中可能发生的电化学腐蚀按照接触的环境不同可分为如下几类:

1) 大气腐蚀

大气腐蚀是指金属的腐蚀在潮湿的气体中进行。如水蒸气、二氧化碳、氧气等气相遇金属均形成化合物。例如金属热处理中发生的氧化和脱碳。

2) 在电解质溶液中的腐蚀

金属结构在天然水中和酸、碱、盐等水溶液所发生的腐蚀属于这一类。例如冶金发生的熔盐腐蚀,酸洗工艺过程发生的腐蚀等。

3) 接触腐蚀(电偶腐蚀)

两种电极电位不同的金属互相接触时发生的腐蚀。由于两种金属电极电位不同,组成一电偶,因此也称为电偶腐蚀。

按照腐蚀破坏的方式,腐蚀可分为3类:均匀腐蚀(全面腐蚀)、局部腐蚀及腐蚀断裂。均匀腐蚀作用在整个金属表面上,腐蚀速率大体相同;局部腐蚀是其腐蚀作用仅限于一定的区域内,它包括斑点腐蚀、脓疮腐蚀、点蚀、晶间腐蚀、穿晶腐蚀、选择腐蚀、剥蚀;而腐蚀断裂则是在应力(外加应力或内应力)和腐蚀介质共同作用下导致零件或构件的最终断裂。应力腐蚀过程中,材料先出现微裂纹然后可扩展为宏观裂纹,裂纹一旦形成,其扩展速度比其他类型腐蚀得快。它所引起的破坏在事先往往没有明显的预兆而突然发生脆性断裂,是破坏性最大的一种腐蚀。应力腐蚀断裂属脆性损伤,即使延性极佳的材料产生应力腐蚀断裂时也是脆性断裂。断口平齐,与主应力垂直,没有明显的塑性变形痕迹,断口比较灰暗,这是通常由于有一层腐蚀产物覆盖着断口的结果,如图2-28所示。

2.5.3.2 氢脆

由于氢深入金属内部导致损伤,从而使金属零件在低于材料屈服极限的静应力持续作用下导致的失效称为氢致破断失效,俗称氢脆。金属材料在加工、制造过程,以及在使用环境下很容易受到氢的侵入。关于氢脆的机理,尚无统一认识。各种理论的共同点是:氢原子通过应力诱导扩散在高应力区富集,只有当富集的氢浓

度达到临界值 C_{cr}，使材料断裂应力 σ_f 降低，才发生脆断。富集的氢是如何起作用的，尚不清楚。较为流行的观点有 4 种：

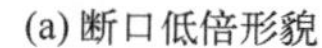

(a) 断口低倍形貌

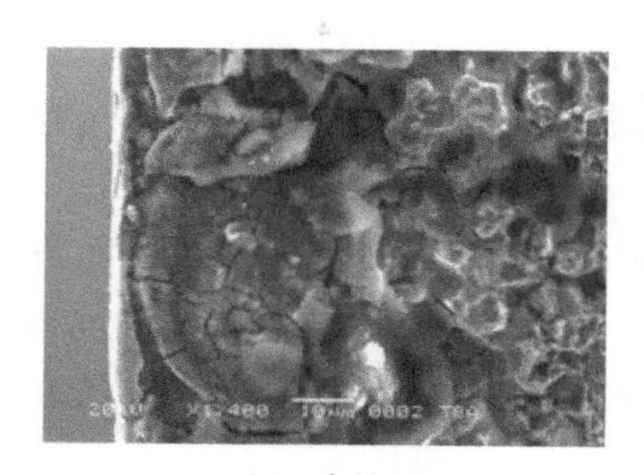

(b) 源区腐蚀形貌

图 2-28　应力腐蚀的断口形貌

（1）氢压理论：认为金属中的过饱和氢在缺陷位置富集、析出、结合成氢分子，造成很大的内压，因而降低了裂纹扩展所需的外应力。该理论可以解释孕育期的存在、裂纹的不连续扩展、应变速率的影响等，但难以解释高强度钢在氢分压低于大气压力时也能出现开裂的现象，也无法说明可逆氢脆的可逆性。但在含氢量较高时，如没有外力作用下发生的氢鼓泡等不可逆氢脆，这种理论得到公认。

（2）吸附氢降低表面能理论：Griffith 提出材料的断裂应力 $\sigma_f=\sqrt{\dfrac{2E\gamma_s}{\pi a}}$。当裂纹表面有氢吸附时，比表面能 γ_s 下降，因而断裂应力降低，引起氢脆。该理论可以解释孕育期的存在、应变速率的影响，以及在氢分压较低时的脆断现象，但是该公式只适用脆性材料。金属材料的断裂还需要塑性变形功 γ_p，即 $\sigma_f=\sqrt{\dfrac{E(2\gamma_s+\gamma_p)}{\pi a}}$。$\gamma_p$ 大约是 γ_s 的 10^3 倍，氢吸附使 γ_s 下降并不会对 σ_f 产生显著影响。此外，O_2、CO_2、SO_2、CO、CO_2、CS_2 等吸附能力都比氢强，按理应能造成更大的脆性，而事实并非如此，甚至氢气中混有少量的这些气体后，对氢脆还有抑制作用。

（3）弱键理论：认为氢进入材料后能使材料的原子间键力降低，原因是氢的 1s 电子进入过渡族金属的 d 带，使 d 带电子密度升高，从而 s-d 带重合部分增大，因而原子间排斥力增加，即键力下降。该理论简单直接，容易被人们接受。然而实验证据尚不充分，如材料的弹性模量与键力有关，但实验并未发现氢对弹性模量有显著的影响。此外，没有 3d 带的铝合金也可能发生逆氢脆，因此不可能有氢的 1s 电子进入电子的 d 带。

（4）氢促进局部塑性变形理论：认为氢致开裂与一般断裂过程的本质是一样的，都是以局部塑性变形为先导，发展到临界状态时就导致了开裂，而氢的作用是能促进裂纹尖端局部塑性变形。实验表明,通过应力诱导扩展在裂尖附近富集的原子氢与应力共同作用,促进了该处位错大规模增值与运动,使裂尖塑性区增大,塑性区内变形量增加。但受金属断裂理论本身不成熟的限制,局部塑性变形到一定程度后裂纹的形成和扩展过程尚不清楚,氢在这一过程中的作用也有待深入研究。

制造过程,氢进入金属材料的方式可归纳为如下两种:

(1) 在冶金、焊接及热处理过程中进入的氢。由于氢在金属材料中的溶解度随着温度而变化,当温度降低或组织转变,氢的溶解度由大变小时,氢便从固溶体中析出,而由于凝固或冷却速度较快,跑不出去,就残留在金属材料基体内。

(2) 在电镀、酸洗及放氢型腐蚀环境中产生进入的氢。这类氢通常在化学或电化学处理中进入。在电镀时,零件作为阴极,因此氢的渗入是难免的,此时在宏观阴极或微观阴极放出氢来。因此要尽量采取氢脆性较小的电镀液,或采取镀后处理及采用真空镀、离子镀等无氢脆或少氢脆的工艺。在酸洗过程除金属表面的油污、附着物、氧化膜与酸洗液反应外,还有可能发生金属与酸洗液间的化学反应。反应所产生的氢除了以分子氢的形式逸出外,还有部分氢可能进入金属内部。因此高强度钢和一些对氢脆敏感的材料一般不允许酸洗。否则,金属酸洗后应尽快进行除氢处理。

氢脆断口宏观形貌主要特征是:断口附近无宏观塑性变形,断口平齐,结构粗糙,氢脆断裂区呈结晶颗粒状,色泽为亮灰色,断面干净,无腐蚀产物。图 2-29 示出了 300M 钢圆棒试样氢脆断裂的宏观断口形貌。

图 2-29　氢脆断裂宏观断口形貌

金属氢脆断口微观形貌一般显示沿晶分离,也可能是穿晶的,沿晶分离系沿晶界发生的沿晶脆性断裂,呈冰糖块状。断口的晶面平坦,没有附着物。图 2-30 示出了 300M 钢圆棒试样氢脆沿晶断口形貌。

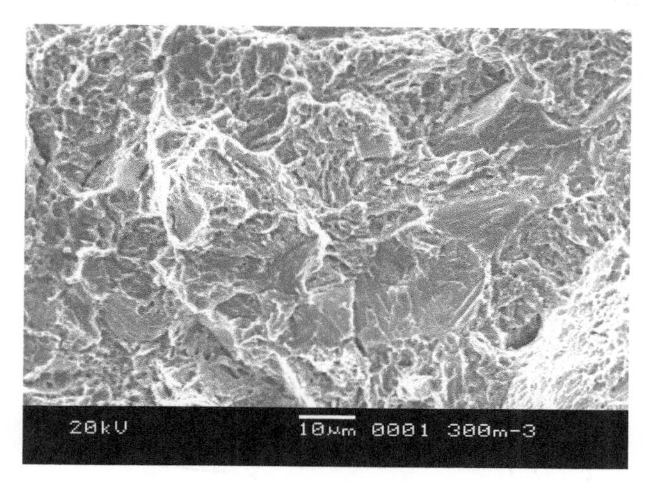

图 2-30　氢脆沿晶断口形貌

2.5.3.3　液态金属致脆

液态金属致脆指的是延性金属或合金与液态金属接触后导致塑性降低而发生脆断的过程。在通常情况下,大多数液态金属致脆是由于液态金属化学吸附作用造成的。Westwood 等人提出:如果裂纹尖端最大拉伸破坏应力 σ 与裂纹尖端交滑移面的最大剪切应力 τ 之比,大于真实破坏应力 σ_T与真实剪应力 τ_T之比,即 $\sigma/\tau>\sigma_T/\tau_T$时,则在裂纹尖端处的原子受拉而分离,裂纹以脆性方式扩展,由于深度大于 10nm 的表面层的吸附效应被屏蔽,吸附降低裂纹尖端原子间结合键的拉伸强度,而不影响相交于裂纹尖端平面上的滑移,因此,促进脆性开裂而不是塑性开裂。图 2-31 示出了液态金属制脆机制。

(1) 裂纹尖端原子间拉伸分离,吸附降低了 A-A 结合键间拉伸强度,但不影响 S-P 面上的滑移;

(2) 拉伸减聚力与裂纹尖端不相交处的位错环共同作用;

(3) 拉伸减聚力伴随滑移,这些滑移使很尖的裂纹(原子尺度)变宽为宏观尺度;

(4) 拉伸减聚力与位错发散交替作用;

(5) 在裂尖上的位错发散(促进吸附)与裂纹前的空洞形核生成,而发生宏观脆性断裂。

发生液态金属致脆的主要途径有 4 类:

1) 热浸涂及热变形过程

工艺过程中导致液态金属致脆主要有热浸涂工艺及表面热变形。热浸涂工艺广泛用于改善基体材料的抗腐蚀及耐磨性能。Zn、Sn、Cd、Pb 和 Al 等常涂于钢表面。由这种浸涂过程引起的液态金属致脆分为两类:即在浸涂过程以及构件在服役过程中。在后一种情况下,浸涂过程通常并非失效的真实原因。在浸涂过程中,液态金属与构件接触,如果存在应力,就形成液态金属致脆的理想条件。

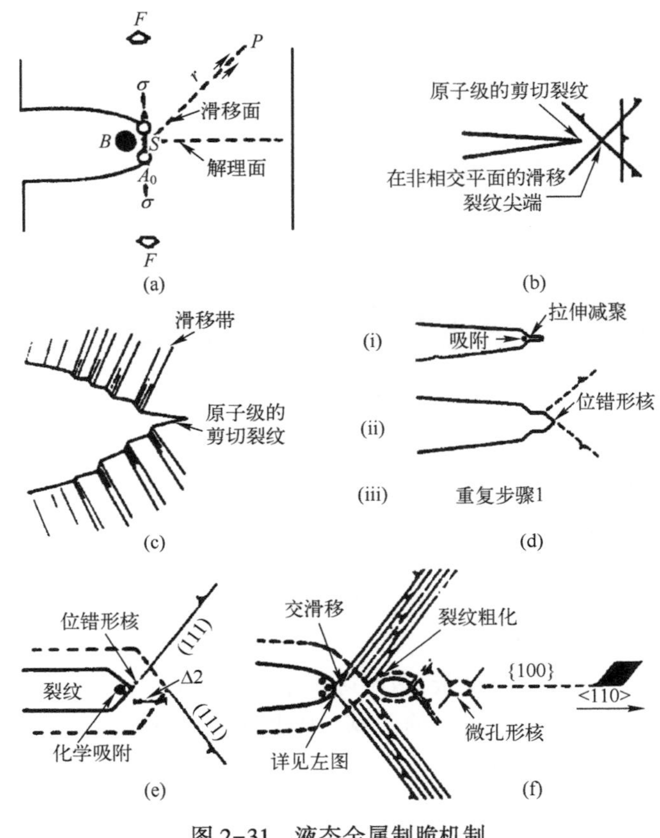

图 2-31　液态金属制脆机制

2）焊接加工过程

制造过程中发生液态金属致脆主要指在焊接过程为改变加工性而加入的低熔点金属。如在黑色或有色金属的钎焊料中加入 Pb-Bi 以改善可加工性,它对室温性能没有影响,但在高温下却易于发生液态金属致脆。

3）熔炼炉等的低熔点金属污染

如叶片在熔炼与铸造过程中来自液态金属冷却或机加工而造成的低熔点金属污染,如 Bi-Sn 定位模造成的表面污染而在一定温度下使用时导致液态金属致脆。

4）其他过程导致液态金属致脆

这类过程包括轴承卡滞、意外起火、过烧及电接触不良等造成局部的低熔点金属熔化,从而导致结构件发生液态金属致脆。

2.5.4　表面完整性缺陷

表面完整性(Surface Integrity)是零部件加工后表面几何形状和表面物理性质的总称。前者包括表面粗糙度、波纹度、纹理、擦痕、磨烧、几何尺寸及偏差等;后者包括表面层微观组织变化、塑性变形、再结晶、显微硬度、残余应力、晶间腐蚀、微观裂纹、合金元素贫化、成分偏析、组织不均匀、过热过烧等。表面完整性是影响结构零部件工作寿命、使用质量和可靠性的重要因素,是机械制造业,特别是航空航天制造业的重要研究课题。制造过程中常见的表面完整性缺陷有表面形貌缺陷、残余应力、表面烧伤、加工硬化等。

2.5.4.1　表面形貌缺陷

表面形貌主要是指加工后零件表面的几何形状的集合特征。表面形貌不但影响机械产品的摩擦磨损、接触刚度、疲劳强度、配合性质、传动精度、密封性、检测精度等机械性能,而且直接影响机械产品的使用性能和寿命。

常见表面形貌缺陷有表面粗糙、深沟痕、鳞片状毛刺、拐角半径过小、加工精度不符合等。

1) 表面粗糙

加工表面的粗糙程度用表面粗糙度来表示。表面粗糙度是指加工表面具有的较小间距和微小峰谷不平度。表面粗糙度越小,则表面越光滑。表面粗糙度与机械零件的配合性质、耐磨性、疲劳强度、接触刚度、振动和噪声等有密切关系,对机械产品的使用寿命和可靠性有重要影响。

2) 深沟痕

加工表面存在有单独深沟痕,使用中将成为应力集中的根源,导致疲劳断裂。零件硬度低、塑性大、切削速度较小或者切削厚度加大等,可使前刀面形成积削瘤。由于积削瘤的金属在形成过程中受到剧烈变形而强化,使它的硬度远高于被切削金属,则相当于一个圆钝的刃口并伸出刀刃之外,而在已加工表面留下纵向不规则的沟痕。

3) 鳞片状毛刺

以较低或中等切削速度切削塑性金属时,加工表面往往会出现鳞片状毛刺,尤其对圆孔采用拉削方法更易出现,若拉削出口毛刺没有去除,则将成为使用中应力集中的根源。

4) 拐角半径过小

零件拐角半径小,尤其是横截面形状发生急骤的变化,会在局部发生应力集中而产生微裂纹并扩展成疲劳裂纹,导致疲劳断裂。

5) 加工精度不符合

切削加工后,构件尺寸、形状或位置、精度不符合工艺图纸或设计要求,不仅直接影响工件装配质量，而且影响工件正常工作时应力状态分布，从而降低工件抗失效性能。

2.5.4.2 残余应力

工件加热和冷却过程中，热胀冷缩和相变导致体积变化，由于工件表层和心部存在温度差、相变非同时发生以及相变量的不同，表层和心部的体积变化不能同步进行，因而产生内应力，也称为残余应力。

残余应力作为初始应力存在于工件内，当工件承受外载荷时，残余应力叠加的结果可能抵消或增大外应力，从而提高或降低工件的承载能力。残余应力的合理分布对工件的服役行为有显著影响；但实践表明，残余应力无论如何分布，对某些力学性能总是有着不利的影响，如表 2-2 所列。

表 2-2　残余应力对力学性能的影响

项　目	影　响
硬度	残余拉应力使硬度值降低，残余压应力使硬度值提高，拉应力的影响大于压应力
疲劳	残余压应力提高工件的疲劳强度，残余拉应力降低疲劳强度
磨损	降低钢铁材料在滑动摩擦条件下的磨损抗力
腐蚀	残余拉应力增大材料应力腐蚀开裂的敏感性

按照内应力的成因可将残余应力分为热应力和组织应力。

1）热应力

热应力是指由表层与心部的温度差引起的胀缩不均匀而产生的内应力。图 2-32 为圆柱体试样在加热和冷却时的应力变化情况。

加热初期，表层温度较高，热膨胀大，但受到温度较低心部的牵制，试样表层产生压应力，心部为拉应力。继续升温时，此应力随着心部和表层温度差的增大而增加，达到最大值后，又随着心部和表层温度差的减小而降低，直至减小到零，继而发生应力反向，如图 2-32(a)所示。由于材料的屈服强度随温度升高而降低，而内应力超过屈服强度时，将引起塑性变形使内应力得以松弛。

冷却时，情况则相反，开始时表层由于冷却受到心部的限制，表层产生拉应力，而心部则受压应力，当应力超过心部的屈服强度时，心部发生塑性变形使内应力得到部分松弛。这种内应力随着冷却的继续进行先是随心部和表层温度差的增大而增大，但当表层温度接近室温或冷却介质的温度时，心部以相对快的速率开始冷却而收缩，结果工件内形成与冷却初期阶段方向相反的内应力，这两种内应力先是互相抵消，但是由于冷却后期工件的温度较低，屈服强度升高，无论是心部还是表面都不会发生冷却开始时那样大的塑性变形，如果不发生相变，冷却结束时，最终的残余热应力表面受压应力，心部受拉应力，如图 2-32(b)所示。

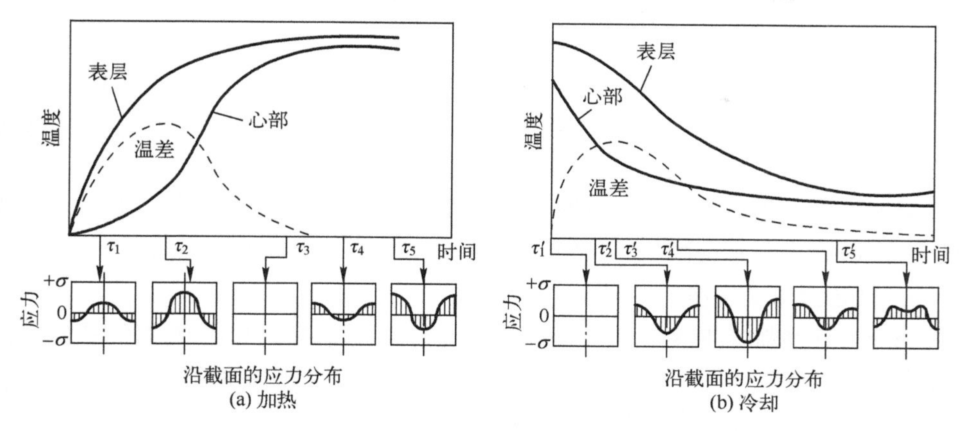

图 2-32　圆柱体式样在加热和冷却时内应力的变化

2）组织应力

组织应力起因于相变引起的比体积变化，又称相变应力。图 2-33 为圆柱体钢样在淬火过程中，发生马氏体相变时组织应力的变化情况。淬火时，马氏体相变总是开始于表面然后向心部扩展，发生了马氏体相变的表层因其体积膨胀必然对尚处于奥氏体的心部施以拉应力，而其本身则因心部的限制而受压应力，压应力的峰值随着相变的进行向心部移动。由于奥氏体具有良好的塑性和很低的屈服强度，因此，相变应力必将引起处于奥氏体状态的心部发生塑性变形，随后当心部温度降低而发生马氏体相变时，伴随的体积膨胀由于受到已转变成马氏体的表层阻碍，产生了与前述应力相反的组织应力，随着心部马氏体相变的进行，组织应力发生反向，最终形成表层为拉应力，心部为压应力的残余组织应力。

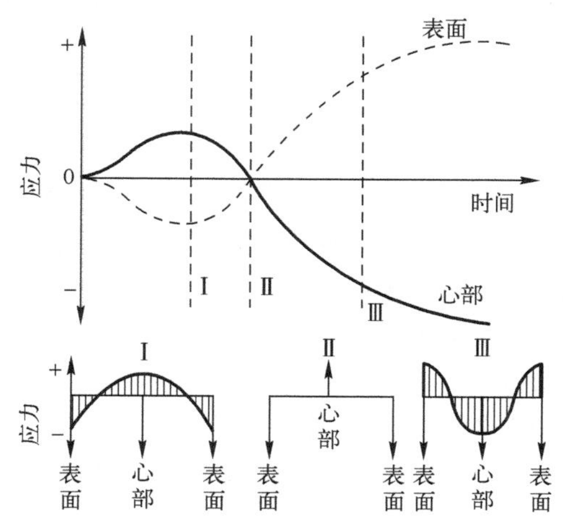

图 2-33　圆柱体钢样淬火时组织应力的变化

2.5.4.3　表面烧伤

表面烧伤是加工过程产生的热量瞬时集中在工件表层，以极快的速度将表层金属加热到一定温度，造成表层组织的改变，并在工件表面出现氧化变色的现象。

钛合金化学性能活泼，导热性较差，黏性强，这些特性使得钛合金更容易出现表面烧伤。钛合金在磨削、手工抛光和电解加工中常发生表面烧伤的现象。

1. 钛合金磨削烧伤

钛合金在磨削时，磨料与零件表面接触区，磨屑容易黏附和堵塞砂轮，造成砂轮切削性能急剧下降，磨削力增大，局部磨削温度升高，从而形成磨削烧伤。磨削烧伤严重时，零件表面会出现网状裂纹。经腐蚀后，烧伤区呈现"白斑"，如图 2-34(a)所示。图 2-34(b)、(c)为钛合金压气机转子叶片磨削烧伤高倍组织形貌。

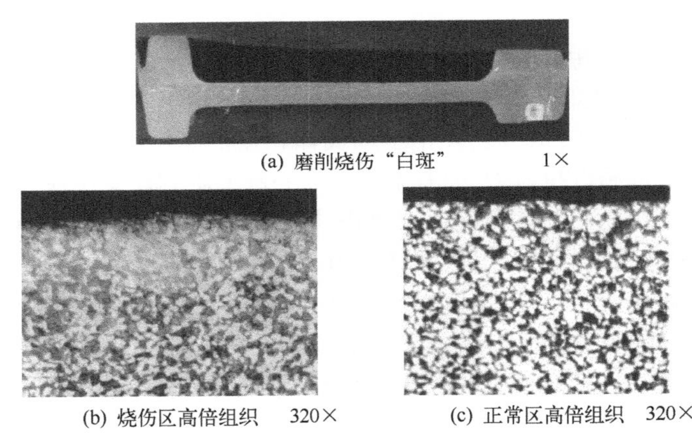

(a) 磨削烧伤"白斑"　　1×

(b) 烧伤区高倍组织　320×　　(c) 正常区高倍组织　320×

图 2-34　钛合金压气机转子叶片磨削烧伤

2. 钛合金手工抛光烧伤

在钛合金叶片加工过程中，广泛采用手工抛光工艺。由于钛合金导热性差，抛光时，在磨轮与叶片表面接触处产生的热量如果不能迅速传导，会致使叶片表层引起小体积范围内温度升高，从而导致抛光烧伤。

在腐蚀检验工序，经常发现叶身上出现"白斑"。"白斑"的尺寸大小、形状和分布无规律性；出现的概率有时高、有时低，最高时可达 30%左右；"白斑"的明显程度也各不相同，有的隐约可见，有的特别明显。图 2-35(a)为钛合金压气机转子叶片抛光烧伤白斑区。图 2-35(b)、(c)为钛合金压气机转子叶片抛光烧伤高倍组织形貌。

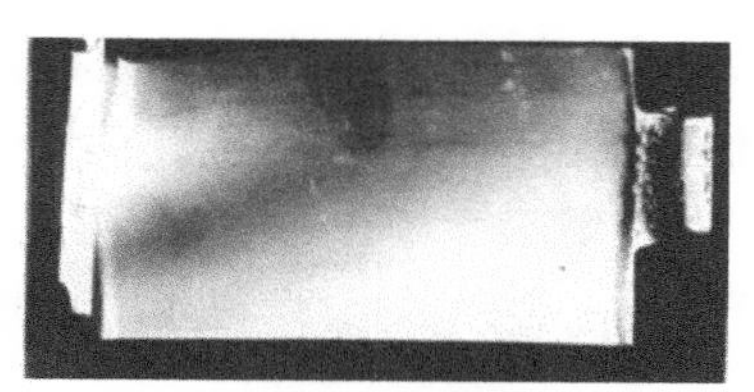

(a) 叶身烧伤白斑形貌　 0.6×

(b) 白斑区组织　320×

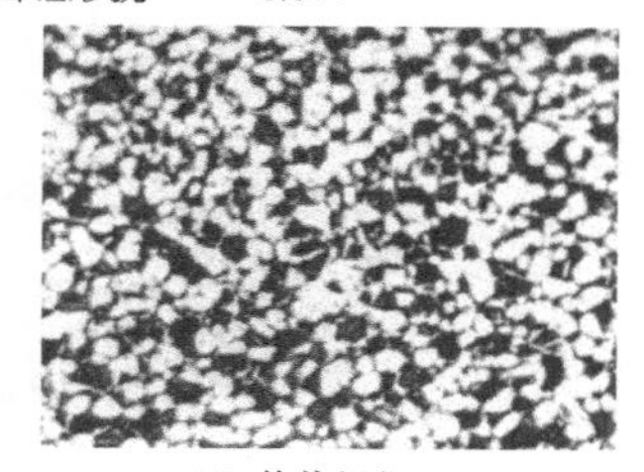

(c) 基体组织　320×

图 2-35　钛合金压气机转子叶片抛光烧伤

3. 钛合金电解加工烧伤

钛合金叶片采用电解加工叶身型面,具有加工效率高、无残余应力、无晶间腐蚀等优点,但是,叶片(阳极)与模具(阴极)之间的间隙控制不当,在局部区域会发生短路烧伤(电弧烧伤),在烧伤区产生极高的温度,钛合金基体熔化。这种烧伤造成的损伤要比抛光烧伤严重很多。在烧伤核心区,存在有熔化烧损现象,形成麻坑,高低不平,呈黑色,而其周围呈淡黄色或蓝色,经腐蚀后黑色麻坑周围为亮白色,如图 2-36 所示。沿烧伤区剖开制备金相试样进行观察,出现明显的 3 个区域,及烧伤区、过渡区和正常机体区,如图 2-37 所示。可以看出,在烧伤的核心区,温度已超过钛合金的熔点,基体已熔化形成铸造组织,如图 2-38 所示。

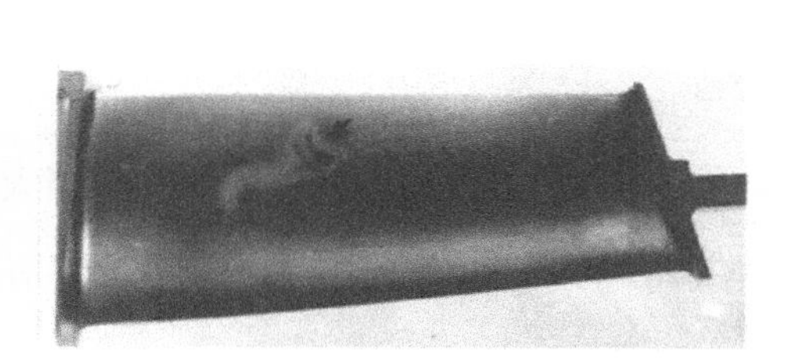

图 2-36　电解烧伤形貌(腐蚀后)

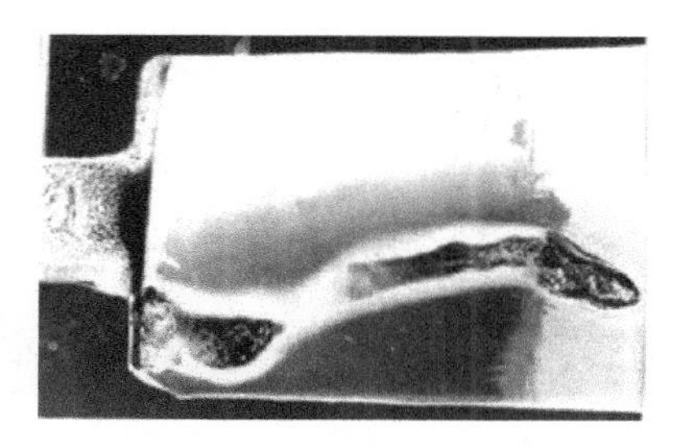

图 2-37　电解烧伤形貌金相组织

2.5.4.4　加工硬化

加工硬化金属材料在再结晶温度以下塑性变形时强度和硬度升高,而塑性和韧性降低的现象,又称冷作硬化。产生原因是,金属在塑性变形时,晶粒发生滑移,出现位错的缠结,使晶粒拉长、破碎和纤维化,金属内部产生了残余应力等。加工硬化的程度通常用加工后与加工前表面层显微硬度的比值和硬化层深度来表示。加工硬化给金属的进一步加工带来困难。如在冷轧钢板的过程中会愈轧愈硬以至轧不动,在切削加工中使工件表层脆而硬,从而加速刀具磨损、增大切削力。加工硬化也有有利的一面,它可以提高金属的强度、硬度和耐磨性。它是金属材料的一项重要特性。

图 2-38　烧伤区铸造组织

图 2-39 是金属单晶体的典型应力—应变曲线(也称为加工硬化曲线),其塑性变形部分是由 3 个阶段所组成:

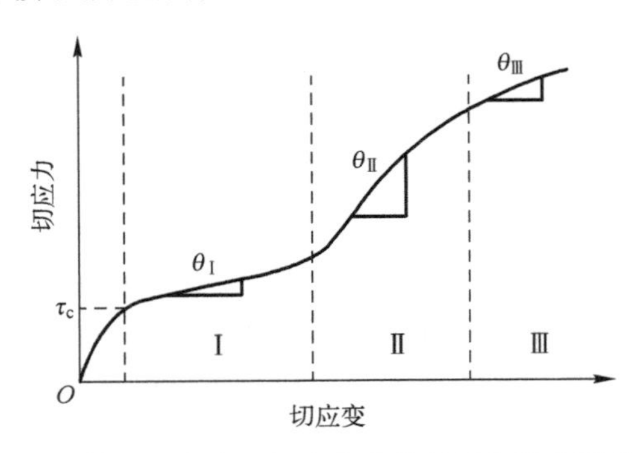

图 2-39　单晶体的切应力—切应变曲线显示塑性变形的 3 个阶段

I 阶段——易滑移阶段:当 τ 达到晶体的 τ_c 后,应力增加不多,便能产生相当大的变形。此阶段接近于直线,其斜率 $\theta_{\mathrm{I}}\left(\theta=\dfrac{\mathrm{d}\tau}{\mathrm{d}\gamma}\text{或}\ \theta=\dfrac{\mathrm{d}\sigma}{\mathrm{d}\varepsilon}\right)$ 即加工硬化率低,一般 θ_{I} 约为 $10^{-4}G$ 数量级(G 为材料的切变模量)。

II 阶段——线性硬化阶段:随着应变量增加,应力线性增长,此段也呈直线,且斜率较大,加工硬化十分明显,$\theta_{\mathrm{II}}\approx G/300$,近乎常数。

III 阶段——抛物线硬化阶段:随应变增加,应力上升缓慢,呈抛物线型,θ_{III} 逐渐下降。

各种晶体的实际曲线因晶体结构类型、晶体位向、杂质含量,以及实验温度等因素的不同而有所变化,但总的来说,其基本特征相同,只是各阶段的长短通过位错的运动、增值和交互作用而受影响,甚至某一阶段可能不再出现。图 2-40 为 3 种典型晶体结构金属单晶体的应力-应变曲线,其中面心立方和体心立方晶体显示出典型的三阶段加工硬化情况,只是当含有微量杂质原子的体心立方体,则因杂质原子与位错交互作用,将产生前面所述的屈服现象并使曲线有所变化,至于密排六方金属单晶体的第 I 阶段通常很长,远远超过其他结构的晶体,以至于第 II 阶段还未充分发展时试样就断裂了。

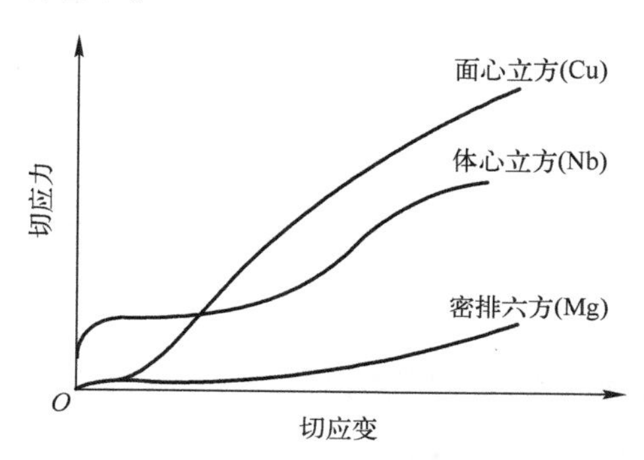

图 2-40　3 种典型晶体结构金属单晶体的应力—应变曲线

如图 2-40 所示多晶体的塑性变形由于晶结的阻碍作用和晶粒之间的协调配合要求,各晶粒不可能以单一滑移系动作,而必然有多组滑移系同时作用,因此多晶体的应力—应变曲线不会出现单晶曲线的第 I 阶段,而且其硬化曲线通常更陡。

参考文献

[1]　SHI J J. Stream of variation modeling and analysis for multistage manufacturing processes[M]. Florida:CRC Press,2007.

[2]　米凯. 基于产品可靠性与过程尺寸关联模型的制造过程可靠性控制技术[D]. 北京:北京航空航天大学,2011.

[3]　尹超. 制造过程产品可靠性下滑机理及风险评价方法研究[D]. 北京:北京航空航天大学,2014.

[4]　CHEN Y,JIN J H. Quality-reliability chain modeling for system-reliability analysis of complex manufacturing processes[J]. IEEE Transactions on reliability,2005,54(3):475-488.

[5]　THORNTON A C. Variation risk management[M]. Chichester:John Wiley & Sons Inc.,2004.

第3章

制造过程可靠性分析技术

3.1 工艺系统可靠性分析建模技术

3.1.1 工艺可靠性分析建模流程

工艺可靠性分析模型应有明确的任务剖面、任务时间、故障判据,同时也应明确执行任务过程中所遇到的环境条件和工作应力。工艺可靠性建模流程如下:

1. 确定任务及任务剖面

任务剖面的定义为:产品在完成规定任务这段时间内所经历的事件和环境的时序描述,是对"某特定的工艺过程或工序从开始到完成这段时间内发生的事件和所处环境的描述"。任务剖面一般应包括:产品的工作状态;维修方案;产品工作的时间与顺序;产品所处环境(外加的与诱发的)的时间和顺序;任务成功或致命故障的定义。一个复杂的工艺过程或工序,既可以建立包括所有任务的可靠性模型,也可以根据不同的任务和任务剖面,建立相应的可靠性模型。例如可对全部工艺过程或参数建立可靠性模型,也可以对某一工序例如关键工序,或某些参数(关键特性)建立可靠性模型;还可以按不同阶段建立可靠性模型。

2. 确定系统的条件

一个工艺过程和工序的完成途径是在不同的"人、机、料、法、环、测"条件下进行的。有的工艺过程和工序的条件变化小,视为同一条件,有的条件变化大,建模时应重点考虑。

3. 建立可靠性框图

通过简明扼要的方法表示工艺过程或工序之间可靠性的相互关系,即建立可靠性方框图。用方框图表示完成工艺过程的各工序或工步的可靠性值。在计算系统可靠性时每一个方框都必须计算进去。

4. 建立相应的数学模型

对已建立的可靠性框图,建立相应的数学模型。

5. 确定故障判据

工艺系统任务可靠性的故障判据是指影响工艺过程或工序任务完成的故障,应找出导致任务不成功的条件和影响任务不成功的工艺参数及参数界限值。

3.1.2　基于流平衡法的工艺可靠性建模技术

考虑如图 3-1 所示的 n 级串联生产线。其中 M_i 表示第 i 个加工机器,B_i 为相邻两机器间的缓冲器,贮存容量为 b_i。

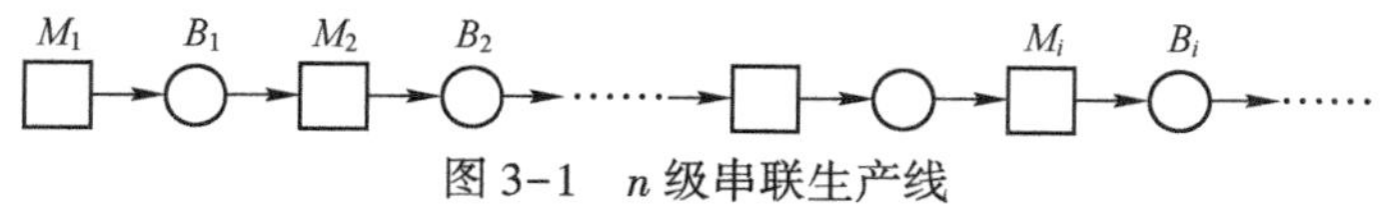

图 3-1　n 级串联生产线

基本假设条件:

(1) 机器 M_i 的加工时间、寿命时间和故障修复时间分别遵循参数为生产率 ω_i、失效率 λ_i 和修复率 μ_i 的指数分布。

(2) 机器 M_i 不饥饿,机器 M_n 不阻塞。

(3) 机器仅在加工工件期间发生故障,在饥饿或阻塞时不发生故障。

(4) 工件的传输时间忽略不计。

设生产线上机器的状态为 ji,即机器 M_i 处于状态 j,j 分为以下几种情形:

$j=0$,机器故障;$j=1$,机器正常加工;$j=2$,机器阻塞;$j=3$,机器饥饿;$j=4$,机器既阻塞又饥饿。

设 P_{ji}表示机器 i 处于状态 j 的概率,有 $\sum_{j=0}^{4} P_{ji}=1(i=1,2,\cdots,n)$,其中,根据假设有 $P_{31}=0,P_{41}=0$ 及 $P_{2n}=0,P_{4n}=0$。a_i 表示缓冲区 B_i 中工件满的概率,β_i 表示无工件的概率。则级联生产线中机器 M_i 的状态概率流转移情况,有如图 3-2 所示的三种概率流平衡方式。

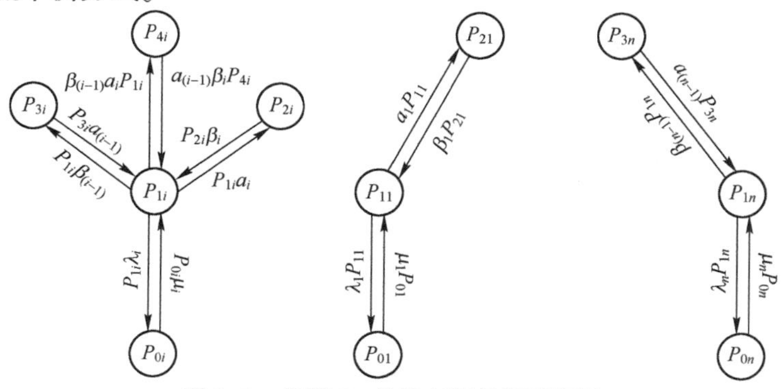

图 3-2　机器 M_i 的状态概率流平衡图

根据图 3-2,列出该生产线的状态概率方程如下：

$$
\begin{cases}
\dot{P}_{01}=-\mu_1 P_{01}+\lambda_1 P_{11}\\
\dot{P}_{11}=\mu_1 P_{01}+\beta_1 P_{21}-(a_1+\lambda_1)P_{11}\\
\dot{P}_{21}=a_1 P_{11}-\beta_1 P_{21}\\
P_{01}+P_{11}+P_{21}=1\\
\qquad\cdots\\
\dot{P}_{0i}=-\mu_i P_{0i}+\lambda_i P_{1i}\\
\dot{P}_{1i}=\mu_i P_{0i}+\beta_i P_{2i}-(a_i+\lambda_i+\beta_{i-1}+\beta_{i-1}a_i)P_{1i}+a_{i-1}P_{3i}+a_{i-1}\beta_i P_{4i}\\
\dot{P}_{2i}=a_i P_{1i}-\beta_i P_{2i}\\
\dot{P}_{3i}=\beta_{i-1}P_{1i}-a_{i-1}P_{3i}\\
\dot{P}_{4i}=\beta_{i-1}a_i P_{1i}-a_{i-1}\beta_i P_{4i}\\
P_{0i}+P_{1i}+P_{2i}+P_{3i}+P_{4i}=1\\
\dot{P}_{0n}=-\mu_n P_{0n}+\lambda_n P_{1n}\\
\dot{P}_{1n}=\mu_n P_{0n}-(\lambda_n+\beta_{n-1})P_{1n}+a_{n-1}P_{3n}\\
\dot{P}_{3n}=\beta_{n-1}P_{1n}-a_{n-1}P_{3n}\\
P_{0n}+P_{1n}+P_{3n}=1
\end{cases}
\tag{3.1}
$$

令方程左边的$\dot{P}_{ji}=0$,则得该生产线的稳态平衡方程。

其中 B_i 中有 $j(j=0,1,\cdots,b_i)$ 个工件的概率 $p_{ij}=\dfrac{\rho_i^j(1-\rho_i)}{1-\rho_i^{b_i+1}}$,式中 ρ_i 为第 i 道工序的生产率 ω_i 与第 $i+1$ 道工序生产率 ω_{i+1} 的比值,即 $\rho_i=\omega_i/\omega_{i+1}$。当 $\omega_i=\omega_{i+1}$,即 $\rho=1$ 时,$p_{ij}=1/(b_i+1)$。则有以下 4 种状态概率：

（1）缓冲区 B_i 全满：$p_{ib_i}=\dfrac{\rho_i^{b_i}(1-\rho_i)}{1-\rho_i^{b_i+1}}$。

（2）缓冲区 B_i 有存放位置：$p_{i\overline{b_i}}=1-p_{ib_i}=\dfrac{1-\rho_i^{b_i}}{1-\rho_i^{b_i+1}}$。

（3）缓冲区 B_i 无库存：$p_{i0}=\dfrac{1-\rho_i}{1-\rho_i^{b_i+1}}$。

（4）缓冲区 B_i 有库存：$p_{i\bar{0}}=1-p_{i0}=\dfrac{\rho_i(1-\rho_i^{b_i})}{1-\rho_i^{b_i+1}}$。

当缓冲区 B_i 全满时，位于前一道工序的所有机器因阻塞而停车；当缓冲区 B_i 无库存时，位于后一道工序的所有机器因缺料而停车。因此，机器 M_i 只有在缓冲区 B_{i-1} 有库存而 B_i 有存放位置时，才能正常工作，即缓冲区 B_i 的可用度对于机器 M_i 而言为 $p_{\bar{k}}$，对于机床 M_{i+1} 来讲为 $p_{\bar{0}}$。因此机床 M_i 前后缓冲区的可用度为 $A_i = p_{\overline{(i-1)0}} p_{\overline{ib_i}}$。

3.1.3　基于随机 Petri 网的工艺可靠性建模方法

利用 Petri 网进行制造系统建模，可以清晰地描述系统各状态之间的动态转移过程，大量文献采用了基于 Petri 网复杂制造系统的建模方法。

针对基本的 n 台机器（M_i）与 $n-1$ 个缓冲区（B_i）串联而成的一条生产线的制造单元，缓冲区的容量为 k_i，建立该串行加工单元的随机 Petri 网模型，如图 3-3 所示，其含义见表 3-1。

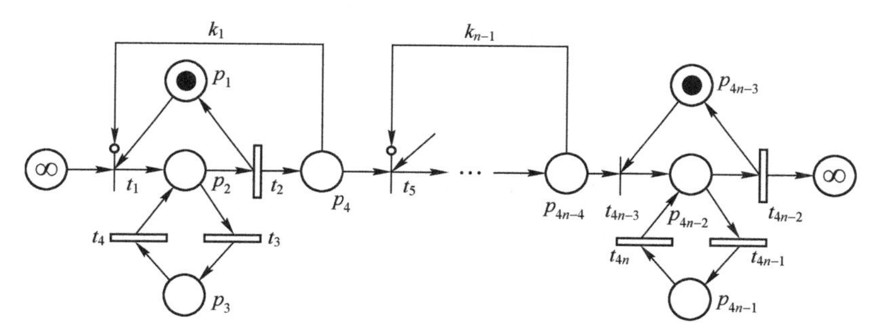

图 3-3　基于随机 Petri 网的工艺可靠性模型

表 3-1　图 3-3 模型中符号的含义

名　　称	释　　义
t_{4i-3}	向机器 M_i 提供工件
t_{4i-2}	机器 M_i 加工工件
t_{4i-1}	机器 M_i 发生故障
t_{4i}	机器 M_i 进行维修
p_{4i-3}	机器 M_i 处于空闲
p_{4i-2}	机器 M_i 启用并准备开始加工
p_{4i-1}	机器 M_i 出现故障并准备开始维修
p_{4i}	缓冲区容量 k_i

设第 i 个中间缓冲区的容量为 k_i，前一台机器的生产率为 t_{4i-2} 的激发率 μ_i（缓冲区的输入率），同样后一台机器的生产率为 μ_{i+1}（缓冲区的输出率），于是通过缓冲区的状态转移方程，得到稳态解，即第 i 个缓冲区中有存储件为 $j(j=0,1,\cdots,k_i)$

个时的概率为

$$p_{ij}=\frac{\rho_i^j(1-\rho_i)}{1-\rho_i^{k_i+1}} \tag{3.2}$$

接下来的分析同上所述的流平衡法。

3.2 工艺 FMEA 分析技术

FMEA 是一种归纳分析方法，可应用于产品生产过程、使用操作过程、维修过程、管理过程等，产品寿命周期各阶段的 FMEA 方法及目的见表 3-2，本节重点介绍生产阶段使用的工艺 FMEA 技术方法。

表 3-2　产品寿命周期各阶段的 FMEA 方法

	方案论证阶段	工程研制阶段	生产阶段	使用阶段
方法	功能 FMEA	• 硬件 FMEA • 软件 FMEA • 损坏模式影响分析	工艺 FMEA	统计 FMEA
目的	分析研究系统功能设计的缺陷与薄弱环节，为系统功能设计的改进和方案的权衡提供依据	分析研究系统硬件、软件设计的缺陷与薄弱环节，为系统的硬件、软件设计改进和保障性分析提供依据	分析研究生产工艺设计的缺陷和薄弱环节及其对产品的影响，为生产工艺的设计改进提供依据	分析研究产品使用过程中实际发生的故障、原因及其影响，为提供产品使用可靠性和进行产品的改进、改型或新产品的研制提供依据

3.2.1 工艺 FMEA 的目的和步骤

工艺 FMEA 的目的是在假定产品设计满足要求的前提下，针对产品在生产过程中每个工艺步骤所有可能发生的故障模式、原因及其对产品造成的影响，按故障模式的风险优先数(RPN)值的大小，对工艺薄弱环节制定改进措施，并预测或跟踪采取改进措施后减少 RPN 值的有效性，使 RPN 达到可接受的水平，进而提高产品的质量和可靠性。

工艺 FMEA 能够为确定关键工序和关键特性等清单、质量控制计划提供定性依据，为制定工艺试验大纲提供定性信息，为确定设备维修周期及维修清单提供定性信息。

工艺 FMEA 的步骤如图 3-4 所示，P-FMEA 的主要步骤如下：

(1) 编制工艺流程图，列出产品所经历的工序，确定工艺过程；

(2) 分析工艺系统的功能和要求；

(3) 识别可能的工艺失效模式；

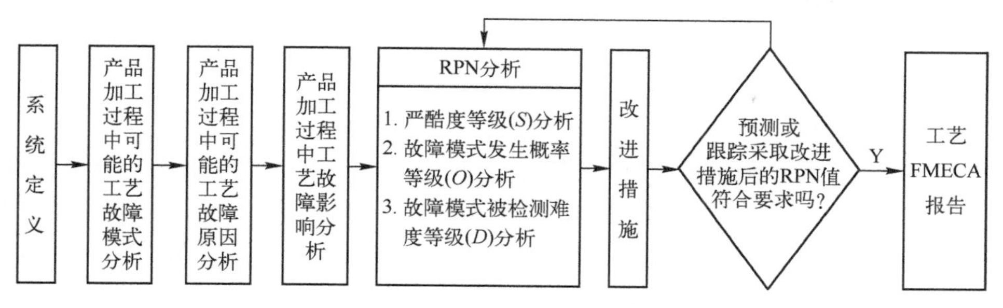

图 3-4 工艺 FMEA 的步骤

(4) 分析可能的失效原因和机理;

(5) 分析失效影响,评价失效模式对产品、下道工序相关要素,以及对顾客、人员和对环境和设施的影响及其严酷度;

(6) 确定失效模式的发生率、检测度和风险优先数;

(7) 按风险优先权制定预防或纠正失效模式的纠正措施;

(8) 预计或跟踪验证所采取改进措施后的风险优先数;

(9) 形成 P-FMEA 报告。

P-FMEA 的实施是通过填写 P-FMEA 工作单形式进行的,典型的 P-FMEA 工作单见表 3-3,具体应用时,可根据实际情况对表格内容进行补充、调整和剪裁。

表 3-3 工艺 FMEA 工作单

产品名称:________产品研制/责任单位:________工艺设计/责任单位:________工艺项目名称:________

编写:________参加人员:________审核:________批准:________工艺/引证文件:________版本号:________

共　页第　页

标识号	工艺/工序名称	工艺(工序)功能/要求描述	故障模式	失效影响				失效原因/机理	现有控制措施		严酷度(S)	发生率(O)	检测度(D)	风险优先数(RPN)	建议措施	责任单位/人及预期完成日期	补充措施及效果						备注
				对下道工序的影响	对产品的影响	对人员的影响	对环境和设施的影响		检测方法	其他措施							采取的措施	完成日期	严酷度(S)	发生率(O)	检测度(D)	风险优先数(RPN)	

3.2.2 实施工艺 FMEA 应遵循的原则

1. 有效性原则

有效性原则是指要使 P-FMEA 有效,也就是说该项工作的效果能影响工艺设计。为实现有效性,首先应建立由工艺设计人员和可靠性专业人员组成的 P-FMEA 小组,同时对重要的分析结果应请设计人员和计划管理人员参与讨论、评审。其次,措施建议应及时传达给工艺实施人员。最后,应强调对措施的落实情况进行及时跟踪分析。

2. 协同原则

由于 P-FMEA 的首要目的是为工艺设计的改进提供有效的信息和依据,因此设计 FMEA 的工作应与工艺的设计同步进行,尤其应在设计的早期就开始进行 FMEA,这样能及时发现设计中的薄弱环节并有助于工艺的优化设计。同时,P-FMEA 应及时反映设计、工艺上的变化,并随着研制阶段的展开而不断完善更新。

3. “穷举”原则

P-FMEA 是否充分有效,最重要的一点是要对所分析的问题全部搞清楚,做到事事“心中有数,记录在案”。对工艺工序的失效模式要通过查阅资料、比较、预想、回想、研讨、互相启发等方式进行穷举。

对原因进行穷举。针对每一个失效模式,在尽可能大的范围内列出可以想到的每个失效原因,经分析后,如果原因对失效模式来说是唯一的,即如果纠正该原因对该失效模式有直接的影响,那么这部分 P-FMEA 的判断过程就完成了。

4. “反复”性原则

P-FMEA 分析是企业内部人员知识和经验的综合应用,不是一次就能完成的,而是要通过工艺设计、工艺评审、P-FMEA 研讨会等不断地进行修正、改进,才能获得较为完善的预防方案,同时,这些过程的反复也会促进员工之间的交流,提高员工集体的工作素质和业务水平。

3.2.3 工艺 FMEA 的主要内容

1. 系统定义

工艺 FMEA 应对分析对象进行定义,其内容可概括为功能分析、绘制“工艺流程表”及“零部件—工艺关系矩阵”。

功能分析是对被分析过程的目的、功能、作用及有关要求等进行分析;绘制“工艺流程表”（见表 3-4），表示各工序相关的工艺流程的功能和要求等；绘制“零部件—工艺关系矩阵”（见表 3-5），表示“零部件特性”与“工艺操作”各工序的关系，这些是工艺 FMEA 的准备工作。

表 3-4　工艺流程表

零部件名称生产过程类型 零部件号部门名称审核第　页共　页 装备名称/型号分析人员　　　　批准填表日期		
工艺流程	输　入	输出结果
工序 1		
工序 2		
工序 3		
…		

表 3-5　零部件—工艺关系矩阵

零部件名称生产过程类型 零部件号部门名称审核第　页共　页 装备名称/型号分析人员　　　　批准填表日期				
零部件特性	工艺操作			
	工序 1	工序 2	工序 3	…
特性 1				
特性 2				
特性 3				
…				

2. 工艺缺陷模式分析

一般情况下，工艺 FMEA 不考虑产品设计中的缺陷。工艺缺陷是指产品在规定的制造过程中进行生产制造时，由于工艺要素的某种改变而导致产品发生失效或工艺系统的工作状态不满足规定要求。工艺缺陷模式是指不能满足产品加工、装配过程要求和/或设计意图的工艺缺陷（GJB 1391）。引起工艺缺陷的物理的、化学的、生物的或其他的过程，称为工艺缺陷机理。工艺缺陷模式可能是引起下一道（下游）工序故障模式的原因，也可能是上一道（上游）工序故障模式的后果。典型的工艺缺陷模式示例见表 3-6。

表 3-6 典型的工艺缺陷模式示例

序 号	故 障 模 式	序 号	故 障 模 式	序 号	故 障 模 式
1	弯曲	7	尺寸超差	13	表面太光滑
2	变形	8	位置超差	14	未贴标签
3	裂纹	9	形状超差	15	错贴标签
4	断裂	10	(电的)短路	16	搬运损坏
5	毛刺	11	(电的)开路	17	脏污
6	漏孔	12	表面太粗糙	18	遗留多余物
注:工艺缺陷模式应采用物理的、专业性的术语,而不要采用所见的故障现象进行故障模式的描述					

3. 工艺缺陷原因分析

工艺缺陷原因是指与工艺缺陷模式相对应的工艺缺陷为何发生,通常从人、机、料、法、环、测 6 个方面分析工艺缺陷原因。典型的工艺缺陷原因示例见表 3-7。

表 3-7 典型的工艺缺陷原因

	序 号	故 障 原 因		序 号	故 障 原 因
人	1	零件漏装	法	11	扭矩过大、过小
	2	零件错装		12	焊接电流、功率、电压不正确
	3	安装不当		13	热处理时间、温度、介质不正确
机	4	机器设置不正确		14	程序设计不正确
	5	工装或夹具不正确		15	黏结不牢
	6	定位器磨损		16	虚焊
	7	定位器上有碎屑	料	17	工件内应力过大
	8	工具磨损		18	铸造浇口/通气口不正确
环	9	润滑不当		19	破孔
	10	无润滑	测	20	量具不精确

4. 工艺缺陷影响分析

工艺缺陷影响是指与工艺缺陷模式相对应的工艺缺陷对“顾客”的影响,“顾客”是指下道工序/后续工序和/或最终使用者,工艺缺陷影响可分为下道工序、组件和装备的功能和状态的影响。

(1) 对下道工序/后续工序而言:工艺缺陷影响应该用工艺/工序特性进行描述,见表 3-8。

表3-8　典型的工艺缺陷影响示例(对后续工序而言)

序　号	故障影响	序　号	故障影响
1	无法取出	6	无法配合
2	无法转孔/攻丝	7	无法加工表面
3	不匹配	8	导致工具过程磨损
4	无法安装	9	损坏设备
5	无法连接	10	危害操作者

(2) 对最终使用者而言:工艺缺陷影响应该用产品特性进行描述,见表3-9。

表3-9　典型的工艺缺陷影响示例

序　号	故障影响	序　号	故障影响
1	噪声过大	9	工作性能不稳定
2	振动过大	10	损耗过大
3	阻力过大	11	漏水
4	操作费力	12	漏油
5	散发讨厌的气味	13	表面缺陷
6	作业不正常	14	尺寸、形状、位置超差
7	间歇性作业	15	非计划维修
8	不工作	16	废弃

5. 风险优先数(RPN)分析

工艺缺陷模式的评价参数主要包括:工艺缺陷模式的影响严酷度等级(S)、工艺缺陷模式的发生概率等级(O)、工艺缺陷模式的被检测难度等级(D)以及风险优先数(RPN)。风险优先数RPN是S、O和D的乘积,即

$$\mathrm{RPN}=S\times O\times D$$

风险优先数RPN是对工艺潜在故障模式风险等级的评价,反映了对工艺缺陷模式发生的可能性及其后果严重性的综合性度量,RPN越大,即该工艺缺陷模式的危害性越大。

在进行P-FMEA工作时,严酷度、发生概率、被检测难度的评分等级取值可细分,另外还可根据分析对象对整个系统的重要程度预先确定一个参照数值(以下称规定值),作为是否应采取改进措施的判据。

(1) 工艺缺陷模式的严酷度等级(S)是指产品加工、装配过程中的某个工艺缺陷模式影响的严重程度,评分准则见表3-10。

表 3-10 工艺缺陷模式的严酷度等级(S)的评分准则

影响程度	工艺故障模式的最终影响（对最终使用者而言）	工艺故障模式的最终影响（对下道作业/后续作业而言）	严酷度等级(S)的评分等级
灾难的	产品毁坏或功能丧失	人员死亡/严重危及作业人员安全及重大环境损害	9~10
严重的	产品功能基本丧失而无法运行/能运行但性能下降/最终使用者非常不满意	危及作业人员安全、100%产品可能废弃/产品需在专门修理厂进行修理及严重环境损害	7~8
中等的	产品能运行，但运行性能下降/最终使用者不满意，大多数情况(>75%)发现产品有缺陷	可能有部分(<100%)产品不经筛选而被废弃/产品在专门部门或下生产线进行修理及中等程度的环境损害	4~6
轻度的	有25%~50%的最终使用者可发现产品有缺陷或没有可识别的影响	导致产品非计划维修或修理	1~3

严酷度是失效模式对相关方影响的严重程度的度量，是该失效模式所造成最坏的潜在后果严重程度等级的对应值，应根据实际约定来确定不同严酷度对应的影响程度。表 3-11 为某工艺 FMEA 中实际约定的严酷度等级(S)的评分准则，根据工艺缺陷模式对人员、产品、任务进度、经济和环境 5 个方面的影响从大到小，将严酷度等级分为灾难的、致命的、中度的、轻度的和可忽略的 5 个等级，每个等级对应两个取值范围。在同一等级中，较为严重的取高值，可采用加权算术平均法计算，平均值不为整数时，按四舍五入规则取整。

表 3-11 某工艺 FMEA 中实际约定的严酷度等级(S)的评分准则

影响等级	失效模式影响严重程度的说明	严酷度取值
灾难的	人员死亡或多人重伤；产品报废；设施损坏；损失 100 万元以上，推迟进度 1 个月以上	9~10
致命的	人员严重受伤或多人轻伤；产品基本功能丧失；损失 10~100 万元，推迟进度 1 周~1 月	7~8
中度的	人员轻伤；产品受损降低效能、工装受损；损失 1~10 万元，推迟 3 天~1 周	5~6
轻度的	人员轻度不适；造成操作困难；产品基本功能未丧失；工装受损不丧失功能，损失 1 万元以下，推迟进度 3 天以内	3~4
可忽略的	返工不影响进度；降低工作效率但不影响进度和质量；经济损失可忽视不计	1~2

（2）工艺缺陷模式的发生概率等级(O)是指某个工艺缺陷模式发生的可能性，评分准则见表 3-12，评分等级是一个相对比较的等级，不代表真实发生概率。

表3-12　工艺缺陷模式的发生概率等级(O)的评分准则

工艺故障模式发生的可能性	可能的工艺故障模式发生的概率(P_o)	发生概率等级(O)的评分等级
很高(持续发生的故障)	$P_o \geqslant 10^{-1}$	10
	$5\times10^{-1} \leqslant P_o < 10^{-1}$	9
高(经常发生的故障)	$2\times10^{-2} \leqslant P_o < 5\times10^{-1}$	8
	$1\times10^{-2} \leqslant P_o < 2\times10^{-2}$	7
中等(偶尔发生的故障)	$5\times10^{-3} \leqslant P_o < 1\times10^{-2}$	6
	$2\times10^{-3} \leqslant P_o < 5\times10^{-3}$	5
	$1\times10^{-3} \leqslant P_o < 2\times10^{-3}$	4
低(很少发生的故障)	$5\times10^{-4} \leqslant P_o < 1\times10^{-3}$	3
	$1\times10^{-4} \leqslant P_o < 5\times10^{-4}$	2
极低(不大可能发生故障)	$P_o < 1\times10^{-4}$	1

对应于相应的失效模式,是该失效模式在已有控制措施下发生可能性的度量,根据工艺实施过程中"失效发生的可能性"来确定。按照失效发生的可能性分为极高、很高、高、中等、低和极低6个等级。发生概率等级(O)的评分准则见表3-13。

表3-13　发生概率等级(O)的评分准则

发生概率等级	说　明	发生率取值
极高	失效几乎不可避免	10
很高	失效经常发生	8~9
高	失效时有发生	6~7
中等	失效有可能发生	4~5
低	失效极少发生	2~3
极低	有把握失效不会发生	1

(3) 工艺缺陷模式的被检测难度等级(D)是指产品加工过程控制中某个工艺缺陷模式的原因被检测出的可能性,被检测难度等级(D)也是一个相对比较的等级。为了得到较低的被检测难度数值,产品加工、装配过程需要不断改进,评分准则见表3-14。

表 3-14　工艺缺陷模式的被检测难度等级(D)的评分准则

被检测难度	评分准则	检查方式			推荐的被检测难度的方法	被检测难度等级(D)的评分等级
		A	B	C		
几乎不可能	无法检测			√	无法检测或无法检查	10
很微小	现行检测方法几乎不可能检测出			√	以间接的检查进行检测	9
微小	现行检测方法只有微小的机会去检测出			√	以目视检查来进行检测	8
很小	现行检测方法只有很小的机会去检测出			√	以双重的目视检查进行检测	7
小	现行检测方法可以检测		√	√	以现行检测方法进行检测	6
中等	现行检测方法基本上可以检测出		√		在产品离开工位之后以量具进行检测	5
中上	现行检测方法有较多机会可以检测出	√	√		在后续的工序中实行误差检测,或进行工序前测定检查进行检测	4
高	现行检测方法很可能检测出	√	√		在当场可以检测,或在后续工序中检测(如库存、挑选、设置、验证)。不接受缺陷的产品	3
很高	现行检测方法几乎肯定可以检测出	√	√		当场检测(有自动停止功能的自动化量具)。缺陷产品不能通过	2
肯定	现行检测方法肯定可以检测出	√			过程/产品设计了防错措施,不会生产出有缺陷的产品	1
注:检查方式有 A—采用防错措施;B—使用量具测量;C—人工检查						

被检测难度等级 D 是根据现有的控制手段及检测方法评估失效发生时检测的难易程度。检测度对应于失效模式的“根原因”在已确定的检测和控制措施下被检测出来的可能性量值,依据失效可检测的难易程度分为极难、难、有可能、可能、很可能和能 6 个等级,被检测难度等级(D)的评分准则参见表 3-15。

表 3-15　被检测难度等级(D)的评分准则

检测度等级	说　明	检测度取值
极难	无检测方法能检测出失效模式	10
难	检测出失效模式的可能性很小	8~9
有可能	检测出失效模式的可能性小	6~7
可能	检测出失效模式的可能性中等	4~5
很可能	检测出失效模式的可能性很大	2~3
能	肯定能检测出失效模式	1

6. 改进措施

改进措施是指以减少工艺缺陷模式的严酷度等级(S)、发生概率等级(O)和被检测难度等级(D)为出发点的任何工艺改进措施。一般不论工艺缺陷模式 RPN 的大小如何,对严酷度等级(S)为 9 或 10 的项目应通过工艺设计上的措施或产品加工、装配过程控制或预防/改进措施等手段,以满足降低该风险的要求。在所有的状况下,当某个工艺缺陷模式的后果可能对制造/组装人员产生危害时,应该采取预防/改进措施,排除、减轻、控制或避免该工艺缺陷模式的发生。对确无改进措施的工艺缺陷模式,则应在工艺 FMEA 表相应栏中明示。

3.2.4 工艺 FMEA 报告

P-FMEA 报告一般应包括以下内容:

1. 概述

主要描述 P-FMEA 的研究对象、研究范围,说明 P-FMEA 的工作过程和工作小组的构成,以及获得的主要成果和存在问题。

2. 工艺说明

详细说明所涉及的工艺功能、工艺要求和工艺流程等。

3. 基本规则

说明所遵循的标准和规范;严酷度、发生概率和被检测难度等级的确定方法,RPN 规定值及其确定依据。

4. 工作单

列出已完成的完整、准确的 P-FMEA 工作单。

5. 关键工艺/工序和重要工艺/工序项目清单

列出严酷度为 9 以上的失效模式清单作为关键失效模式,列出严酷度为 7 或 8 的失效模式清单作为重要失效模式。

6. 超风险工艺/工序和高风险工艺/工序项目清单

列出 RPN 值超过规定值的失效模式清单,作为超风险失效模式,列出 RPN 值介于规定值和规定值 80%的失效模式清单,作为高风险失效模式。

7. 效果评价

给出工艺可靠性改进措施的落实情况及效果评价。

8. 结论和建议

说明 P-FMEA 实施结论意见。

3.2.5 工艺 FMEA 举例

以某型号的关键电子产品为对象进行说明,该产品共涉及 70 多个工序,将工艺缺陷模式概括为 5 大类,即人为差错、设备材料不良、工艺方法或参数不当、环境不良。

严酷度等级(S)的评价准则、发生概率等级(O)的评价准则、检测度(D)等级的评价准则、某一典型零件的工艺缺陷模式与影响分析工作表、电子产品工艺 FMEA 工作表确定重要工序清单等分别见表 3-16 至表 3-19 所列。

表 3-16　严酷度等级(S)的评价准则

影响等级	影响的严重性后果说明(满足任一条件即可认定)	严酷度等级
灾难的	(1) 人员死亡或终生残废; (2) 系统瘫痪或产品报废; (3) 工艺装备报废; (4) 损失>200 万元; (5) 推迟进度>2 个月	10
致命的	(1) 人员严重受伤或多人轻伤或出现严重职业病; (2) 产品基本功能损失; (3) 工艺装备严重受损(必须做大修后才能重新使用)或大部分报废; (4) 5 万元<损失<20 万元; (5) 1 月<推迟进度<2 月	8~9
临界的	(1) 人员轻伤或轻度职业病; (2) 产品受损只能降级使用或需要返厂修复; (3) 工艺装备受损,现场可修复; (4) 大部分工序返工; (5) 1 万元<损失<5 万元; (6) 10 天<推迟进度<1 月	6~7
轻度的	(1) 造成人员对工作环境严重不适; (2) 产品外观受损但不影响功能、性能; (3) 产品受损但基本功能未丧失或现场可修复; (4) 需要部分返工; (5) 工艺装备受损但不丧失功能暂时可不做维修; (6) 5000 元<损失<1 万元; (7) 推迟进度<10 天	4~5
轻微的	(1) 造成人员对工作环境轻微不适; (2) 产品外观轻微受损,不易发现,完全不影响功能、性能; (3) 产品轻微受损但无功能丧失; (4) 需少部分返工,但不影响整体进度; (5) 工艺装备轻微受损但不丧失功能不必修复; (6) 损失<5000 元	2~3
可忽略的	(1) 造成人员对工作环境轻度不适; (2) 原位(本道工序)返工但对预定的进度没有影响; (3) 工作效率不高但既不影响进度也不影响质量; (4) 经济损失在预算范围内可忽略不计	1

表3-17　发生概率等级(O)的评价准则

故障模式发生的可能性	可能的故障模式概率(P_0)	级　别
很高(持续发生的故障)	$P_0 \geqslant 8\times10^{-2}$	10
高(经常发生的故障)	$4\times10^{-2} \leqslant P_0 < 8\times10^{-2}$	9
	$2\times10^{-2} \leqslant P_0 < 4\times10^{-2}$	8
	$10^{-2} \leqslant P_0 < 2\times10^{-2}$	7
中等(偶尔发生的故障)	$8\times10^{-3} \leqslant P_0 < 10^{-3}$	6
	$4\times10^{-3} \leqslant P_0 < 8\times10^{-3}$	5
	$2\times10^{-3} \leqslant P_0 < 4\times10^{-2}$	4
低(很少发生的故障)	$10^{-4} \leqslant P_0 < 2\times10^{-3}$	3
	$8\times10^{-3} \leqslant P_0 < 10^{-3}$	2
极低(不大可能发生故障)	$P_0 < 8\times10^{-4}$	1

表3-18　被检测难度等级(D)的评价准则

探测度	评价准则	检查方式			推荐的探测度分级方法	级　别
		A	B	C		
几乎不可能	无法探测			V	无法探测或无法检测	10
很微小	现行探测方法几乎不可能探测出			V	以间接方式进行探测	9
微小	现行探测方法只有微小的机会可以探测出			V	以目视检查进行探测	8
很小	现行探测方法只有很小的机会可以探测出			V	以双重的目视检查进行探测	7
小	现行探测方法可以探测		V	V	以图表方法进行探测	6
中等	现行探测方法基本上可以探测出		V		在零件离开工位之后以量具进行探测	5
中上	现行探测方法有较多机会可以探测出	V	V		在后续的工序中实行误差检测，或进行工序前测定检查进行探测	4
高	现行探测方法很可能探测出	V	V		在当场可以测错，或在后续工序中探测（如库存、挑选、设置、验证）。不接受缺陷零件	3
很高	现行探测方法几乎肯定可以探测出	V	V		当场探测（有自动停止功能的自动化量具）。缺陷零件不能通过	2
肯定	现行探测方法肯定可以探测出	V			过程/产品设计了防错措施，不会生产出有缺陷的零件	1

注：检查方式有A—采用防错措施；B—使用量具测量；C—人工检查

表 3-19　某机械产品重要工序清单

工序内容	代码	工序名称	故障模式	故障对产品造成的影响	风险优先数
加工	001-01	磨外圆	人为差错	零件出现断裂现象	240
			材料不良	零件表面出现微裂纹	120
			工艺方法或参数不当	零件出现断裂现象	120
	001-02	磨端面	人为差错	零件长度尺寸超差或者端面垂直度超差	126
				零件两端面出现崩边现象	126
			设备不良	零件长度尺寸超差或者端面垂直度超差	120
			工艺方法或参数不当	零件两端面出现跑边现象	120
加工	002-03	磨端面	人为差错	零件长度尺寸超差或者两端面垂直度超差	140
			设备不当	零件端面出现崩边等缺陷	120
				零件长度尺寸超差或者两端面垂直度超差	112
	002-04	磨锥头	设备不当	零件锥角有崩边现象	120
				零件锥角有超差现象	144
加工	003-02	磨端面	人为差错	零件长度尺寸超差或者两端面垂直度超差	126
			设备不当	零件端面出现崩边等缺陷	120
				零件长度尺寸超差或者两端面垂直度超差	112

3.3　制造过程可靠性评价技术

3.3.1　基于质量特性演化关系的制造可靠性评估技术

产品从毛坯到成品的制造过程是一个工序流上的离散时间序列，产品特性和过程特性均随着该序列演化，演化规律对产品可靠性有着直接影响。研究多阶段制造过程演化规律包含如下两个方面的内容：①研究产品特性在各阶段之间的遗传、变异、叠加、分解等过程；②研究产品特性和过程特性在工序流上的交互耦合、传递补偿等关系。因此下面从工序维时间序列的角度分析各工序输出的产品特性与制造过程的过程特性的因果关系。

3.3.1.1　质量特性选取

为定量分析两类质量特性在制造过程中的演化关系,选取表征特性波动的两个偏差序列为分析指标,即产品特性偏差损失和过程特性偏差损失,分别记为$L_{pt}(k)$和$L_{ps}(k)$。其中,偏差包括两个方面的内容:①单个加工零件的个体质量特性偏差,反映输出零部件的质量;②一批产品的总体波动偏差,可以表征制造过程的稳定性。

考虑到 Taguchi 所提出的质量损失函数在“0”这一点不连续,而 Yadav 等人提出的改进质量损失函数可以很好地解决这一问题,因此下面将采用 Yadav 的方法进行分析。首先,定义两类偏差:期望偏差和不良偏差。其中,期望偏差是指偏差越大,特性的满足程度越高,一般是针对望大特性或望小特性变量而言;不良偏差是指偏差越大,特性的满足程度越低,对于望目型质量特性而言,所有偏差均是不良偏差。具体地,对于不同类型的质量特性,偏差的判别标准如下:

(1) 对于S-型质量特性,d^+表示实际值超出最大允许目标值的偏差,超出公差范围,判定为不良偏差;

(2) 对于N-型质量特性,d^+表示实际值超出目标值的偏差,d^-表示实际值低于目标值的偏差,两者均为不良偏差;

(3) 对于L-型质量特性,d^-表示实际值低于最小允许目标值的偏差,超出公差范围,判定为不良偏差。

基于两类偏差及不同望值属性的质量特性偏差判定准则,提出特性的偏差损失函数如表3-20所列。

表3-20　偏差损失函数

特性望值属性	偏差损失函数
望目特性(N-型)	$L(d_N)=k(\exp(d_N^+))^2+(\exp(d_N^-))^2$
望大特性(L-型)	$L(d_L)=k(\exp(-d_L^+))^2+(\exp(d_L^-))^2$
望小特性(S-型)	$L(d_S)=k(\exp(d_S^+))^2+(\exp(-d_S^-))^2$

则制造过程总偏差损失为所有特性的偏差损失之和,其数学表达式如下:

$$L(d)=\sum_N L(d_N)+\sum_L L(d_L)+\sum_S L(d_S) \tag{3.3}$$

假设产品的制造过程包含n道加工工序,且第k道工序的加工过程作用m_k个产品特性,记为$y_{k1},\cdots,y_{km_k}$,其目标值为$y_{0k1},\cdots,y_{0km_k}$,对应的方差为$v_{k1},\cdots,v_{km_k}$,方差目标值为$v_{0k1},\cdots,v_{0km_k}$;影响产品特性的工艺参数有l_k个,记为$x_{k1},\cdots,x_{kl_k}$,目标值为$x_{0k1},\cdots,x_{0kl_k}$,对应的方差为$\sigma_{k1},\cdots,\sigma_{kl_k}$,方差目标值为$\sigma_{0k1},\cdots,\sigma_{0kl_k}$。则产品特

性可为望目特性、望大特性或望小特性，制造过程中的工艺参数一般为望目特性，所有的方差均属于望小特性。

根据制造过程总偏差损失函数公式，可得产品特性偏差损失序列为

$$L_{pt}(k) = \sum_{y_k \in N} L(d_N) + \sum_{y_k \in L} L(d_L) + \sum_{y_k \in S} L(d_S) + \sum_{v_k} L(d_S) \tag{3.4}$$

过程特性偏差损失序列为

$$L_{ps}(k) = \sum_{x_k} L(d_N) + \sum_{\sigma_k} L(d_S) \tag{3.5}$$

3.3.1.2　质量特性演化建模

演化是时间序列上的一种变化规律，质量特性演化是产品特性和过程特性在制造过程工序流上的演变过程。Granger 因果关系检验可以定量描述两个时间序列的交互影响关系，因此下面将对提出的两个偏差序列$\{L_{pt}(k)\}$和$\{L_{ps}(k)\}$分别作 Granger 检验，检验模型如下：

$$L_{pt}(k) = \sum_{i=1}^{q} \alpha_i L_{ps}(k-i) + \sum_{j=1}^{q} \beta_j L_{pt}(k-j) + \mu_{1k} \tag{3.6}$$

$$L_{ps}(k) = \sum_{i=1}^{s} \lambda_i L_{ps}(k-i) + \sum_{j=1}^{s} \delta_j L_{pt}(k-j) + \mu_{2k} \tag{3.7}$$

式中：μ_{1k}与μ_{2k}均为随机变量，可视为白噪声；α、β、λ、δ 为回归系数；q、s 表示滞后阶数。

实质上，Granger 因果关系检验是一个假设检验的问题，其原假设为

$$H_0 : \alpha_1 = \alpha_2 = \cdots = \alpha_q = 0 \tag{3.8}$$

$$H_0 : \delta_1 = \delta_2 = \cdots = \delta_s = 0 \tag{3.9}$$

Granger 检验可以检验两个变量序列是否存在统计意义上的因果关系，更确切地说是找出一个变量当前值与另一个变量过去值之间的关系，能定量表征前端工序对当前工序工艺特性及加工产品特性的演化历程。模型的实质是对时间序列进行回归分析，因此为防止出现“伪回归”现象必须先对所有变量的时间序列进行单位根检验，保证变量的平稳性。另外，Granger 指出，如果变量之间是协整的，即各变量之间存在长期相关关系，那么至少有一个方向上的 Granger 原因成立。综合来说，确定制造过程的质量特性演化需要进行如下 3 个步骤：①单位根检验；②协整检验；③Granger 因果关系检验。具体检验过程可通过 Eviews 软件来实施。

工程实际中，制造过程的输出零部件产品质量由过程特性直接影响，据此我们认为序列$\{L_{ps}(k)\}$是序列$\{L_{pt}(k)\}$的 Granger 原因。再根据序列$\{L_{pt}(k)\}$是否成为序列$\{L_{ps}(k)\}$的 Granger 原因，可得该检验模型的输出结论如下：

（1）产品特性偏差序列$\{L_{pt}(k)\}$与过程特性偏差序列$\{L_{ps}(k)\}$互为格兰杰原因。可以解释为前端工序的输出产品特性对后端工序的过程稳定造成影响，导致

后端工序过程特性波动规律发生变化。综合过程特性决定工序输出端的产品特性的前提,两个偏差序列互为格兰杰原因,表明两类特性之间存在交叉影响。因此,后续制造过程可靠性分析需要考虑其交叉项。

(2) 过程特性偏差序列$\{L_{ps}(k)\}$构成产品特性偏差序列$\{L_{pt}(k)\}$的格兰杰原因,而产品特性偏差序列$\{L_{pt}(k)\}$不是过程特性偏差序列$\{L_{ps}(k)\}$的格兰杰原因。可以解释为前端工序的输出产品特性对后端工序的过程稳定没有影响,不会导致后端工序过程特性波动规律的变化。综合过程特性决定工序输出端的产品特性的前提,产品特性和过程特性不存在交叉影响,因此,后续制造过程可靠性分析不需要考虑其交叉项。

Granger 因果关系检验结果提供了制造过程的两类特性演化规律模型,据此选取相应的协变量构建 Cox 比例风险回归模型,开展产品固有可靠性的多因素分析,识别制造过程中影响固有可靠性的关键工序和关键特性,为后续的改进提供基础。

3.3.1.3　Cox 比例风险回归模型

Cox 比例风险模型将产品失效归因于两部分:一部分是基准失效,只与时间t有关;另一部分是协变量变化或波动造成的失效,只与选取的影响因素有关。下面给出了 Cox 模型失效率的数学表达式:

$$\lambda(t\mid z)=\lambda_0(t)\exp(\omega^{\mathrm{T}}z) \tag{3.10}$$

式中:z为制造过程的协变量,表征产品固有可靠性的影响因素;$\lambda_0(t)$表征t时刻的基准失效率;$\lambda(t\mid z)$为条件失效率,表征在某一协变量z的条件下,t时刻的失效率;$\omega=(\omega_1,\cdots,\omega_p)^{\mathrm{T}}$,为回归系数,其中$p$为协变量个数。

对于回归系数,有如下含义:

(1) $\omega_i>0$,协变量与产品失效率正相关,表征该协变量是影响产品固有可靠性的危险因子,在制造过程中应加强这类变量的控制;

(2) $\omega_i=0$,协变量与产品失效率没有相关关系,表征该协变量不是影响产品固有可靠性的关键因子,在制造过程中可适当放宽对这类变量的控制以提升生产效率;

(3) $\omega_i<0$,协变量与产品失效率负相关,表征该协变量是影响产品固有可靠性的促进因子,在制造过程中也应加强控制提升可靠度。

此外,$\mathrm{Exp}(\omega_i)$称为第i个协变量的风险比(Hazards Ratio,HR),表征 Cox 模型中协变量对产品生存寿命的风险程度。

Cox 比例风险回归模型的输入可用三元组表示,如表 3-21 所列。

表 3-21　Cox 比例风险模型输入

样　本	x_1	x_2	…	x_m	寿命观测值 t	数据类型
1	a_{11}	a_{21}		a_{m1}	t_1	1
2	a_{12}	a_{22}		a_{m2}	t_2	0
⋮	⋮	⋮	…	⋮	⋮	⋮
n	a_{1n}	a_{2n}		a_{mn}	t_n	0

制造过程演化模型揭示了产品特性和过程特性在工序流上的演变关系，如前所述，下面将根据两种可能出现的演化结果，给出 Cox 比例风险回归模型输入协变量的选取原则。

（1）当 Granger 因果关系检验显示产品特性偏差序列$\{L_{pt}(k)\}$不是过程特性偏差序列$\{L_{ps}(k)\}$的格兰杰原因时，不考虑两类特性的交叉影响，分别选取两类特性在每道工序上的取值$L_{pt}(1),\cdots,L_{pt}(n),L_{ps}(1),\cdots,L_{ps}(n)$为输入协变量，记为

$$\begin{aligned} z &= (z_1,\cdots,z_{2n})^{\mathrm{T}} \\ &= (L_{pt}(1),\cdots,L_{pt}(n),L_{ps}(1),\cdots,L_{ps}(n))^{\mathrm{T}} \end{aligned} \tag{3.11}$$

（2）当 Granger 因果关系检验显示产品特性偏差序列$\{L_{pt}(k)\}$与过程特性偏差序列$\{L_{ps}(k)\}$互为格兰杰原因时，考虑两类特性的交叉影响，用交叉项$L_{pt}(k-1)L_{ps}(k)$表征。则输入协变量记为

$$\begin{aligned} z &= (z_1,\cdots,z_{3n})^{\mathrm{T}} \\ &= (L_{pt}(1),\cdots,L_{pt}(n),L_{ps}(1),\cdots,L_{ps}(n),L_{pt}(0)L_{ps}(1),\cdots,L_{pt}(n-1)L_{ps}(n))^{\mathrm{T}} \end{aligned} \tag{3.12}$$

3.3.1.4　制造过程可靠性评估

一般而言，Cox 回归模型中的基准失效率函数是未知的，这给后续的分析评估带来很大的困难。我们知道，威布尔分布是可靠性分析中的一个重要分布，且给定不同的分布参数，就能刻画失效率为递增、常数、递减的情况，因此威布尔分布在可靠性中得到了广泛的应用，众多学者通过大量的实例验证了用该分布作为基准失效率函数的可行性，因此不失一般性地，假设产品的基准失效率函数$\lambda_0(t)$服从威布尔分布（当$\lambda_0(t)$服从其他分布时，也可用相同的方法进行分析），其数学表达式如下：

$$\lambda_0(t)=\frac{m}{\eta^m}t^{m-1} \tag{3.13}$$

那么，给定协变量z条件下的比例风险失效率函数可写成如下形式：

$$\lambda(t\mid z)=\frac{m}{\eta^m}t^{m-1}\exp(\omega^T z) \tag{3.14}$$

其中,m 和 η 分别为威布尔分布的形状参数和尺度参数,可结合制造过程的失效机理及经验统计数据给出。

利用可靠度函数与失效率函数之间的关系,可推出在给定协变量 z 条件下的产品固有可靠度函数,推理过程如下:

$$
\begin{aligned}
R(t \mid z) &= \exp\left\{-\int_0^t \lambda(x \mid z)\,\mathrm{d}x\right\} \\
&= \exp\left\{-\int_0^t \frac{m}{\eta^m} x^{m-1} \exp(\omega^T z)\,\mathrm{d}x\right\} \\
&= \exp\left\{-\left(\frac{t}{\eta}\right)^m \exp(\omega^{\mathrm{T}} z)\right\} \\
&= R_0(t)^{\exp(\omega^T z)}
\end{aligned}
\tag{3.15}
$$

式中:$R_0(t)$ 为威布尔分布的基准可靠度函数,且

$$
R_0(t) = \mathrm{e}^{-(t/\eta)^m} \tag{3.16}
$$

分析制造过程可靠性就是要分析制造过程中产品特性与过程特性的演化对输出产品固有可靠性的影响。产品可靠性由设计决定,由制造过程保证,在使用过程中得以体现。根据 Cox 模型的风险比含义可知:

(1) 当综合风险比<1 时,交付产品的固有可靠度大于设计的基准可靠度,也就是说制造过程可以很好地保证设计基准可靠性的实现,反应制造过程可靠性较高;

(2) 当综合风险比>1 时,交付产品的固有可靠度小于设计的基准可靠度,也就是说制造过程能力有所欠缺,无法保证设计基准可靠性的要求,制造过程可靠性水平有待提高。

根据产品失效率函数和可靠度函数,可得产品在协变量 z 的条件下的失效分布密度函数 $f(t \mid z)$,公式如下:

$$
f(t \mid z) = \lambda(t \mid z) R(t \mid z) = \frac{m}{\eta^m} t^{m-1} \mathrm{e}^{\omega^T z} R_0(t)^{\exp(\omega^{\mathrm{T}} z)} \tag{3.17}
$$

则制造过程能保证的产品寿命期望为

$$
\begin{aligned}
E(T) &= \int_0^\infty t f(t)\,\mathrm{d}t \\
&= \int_0^\infty \frac{m}{\eta^m} t^m \mathrm{e}^{\omega^T z} R_0(t)^{\exp(\omega^T z)}\,\mathrm{d}t \\
&= \frac{m}{\eta^m} \mathrm{e}^{\omega^T z} \int_0^\infty t^m R_0(t)^{\exp(\omega^T z)}\,\mathrm{d}t
\end{aligned}
\tag{3.18}
$$

以上计算中,威布尔分布的形状参数 m 和尺度参数 η 可用极大似然估计来确定,令

$$
\begin{aligned}
L(m,\eta) &= \prod_{i=1}^{N} f(t_i) \prod_{j=1}^{M} R(t_j) \\
&= \prod_{i=1}^{N} \frac{m}{\eta^m} t_i^{m-1} e^{\omega^T z_{t_i}} \prod_{j=1}^{N+M} \exp\left\{ -\left(\frac{t_j}{\eta}\right)^m \exp(\omega^T z_{t_j}) \right\}
\end{aligned}
\tag{3.19}
$$

式中:N 和 M 分别表示失效样本数和未失效样本数,对上式左右两边取对数可得

$$
\ln[L(m,\eta)] = N\ln\left(\frac{m}{\eta}\right) + \sum_{i=1}^{N} \ln\left(\frac{t_i}{\eta}\right)^{m-1} + \sum_{i=1}^{N} \omega^T z_{t_i} - \sum_{j=1}^{N+M} \left(\frac{t_j}{\eta}\right)^m \exp(\omega^T z_{t_j})
\tag{3.20}
$$

对上式分别求 m 和 η 的偏导如下,联立两个方程即可得两个参数的估计值:

$$
\frac{\partial \ln[L(m,\eta)]}{\partial m} = 0 \tag{3.21}
$$

$$
\frac{\partial \ln[L(m,\eta)]}{\partial \eta} = 0 \tag{3.22}
$$

3.3.1.5 案例应用

某核心器件制造过程工艺复杂,严格控制加工过程仍然容易出现合格率低、加工效率低等问题。因此需要对核心器件的工艺可靠性进行分析,找出制造过程中的薄弱工艺,保证产品的合格率和使用可靠性。

核心器件的加工过程为串联过程,本书不考虑不同工序之间加工顺序的变换对产品早期失效率和固有可靠性的影响,产品特性与过程特性的演化构成工序维度上的两个离散时间序列,可采用前面提出的 Granger 检验及 Cox 比例风险回归综合评价模型来分析核心器件的制造过程可靠性。表 3-22 给出了核心器件主要加工工序的过程特性及与该工序相关的产品特性及特性对应的偏差损失。

表 3-22　核心器件加工过程特性及输出产品特性

编号	工序名称	产品特性	L_{pt}	过程特性	L_{ps}
1	磨外圆	直线度、圆柱度	41.378	砂轮粒度、进刀量、导轮转速	11.613
2	磨端面	平行度、粗糙度	42.808	砂轮粒度、工作台平面度、工作台进给速度	12.586
3	胶接	胶接强度	184.761	固化温度、固化时间、固化压力	20.735
4	精磨外圆	粗糙度	25.273	砂轮粒度、进刀量、导轮转速	6.177
5	超声波清洗	表面粗糙度	42.574	清洗时间、清洗次数	10.956
6	开槽	功耗、长度	17.283	激光功率	3.224
7	镀绝缘膜	膜厚	31.164	腔内温度、镀膜时间、溅射功率	8.699
8	镀金属膜	附着力、膜厚	48.273	湿度、腔内温度、镀膜时间、溅射功率	11.028
9	绕线装配	轴比	97.068	绕线张力	15.502

利用 Eviews 软件对序列 $\{L_{ps}\}$ 和序列 $\{L_{pt}\}$ 分别进行单位根检验，检验结果表明两个序列均滞后一阶平稳。此外，两个变量的协整检验结果表明变量之间存在协整关系，因此可以开展 Granger 检验。Granger 检验结果如表 3-23 所列，从表中可以看出，F 检验的 p 值均大于 0.05，因此，在显著性水平为 0.05 条件下拒绝原假设，表明两个变量序列 $\{L_{ps}\}$ 和 $\{L_{pt}\}$ 都不是对方的 Granger 原因，也就是说产品质量与加工工艺之间不存在交互耦合作用。

表 3-23　Granger 假设检验结果

原　假　设	观测样本量	F 统计量	p 值
$\{L_{ps}\}$ 不是 $\{L_{pt}\}$ 的 Granger 原因	7	3.71344	0.2122
$\{L_{pt}\}$ 不是 $\{L_{ps}\}$ 的 Granger 原因		1.23115	0.4482

检验结果无交互作用是由于该企业在生产过程中多采用数控机床进行加工，加工精度及设备可靠度很高，输入产品质量好坏及产品特性偏差大小对加工过程的影响可以忽略不计。因此根据协变量的选取原则，应该选择不带交叉项的 Cox 模型来评估核心器件的工艺可靠性。

根据核心器件的寿命数据，输入如表 3-21 所列三元组，进行 Cox 逐步回归分析，模型结果如表 3-24 所列。其中，B 为偏回归系数，Exp(B)为风险比值。可得早期失效率函数如下：

$$\lambda(t)=\lambda_0(t)\exp(0.196L_{ps}(5)+0.090L_{pt}(3)+0.067L_{pt}(6)+0.829L_{pt}(8))$$

表 3-24　Cox 回归结果

参数	回归系数	Wald 统计量	风险比 Exp(B)
$L_{ps}(5)$	0.196	7.859	1.217
$L_{pt}(3)$	0.090	31.010	1.095
$L_{pt}(6)$	0.067	7.635	1.070
$L_{pt}(8)$	0.829	30.798	2.291

在 0.05 的显著性水平下，胶接、开槽及镀金属膜的输出质量与超声波清洗的过程特性偏差关系显著，由此可见，胶接、镀金属膜和超声波清洗是影响产品可靠性和寿命的两道关键工序。尤其是镀金属膜工艺，是核心器件加工过程的薄弱环节，其输出产品特性的 HR 值最高，为 2.291。此外，镀膜前的超声波清洗过程可靠程度的 HR 值也达到 1.217。对应地，为提高核心器件的可靠性水平，必须保证胶接强度、镀膜前的清洁度及膜厚、膜层附着力满足规定要求。

根据工艺设计机理，取 $\hat{\eta}=180$，$\hat{m}=12$，可得核心器件的基准可靠度函数为

$$R_0(t)=\exp\left\{-\left(\frac{t}{180}\right)^{12}\right\}$$

基准可靠度函数随时间变化的曲线如图 3-5 实线所示。则在现有工艺条件下的可靠度函数 $R_1(t\mid z_1)$ 如图 3-5 点划线所示,其表达式为

$$R_1(t\mid z_1)=R_0\ (t)^{\exp(\omega_1^T z_1)}=\exp\left\{-59.952\left(\frac{t}{180}\right)^{12}\right\}$$

从图中可以看出,设计的基准可靠度水平远远高于实际可靠性,说明制造过程中的特性波动将会加速产品使用的性能退化。另外,核心器件在前 100 个单位时间内性能较稳定,可靠度较高。但之后可靠度随时间迅速下降,当使用时间为 120 个单位时间时,可靠度水平仅为 0.6,因此为延长核心器件在使用过程中的寿命,需要对胶接过程和镀金属膜的工艺过程进行优化。对镀金属膜的加工工艺进行改进和控制后,固有可靠度函数 $R_2(t\mid z_2)$ 如图 3-5 虚线所示,可靠性水平有了显著上升,其表达式为

$$R_1(t\mid z_2)=R_0\ (t)^{\exp(\omega_2^T z_2)}=\exp\left\{-27.598\left(\frac{t}{180}\right)^{12}\right\}$$

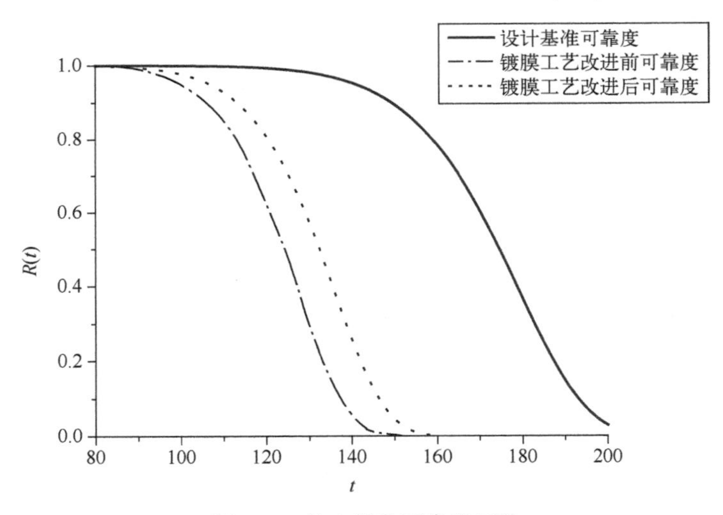

图 3-5　核心器件可靠度函数

将制造过程可靠性的概念延伸到了制造过程对固有可靠性的影响加以研究,分别以产品特性在工序流上的损失序列和过程特性在工序流上的损失序列为指标,分析多阶段制造过程中特性之间的演化规律,从而确定影响产品固有可靠性的因素。对此,提出了 Granger 因果关系检验和 Cox 比例风险回归模型的综合可靠性评估方法,根据 Granger 检验构建特性演化模型,并以检验结果选取 Cox 风险回归模型的协变量,利用产品早期失效数据或环境筛选试验数据构建 Cox 模型,定量评

估制造过程中的关键特性对产品固有可靠性的影响。该综合评估方法为量化特性之间的演化过程提供了技术支撑,同时也为寻找薄弱工艺环节从而指导制造过程可靠性改进提供依据,最后通过核心器件的制造过程可靠性分析对提出方法的可行性进行了论证。

3.3.2　基于成熟度的制造风险评价技术

随着装备研制项目规模与要求的不断提高,大量项目因为在研制阶段缺乏应有的制造技术知识辅助决策而造成进度拖延、质量下降与费用超支的情况,因此,有必要对装备研制项目进行专门的制造技术成熟度评估。通过制造技术成熟度评估,可以识别出装备研制项目存在的制造风险以及这些风险将给装备研制带来的可能影响。根据评估结果可以选择相应的防范措施,通过实施改进措施,有效地降低或避免制造风险,保证装备研制项目顺利投产交付部队,加速高新技术由实验室向战场转化的速度。

近年来,基于技术成熟度思想,国内外在研制项目制造风险评估领域开展了一些研究,其中,美国三军联合制造技术委员会(JDMTP)基于技术成熟度提出制造成熟度(Manufacturing Readiness Level,MRL)评价模型,通过评价装备研制项目关键节点的制造成熟度水平来识别制造风险,初步提出了基于制造成熟度评价的制造风险管理流程;国内学者对生产风险概念与制造风险评价策略进行了定性研究。从上可以看出,在现有文献中,较少提及量化的制造风险评价模型与方法。为此,本书提出了一种新的基于制造成熟度与模糊层次分析方法的制造风险评估方法。

3.3.2.1　制造风险内涵与评价流程

1. 制造成熟度

制造成熟度是美军近年来在项目采办管理中基于技术成熟度(Technology Readiness Level,TRL)引入并应用的一个新工具,用于确定装备研制过程中制造技术是否成熟,以及技术转化过程中是否存在风险,从而管理并控制系统生产在质量和数量上实现最佳化,即最大限度提高装备质量、降低成本和缩短生产周期,满足作战任务需求。

制造成熟度是技术成熟度概念的拓展,主要用于弥补技术成熟度难以评估装备生产系统的经济有效性。和技术成熟度等级划分一样,制造成熟度提供了系统的标准和衡量方法,用于评定特定阶段制造技术的成熟度,并允许不同类型技术之间进行一致的成熟度比较。制造成熟度等级共分如下10级:

(1) MRL1-3级。在实验室研究的基础上,已经确定生产的概念或生产需求。

(2) MRL4级。已确定按成本设计(DTC)目标,初步启动可生产性评估。

（3）MRL5 级。已确定产量/效率问题、关键质量特性以及科技/专用试验设备要求，已开始生产规划。

（4）MRL6 级。在实验室环境下验证检测/试验设备，分析生产成本影响因素和目标。

（5）MRL7 级。已达到小批量试生产要求，已在生产环境下验证工艺过程。

（6）MRL8 级。可生产性风险评价即将完成，所有制造工艺已经确定。

（7）MRL9 级。系统、组件或零件处于小批量试生产中，小批量试生产成本符合生产目标，设备、工装、检测与试验设备交付满足 3σ 或其他质量要求。

（8）MRL10 级。本阶段为大批量生产或维护阶段，是制造成熟度最高水平，要求所有原材料、制造工艺过程、检测与试验设备的生产能力都符合 6σ 或其他质量要求。

在装备项目研制过程中的每个里程碑决策点，都需要从制造角度评估整体项目的技术成熟度，其核心目标是根据制造和生产过程的成熟度，评估装备项目可制造性风险，确保装备技术方案从设计部门到生产车间的平稳转移。

2. 制造风险内涵

制造风险是指在装备研制过程中，由于生产系统中的有关因素及其变化的不确定性而导致新产品开发失败的可能性。如难以实现大批量生产、生产周期过长、工艺不合理、设备和仪器损坏、检测手段落后、产品质量难以保证、可靠性差、供应系统无法满足批量生产的要求等。

为了在装备研制过程中量化和控制制造风险，可以通过评价关键节点生产系统的成熟度等级的实测值与目标值之间偏差大小来确定制造风险发生概率的大小，偏差越大，概率越高，偏差越小，发生可能越低。生产系统成熟度偏差大小也直接影响着制造风险后果，制造风险有可能导致以下形式的后果：①装备实物质量（性能）达不到预期指标，质量不稳定；②研制进度拖延，不能按时批产与交付；③研制费用超支，需要额外拨款，加大经费投入。

3. 制造风险评估流程

根据系统工程与并行工程思想，为了有效的预防和降低装备研制过程制造风险，制造风险评估活动应该贯穿于研制生产过程始终，而不是等到快投产时才被动开展。在借鉴美军采办项目制造成熟度评估与风险管理流程的基础上，提出如图 3-6 所示的制造风险评估流程。

如图 3-6 所示，在装备研制过程中，总共有 7 个节点需要进行制造风险评估，每个节点对项目生产系统的成熟度有明确要求，其中第 2、第 4 和第 6 个为里程碑节点，在美军采办管理过程中，这 3 个节点是重点监督对象。单节点制造风险评估的流程核心是对照评估基准，明确制造风险源，分析它们的发生概率与影响后果，最后综合评估出单节点制造风险。在项目制造管理中，转阶段决策除了考虑当前评估节点的制造风险值外，还需要考虑之前节点的制造风险值的大小，保证每个阶段制造风险值都在合理的波动范围之内是制造风险评估与管理的最终目的。

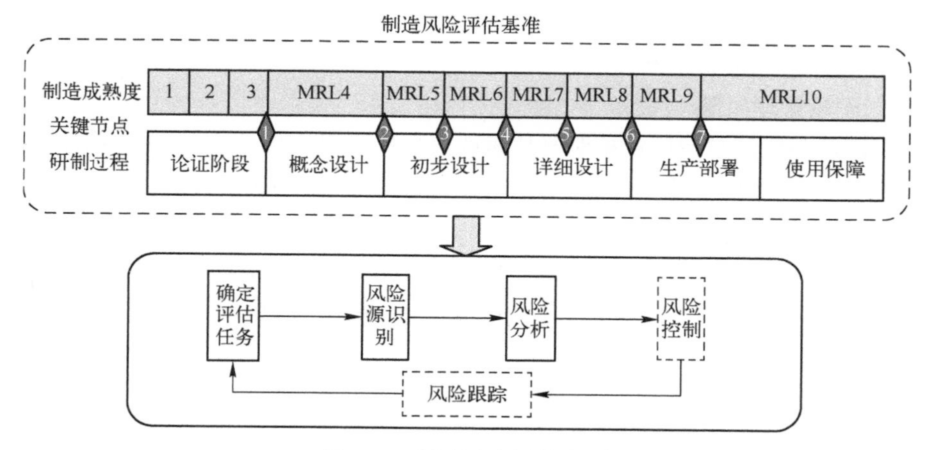

图3-6 制造风险评估流程

3.3.2.2 制造风险评估指标体系

为了有效地度量装备研制过程评估节点的制造风险，需要构建能够反映出制造成熟度水平偏差，与影响后果的评估指标体系，在参考制造成熟度评价模型的基础上，提出从技术与工业化基础、设计方案、成本与预算、生产材料、过程能力与控制、质量管理、人员、设备、生产管理等9方面的风险来综合评估制造风险。

1. 技术与工业化基础风险

技术与工业化基础风险是指当前国家的整体技术水平给项目设计、开发、生产、运行、维修、报废等方面带来的不确定性。考虑的主要风险因素有制造技术成熟度等级、工业化基础能力水平、工业能力与容量满足任务程度等。

2. 设计方案风险

设计方案风险是指设计方案满足需求的程度。考虑的主要风险因素有设计方案技术状态水平、关键节点可制造性评价情况、技术状态接受标准是否存在、可生产性工程与计划实施情况、特殊工装与测试设备准备情况等。

3. 生产材料风险

生产材料风险是指原材料与配套件供应风险。考虑的主要风险因素有原材料合理性验证情况、原材料保障性情况、物料表风险管理、环境因素与合同特殊处理措施等。

4. 成本与预算风险

成本与预算风险是指项目满足研制经费要求与预算计划的风险。考虑的主要风险因素有面向成本的设计、生产成本评估、成本降低措施、经费保障等。

5. 过程能力与控制风险

过程能力与控制风险是指制造过程保证关键特性再现性与稳定性的风险。考虑的主要风险因素有关键特性与工艺过程分析、波动偏差分析与控制、过程能力分析与评价、工艺可靠性分析等。

6. 质量管理风险

质量管理风险是指质量控制与质量改进风险。考虑的主要风险因素有质量管理组织与策略、供应商质量管理、质量策划、质量保证大纲实施等。

7. 人员风险

人员风险是指支持制造顺利进行的一定数量的人员的技能与可保障性风险。考虑的主要风险因素有参与设计与开发情况、各类生产人员确定情况、人员特殊技能识别情况、培训与认证情况等。

8. 设备风险

设备风险是指生产线设备能力与容量保证方面的风险。考虑的主要风险因素有生产线策划与建设情况、新设备采购与校验情况、生产线试运行与验证情况等。

9. 生产管理风险

生产管理风险是指装备制造生产过程所有要素的集成与协调风险。考虑的主要风险因素有制造策略与计划、车间调度计划、生产线作业控制、库房管理等情况等。

3.3.2.3 制造风险模糊综合评估

装备研制项目的制造风险的评估具有很强的模糊性。首先是制造风险概念本身的模糊性,理论界至今还没有一个统一的定义,对其包括的因素和表现形式的研究也未形成统一的体系。其次是影响因素的模糊性,由于风险的复杂性,存在着诸多不确定性的影响因素,而且这些因素之间相互可能发生关联,同时这些影响因素对损失的影响程度是非线性和动态化的,使得对它们的评估既不能通过有效的数据统计确定风险事件发生的概率,也无法直接准确地判断其发生后的严重程度。

为此,为减少判断的随意性,提高评估结果科学性,本书将模糊评价方法与层次分析(Analytic Hierarchy Process,AHP)方法相结合,首先在指标体系中用 AHP 方法,按照指标的递阶结构,计算出各种指标的权重向量,而后用多层次模糊综合评价模型对制造风险进行评估。

1. 建立指标体系

根据对制造风险的分析,先按制造风险的性质分为 9 个结构性指标,并将每类风险的风险因子作为各类结构性指标的分析指标,设结构指标集 $U=\{U_1,U_2,U_3,U_4,U_5,U_6,U_7,U_8,U_9\}$,指标体系如表 3-25 所列。

表 3-25 制造风险评估指标体系

	结构性指标	分析指标	结构性指标	分析指标
装备研制项目制造风险评估指标体系	技术与工业化基础风险(U_1)	制造技术成熟度等级(U_{11}) 工业化基础能力水平(U_{12}) 工业能力与容量(U_{13})	质量管理风险(U_6)	质量管理组织与策略(U_{61}) 供应商质量管理(U_{62}) 质量策划与保证(U_{63})
	设计方案风险(U_2)	技术状态水平(U_{21}) 可制造性(U_{22})	人员风险(U_7)	人员技能(U_{71}) 人员可保障性(U_{72})
	生产材料风险(U_3)	原材料质量水平(U_{31}) 配套管理(U_{32})	设备风险(U_8)	设备能力(U_{81}) 设备容量(U_{82})
	成本与预算风险(U_4)	成本设计(U_{41}) 成本评估(U_{42}) 经费保障(U_{43})	生产管理风险(U_9)	制造策略与计划(U_{91}) 库房与车间调度(U_{92}) 生产线作业控制(U_{93})
	过程能力与控制风险(U_5)	关键特性与工艺过程分析(U_{51}) 波动偏差分析与控制(U_{52}) 过程能力分析与评价(U_{53})		

2. 确定评语集

评语集指所有可能出现的对评估对象的评语,根据实际情况及制造风险管理的需要,将每个指标按其表现程度划分为几个等级,评语集 $V=\{v_1,v_2,v_3,v_4,v_5\}$,其中 v_1,v_2,v_3,v_4,v_5 对应的风险等级分别为“风险高”“风险较高”“风险一般”“风险较低”“风险低”。

3. 构建权重集

在综合评价中,权重体现了每项指标在整个指标体系中的重要程度,权重的确定是否科学合理直接影响到评价的准确性。由于在不同项目里程碑节点,各项制造风险中的各项因素对所评估指标的影响程度不一样,而且存在风险偏好的不同,不同的决策者对同一风险的认识和评价也各不相同。因而对于装备研制项目制造风险的评估,应反映各种风险因素对装备的影响程度并缩小评估人员之间主观影响的差别。因此,可以采用层次分析法对各结构性指标和分析指标的重要性分别进行排序,并按照各指标的影响程度及其重要性赋以相应的权重,从而确定制造风险的各层次指标的权重集。设结构性指标的权重集为 $A=\{A_1,A_2,A_3,A_4,A_5,A_6,A_7,A_8,A_9\}$,各分析指标对应的权重为 $A_i=\{a_{i1},a_{i2},\cdots,a_{ij}\}$ $(i=1,2,3,\cdots,9;j$ 表示结构性指标 U_i 中包含的分析指标的数量)。

4. 模糊综合评价

(1) 建立模糊判断矩阵。利用德尔菲(Delphi)法,参照已经建立的评语集 V 依次对各层级指标进行评价,得到 $u_{ij}(i=1,2,3,\cdots,9)$ 隶属于第 $t(t=1,2,\cdots,5)$ 个评语 v_t 的程度 r_{ijt},其中 $r_{ijt}=m_{ijt}/m$,m 为参与模糊综合评价的专家总数,m_{ijt} 为参评的专家中认为指标 u_{ij} 属于评价等级 v_t 的人数,由此可以得到如下模糊评价矩阵:

$$R_t=\begin{bmatrix} r_{i11} & r_{i12} & r_{i13} & r_{i14} & r_{i15} \\ r_{i21} & r_{i22} & r_{i23} & r_{i24} & r_{i25} \\ & & \cdots & & \\ r_{ij1} & r_{ij2} & r_{ij3} & r_{ij4} & r_{ij5} \end{bmatrix}$$

（2）第一级模糊综合评判。第一级模糊综合评判是按结构性指标中的所有分析指标进行评价，根据模糊评价矩阵 $\boldsymbol{R}_t$，结合各个分析指标的权重，每个分析指标进行综合评价，得到第一级模糊综合评判集（采用加权平均型算子）：

$$\boldsymbol{B}_t=\boldsymbol{R}_t\cdot\boldsymbol{R}_t=\sum_{j=1}^{n}a_{ij}r_{ij}\quad(1=1,2,\cdots,9;t=1,2,\cdots,5)$$

（3）第二级模糊综合评判。第二级模糊综合评判是在各结构性指标之间进行评判，将每个结构性指标 U_i 当作一个因素，用 B_i 作为 U_i 的单因素评价，则模糊综合评判矩阵为

$$\boldsymbol{R}=[B_1B_2B_3B_4B_5B_6B_7B_8B_9]=(b_{it})_{9\times5}$$

因此，可以得到二级模糊综合评判级为

$$B=A\circ R=(b_1b_2b_3b_4b_5)$$

采取加权平均型算子，则

$$b_t=\sum_{i=1}^{9}A_ib_{it}\quad(t=1,2,\cdots,5)$$

（4）评判指标的处理。经过模糊评价，得到一个模糊向量 $B=(b_1,b_2,\cdots,b_5)$，$b_t(t=1,2,\cdots,5)$ 表示制造风险对第 t 个评语 v_t 的隶属度。最后，可以赋予不同等级评语 v_t 规定值 β_t，以隶属度 b_t 为权重，得到制造风险的综合评估分值为

$$\beta=\sum_{t=1}^{t}b_t^k\beta_t/\sum_{t=1}^{5}b_t^k\quad(\text{一般取 }k=1,2)$$

3.3.2.4 算例

以某单位承担的某导弹装备研制项目为例应用上述方法进行各因素风险评估，以表 3-25 给出的制造风险评估指标为被评估因素论域 U，邀请 10 名专家组成评估小组对图 3-9 中的关键节点 6 即投产前制造风险进行评估。应用过程中的主要步骤及结果简述如下：

步骤 1 确定指标权重。首先，根据专家对表 3-25 的各结构指标与分析指标采用层次分析法进行权重评分，经过归一化处理后，具体权重结果如下：

$A=\{0.05,0.07,0.09,0.09,0.2,0.1,0.15,0.1,0.15\}$，$A_1=\{0.3,0.3,0.4\}$，$A_2=\{0.4,0.6\}$，$A_3=\{0.5,0.5\}$，$A_4=\{0.4,0.3,0.3\}$，$A_5=\{0.3,0.3,0.4\}$，$A_6=\{0.35,0.35,0.3\}$，$A_7=\{0.7,0.3\}$，$A_8=\{0.5,0.5\}$，$A_9=\{0.3,0.3,0.4\}$。

步骤 2 构建模糊综合评判矩阵。评估小组对表 3-25 中每个分析指标根据所提供的问卷基于评估评语集分别进行风险权重评分，经过归一化处理后得到二

级评判矩阵，在和权重相乘后合并得到一级模糊评判矩阵，分析指标评价结果统计权重评分表如表3-26所列。

表3-26　分析指标评价结果统计权重评分表

	v_1	v_2	v_3	v_4	v_5		v_1	v_2	v_3	v_4	v_5		v_1	v_2	v_3	v_4	v_5
U11	0	1	2	5	2	U42	0	1	2	5	2	U71	0	1	1	6	2
U12	1	2	5	2	0	U43	0	0	1	7	2	U72	0	1	6	2	1
U13	0	2	2	6	0	U51	1	3	4	2	0	U81	0	3	2	4	1
U21	0	2	4	4	0	U52	1	3	2	4	0	U82	0	2	3	3	2
U22	0	0	5	4	1	U53	1	1	5	1	2	U91	1	1	4	1	1
U31	0	1	2	3	4	U61	0	1	0	7	2	U92	1	1	2	5	1
U32	1	2	1	3	3	U62	0	2	3	4	1	U93	2	1	3	4	1
U41	0	1	1	4	4	U63	0	1	3	5	1						

一级模糊评判矩阵如下：

$$\boldsymbol{R}=\begin{bmatrix} 0.03 & 0.17 & 0.29 & 0.45 & 0.06 \\ 0 & 0.08 & 0.46 & 0.4 & 0.06 \\ 0.05 & 0.15 & 0.15 & 0.3 & 0.35 \\ 0 & 0.07 & 0.13 & 0.52 & 0.28 \\ 0.1 & 0.22 & 0.38 & 0.22 & 0.08 \\ 0 & 0.135 & 0.195 & 0.535 & 0.135 \\ 0 & 0.1 & 0.25 & 0.48 & 0.17 \\ 0 & 0.25 & 0.25 & 0.35 & 0.15 \\ 0.14 & 0.1 & 0.3 & 0.34 & 0.1 \end{bmatrix}$$

步骤3　制造风险量化评估。$B=A\circ R=(0.0470,0.1464,0.2749,0.3798,0.1489)$，归一化处理后得：$B'=A\circ R=(0.047,0.147,0.276,0.381,0.149)$。将评语集量化为$V=\{10,8,6,4,2\}$，则制造总风险得分$\beta=B'\cdot V=5.124$，即在该节点的风险值介于较低和一般之间。

步骤4　风险原因分析与控制。评估结果表明，虽然该项目批产前制造总风险不高，但从表3-26可以看出，U_5和U_9指标的风险评估偏高，即该型导弹生产过程控制和生产管理方面还存在一定的风险，需要进一步强化各分析指标要求的工作内容，提高生产过程控制能力与生产管理水平，进一步降低制造风险。

3.3.3 批产过程可靠性下滑风险评价技术

3.3.3.1 基于 RQR 链的制造过程产品可靠性下滑风险源分析

制造系统是制造产品的母体，制造过程是产品的形成过程，人、机、料、法、环、测等制造因素偏差是导致产品可靠性发生下滑的根源。在工程实际中常常发生这样的情况，制造过程中产品质量检验合格，但投入到使用后，产品可靠性无法满足设计可靠性要求。这是因为在制造过程中制造系统组件的退化/失效等异常将会传递至过程质量的偏差，体现在 QR 交互效应上，而过程质量的偏差将会引起在制造阶段难以检测出的产品缺陷，产品缺陷在使用阶段暴露形成故障将会造成产品可靠性的下滑。因此，制造过程产品可靠性下滑的原因主要是制造系统异常导致制造过程质量下降，继而由制造过程质量偏差的累积造成产品可靠性下滑的这样一种链式偏差传导关系，如图 3-7 所示。制造系统可靠性、制造过程工件质量和成品制造可靠性的 RQR 链中，Q 是 RQR 链传导的核心，也是制造过程产品可靠性下滑风险的主要来源，如图 3-7 上半部分所示。

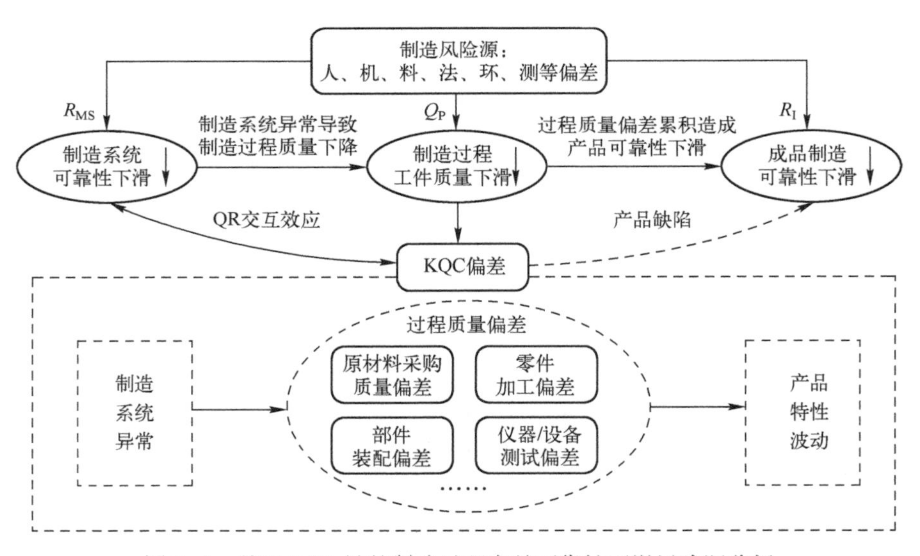

图 3-7 基于 RQR 链的制造过程产品可靠性下滑风险源分析

可靠性作为产品的隐性特性在制造过程难以进行直接的监测，而制造过程质量数据作为产品全寿命周期形成过程中最丰富的数据，其中蕴含着大量反映产品未来可靠性特征以及潜在的可靠性下滑风险信息。制造过程产品可靠性的下滑风险主要指由制造过程质量偏差引起的未来产品可靠性指标下降的风险，制造过程质量偏差越大,产品可靠性下滑风险的概率也将会增大。同时,如图 3-7 下半部分所示,制造过程质量 Q 作为 RQR 链传导的核心,组件(如刀具、夹具等)退化等制造系统异常信息也将反映到制造过程质量偏差上,并将通过质量偏差的传导传递至产品可靠性引起其下滑风险的产生。关键质量特性(Key Quality Characteristics, KQC)作为制造过程质量信息的主要载体,是质量分析与控制的主要抓手,KQC 的受控与否,将直接决定着制造过程产品可靠性下滑风险量的大小。因此,为预防制造过程产品可靠性的下滑风险,关键在于基于完备的 KQC 质量数据与客观的评价指标进行制造过程的偏差监测与控制,从而最大程度地降低制造过程产品可靠性下滑风险并保证制造过程质量与产品可靠性。

假设制造过程产品可靠性下滑风险与制造过程质量偏差分别为 R_S(Risk)与 V(Variation),则两者的关系模型可由下式表示:

$$R_S = F_{V \sim R_S}(V) + \varepsilon \tag{3.23}$$

式中:函数 $F_{V \sim R_S}(V)$ 表示制造过程质量偏差 V 对制造过程产品可靠性下滑风险 R_S 的影响模型,ε 表示误差项。因为对制造过程质量偏差的监控主要以 KQCs 为主,因此式(3.23)中的质量偏差 V 也主要指代 KQCs 的偏差。

3.3.3.2　制造过程产品可靠性下滑风险度量

为获取完备的制造过程 KQCs 数据评估制造过程产品可靠性下滑风险,本书将制造过程质量偏差按阶段划分为涵盖制造全过程的采购(V_p)、加工(V_m)、装配(V_a)、测试(V_t)这 4 个部分,并将分别计算由各部分质量偏差带来的采购风险、加工风险、装配风险与检测风险,即

$$R_S = F_{V_p, V_m, V_a, V_t \sim R_S}(V_p, V_m, V_a, V_t) + \varepsilon \tag{3.24}$$

质量偏差主要由制造过程质量特性与其规定值间的偏差表征,其大小可通过过程能力指数计算得到。本书在建立制造全过程的可靠性下滑风险评价指标体系获取完备的 KQC 质量数据的基础上,将利用多变量工序能力指数量化制造过程质量偏差,并得到制造过程产品可靠性下滑风险的量化等级,为预防监控由 RQR 链式偏差传导带来的制造过程产品可靠性下滑风险提供决策依据。

1. 指标体系建立

构建评价指标体系是开展制造过程产品可靠性下滑风险评价的前提。本书将从制造过程中导致产品可靠性下滑风险的采购风险、加工风险、装配风险与测试风险角度出发,建立涵盖全过程质量偏差的制造过程产品可靠性下滑风险的评价指标体系,如图 3-8 所示,共分为 4 级。具体地,采购风险着重考虑原料的合格状态以及产品组成的外购件比率,即外购件成品率、产品组成外购件比率;加工风险和装配风险则主要考虑自制件质量特性的偏差与加工设备技术状态的水平,以及装

配体的质量特性偏差以及人员的操作误差;测试风险则主要考虑的是产品出厂时的度量误差和设备的测试能力偏差。同时,上述指标的量值均可基于制造过程KQC数据的计算得到。

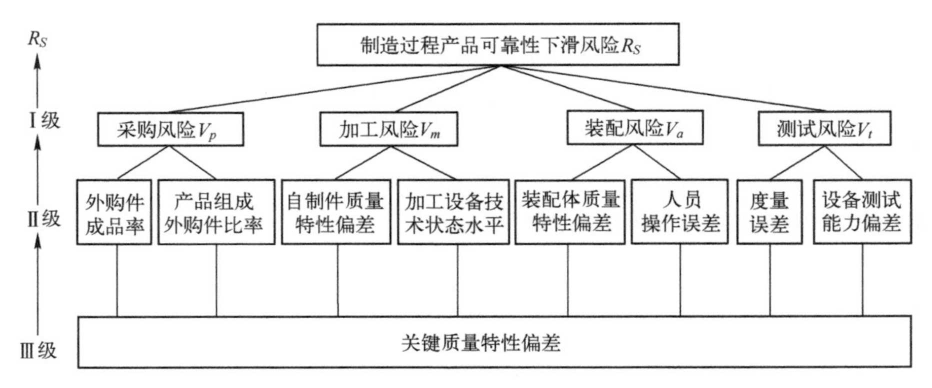

图 3-8 制造过程产品可靠性下滑风险评价指标体系

2. 可靠性下滑风险计算

过程能力指数能够有效地评估制造过程KQC偏差的大小。当制造过程KQC数据是多变量正态分布时,统计量$(X-\mu_0)^T\Sigma^{-1}(X-\mu_0)$将服从$\chi^2$分布,其中$\mu_0$和$\Sigma$分别为样本矩阵$X$的均值以及协方差矩阵。在$3\sigma$质量要求下,定义$(X-\mu_0)^T\Sigma^{-1}(X-\mu_0)\leqslant\chi^2_{m,0.9973}$形成的区域为制造过程$m$个KQC所形成的工序区域,采用如下多变量工序能力指数监控上图中底层,即评价指标体系第Ⅲ级的关键质量特性波动的情况,从而得到相应的第Ⅱ级的制造风险水平R_S^{II}。

$$R_S^{\text{II}} = \left[\frac{\prod_{i=1}^{m}(\text{USL}_i - \text{LSL}_i)}{\prod_{i=1}^{m}(\text{UPL}_i - \text{LPL}_i)}\right]^{\frac{1}{m}} \tag{3.25}$$

式中:USL_i和LSL_i为质量数据规范要求的上、下限;UPL_i和LPL_i为对应于实际生产中修正的工艺区域的上、下限,利用两者的体积比计算R_S^{II}。m代表KQC的数目$(i=1,2,\cdots,m)$。

之后,由专家给出评价指标体系Ⅱ级各指标权重,并结合式(3.25)得到的R_S^{II}利用加权几何平均的方法向上累积求得评价指标体系Ⅰ级的采购、加工、装配与测试风险R_S^{I}为

$$R_S^{\text{I}} = \left[\prod_{j=1}^{n}(R_{S(j)}^{\text{II}})^{w_j}\right]^{\frac{1}{\sum_{j=1}^{n}w_j}} \tag{3.26}$$

式中：w_j 表示评价指标体系Ⅱ级中第 j 个指标的权重（$j=1,2,\cdots,n$），w_j 为范围为 1~5 的整数。

最后，在依据层次分析法确定评价指标体系Ⅰ级的采购、加工、装配与测试风险的权重基础上，求出最终的制造过程产品可靠性下滑风险：

$$\begin{aligned} R_S &= \sum_{k=1}^{4} R_{S(k)}^{\mathrm{I}} w_k \\ &= R_{S(1)}^{\mathrm{I}} w_1 + R_{S(2)}^{\mathrm{I}} w_2 + R_{S(3)}^{\mathrm{I}} w_3 + R_{S(4)}^{\mathrm{I}} w_4 \end{aligned} \tag{3.27}$$

式中：$R_{S(k)}^{\mathrm{I}}$ 分别代表制造过程的采购、加工、装配与测试风险（$k=1,2,3,4$）。

制造过程产品可靠性下滑风险 R_S 的值越大，代表制造过程产品可靠性将会面临越大的下滑风险概率引起越大的可靠性下滑程度。定义 R_D 表示制造过程产品可靠性下滑风险的等级：

$$R_D = \begin{cases} 1 & (1.67<R_S) \\ 2 & (1.33<R_S\leqslant 1.67) \\ 3 & (1<R_S\leqslant 1.33) \\ 4 & (0.67<R_S\leqslant 1) \\ 5 & (R_S\leqslant 0.67) \end{cases} \tag{3.28}$$

R_D 分布范围为 1~5，R_D 值越大表示制造过程产品可靠性下滑风险等级越高，即下滑的风险概率和风险程度越高。同样，下滑的风险概率和风险程度也分为 5 级，1~5 级分别对应下滑的风险概率“低”“较低”“高”“较高”“极高”，以及下滑的风险程度“小”“较小”“一般”“较大”“严重”。

3. 评价有效性检验

制造过程产品可靠性下滑风险 R_S 计算的准确性，可用误差项 ε 表征，如式(3.23)所示，ε 越大，则说明计算结果偏离实际值越大。而影响误差项 ε 大小的主要因素是所建立的评价指标体系及其权重与制造过程真实状态的适配程度，相应地，两者的适配程度越高，R_S 的计算结果将越准确。同时，为使误差项 ε 对 R_S 的影响更灵敏地表现出来，本书提出了利用 R_S 的置信区间来监控制造过程不同批次可靠性下滑风险的方法。

1）评价指标体系检验

针对评价指标体系确定时与制造过程真实状态可能的适配程度不高，本书将通过结构方程的方法实现对其的检验，具体如下。

（1）测量模型信度和效度检验。结构方程分为测量模型和结构模型两部分，测量模型的检验主要为对所采集的原始数据的信度和效度的检验。克龙巴赫（Cronbach）α 系数是信度检验中最常用的衡量指标，它表征原始数据的内在一致性。信度越高表明测量的可靠性程度越高，即多次测量下原始数据的一致性程度越高。

$$\alpha = \frac{k}{k-1}\left(1 - \frac{\sum S_i^2}{S_x^2}\right) \tag{3.29}$$

式中:k 为需检验的 KQC 的数目;S_x^2 为所有关键质量特性的方差;S_i^2 为第 i 个关键质量特性的方差。

效度的检验主要是对测量模型中区别效度的检验,区别效度越高表明对评价指标体系中指标的分类划分越有效,具体可通过衡量评价指标体系因子分析的情况实现。

(2) 结构方程适配性分析。结构方程检验中最重要的是结构模型适配性分析,其检验的是评价指标体系中隐含的协方差矩阵 $\hat{\Sigma}$与原始数据协方差矩阵 S 间的适配情况,适配程度越高,表示所假设的理论模型与实际原始数据越一致,即$\hat{\Sigma}$与 S 越接近。具体地,$\hat{\Sigma}$与 S 的适配程度可通过适配指标衡量。

本书采用吴明隆给出的整体拟合优度指标作为适配指标进行分析:①绝对拟合优度指标卡方值、GFI、RMSEA;②增量拟合优度指数 CFI、IFI、TLI。上述适配指标能从不同方面反映结构模型与样本间的适配拟合情况,并能指出模型的改进方向从而加以修正。

检验评价指标体系指标权重的确定是否合理,可通过对比指标权重与结构方程模型中的因子载荷的情况实现。

2) 评价结果置信区间计算及监控

在制造过程产品可靠性下滑风险 R_S 分布未知的情况下,无法利用精确解析的方法计算其置信区间,但可借用仿真模拟的方式得到。

本书利用蒙特卡罗仿真模拟的方法计算 R_S 的置信区间。首先根据某批次实际生产数据的特征,利用仿真模拟的方式产生满足该批次 KQC 特征的 n 组正态型模拟数据(在产品生产稳定时,质量检验数据一般为正态分布),并计算每组 KQC 数据的 R_S 量值。之后,对 R_S 从小到大进行排序,从而在指定置信度 α 下,R_S 置信区间的下限 R_S^L 与上限 R_S^U 分别对应于排序位置$[k_L, k_U]$上对应的值:

$$[k_L, k_U] = \left[\left(\frac{1-\alpha}{2}\right)n+1, n\left(\frac{1+\alpha}{2}\right)\right] \tag{3.30}$$

依据产品稳态下的历史生产数据和正常生产批次的实时数据,可分别得到稳态下和正常生产批次 R_S 的置信区间$[R_S^L, R_S^U]$,并将稳态下得到的置信区间定义为接收区间。同时,为利用置信区间监控各个批次可靠性下滑风险的波动情况,首先,引入变量 ξ 监控正常生产批次 R_S 的置信区间相对于接收区间的重叠情况:

$$\xi = \frac{\text{置信区间} \cap \text{接收区间的长度}}{\text{置信区间} \cup \text{接收区间的长度}} \tag{3.31}$$

ξ 值越大，表明两区间重叠越多，一致性越高。显然，ξ 能反映两区间一致性的信息，但未能体现两者位置间的关系。为此，接着引入偏离函数 $f(\alpha_r)$ 来考察两者位置相对偏移的信息：

$$f(\alpha_r)=\begin{cases}1-e^{-(\alpha_r-\alpha)} & (\alpha_r>\alpha)\\0 & (\alpha_r=\alpha)\\-1+e^{\alpha_r-\alpha} & (\alpha_r<\alpha)\end{cases} \tag{3.32}$$

式中：α_r 表示正常生产批次置信区间的中点；α 表示接收区间的中点。α_r 偏离 α 越大，$f(\alpha_r)$ 将越接近 -1 或 1。

最后，结合各批次置信区间和接收区间的重叠情况和位置信息，通过对变量 $\delta=\xi\times f(\alpha_r)$ 数值分布的能量聚点分析，可反映出正常生产各批次 R_S 的置信区间相对于稳态下接收区间的趋势性和波动情况，为进一步监控和提升各批次产品质量与可靠性水平提供参考。

3.3.3.3　算例验证

以某机电产品批产过程为例，该产品从最初的原材料采购开始到最终的出厂测试过程，需经历多道复杂的加工、装配和测试等工序，制造过程的大量关键质量特性（KQC）微小的异常偏差在大批量生产环境下会被放大，从而造成批量产品的可靠性出现严重下滑，不能满足设计要求。为客观反映该机电产品制造过程质量偏差对产品可靠性的影响，依据所提方法，对其制造过程产品可靠性下滑风险开展相应的评价分析。

1. 评价指标体系建立及检验

1）建立制造过程产品可靠性下滑风险评价指标体系

为准确评价制造过程产品可靠性下滑风险水平，本书从影响产品制造过程质量的 KQC 入手，结合 3.3.2 节中各级指标计算和权重确定的方法，建立了制造过程产品可靠性下滑风险初始评价指标体系如表 3-27 所列。其中 V111、V112、V113 等指标对应于图 3-8 中的评价指标体系第Ⅲ级的关键质量特性指标。

表 3-27　某机电产品制造过程可靠性下滑风险初始评价指标体系

制造过程产品可靠性下滑风险 R_S	采购风险 V_p	外购件成品率 V11 产品组成外购件比率 V12	V111 V112 V113 V121 V122 V123
	加工风险 V_m	自制件质量特性偏差 V21 加工设备技术状态水平 V22	V211 V212 V221 V222
	装配风险 V_a	装配体质量特性偏差 V31 人员操作误差 V32	V311 V312 V321 V322 V323
	测试风险 V_t	度量误差 V41 设备测试能力偏差 V42	V411 V412 V421 V422 V423

2）评价指标体系结构方程检验

为检验前面建立的可靠性下滑风险评价指标体系是否能够真实有效地反映制造过程中的真实状态，依据指标采集该产品稳态下制造过程的 KQC 数据（表 3-28），并利用结构方程检验其与指标体系的适配情况。

首先，需对采集的稳态下的 KQC 数据进行信度和效度的检验，经检验，KQC 数据总体克龙巴赫 α 系数值为 0.912，采购风险、加工风险、装配风险、测试风险各部分数据的 α 系数值分别为 0.91、0.913、0.884 和 0.92，说明数据总体和各部分都具有很好的内部一致性。同时，对采集的稳态下 KQC 数据进行探索性因子分析检验样本的区别效度：KMO（Kaiser-Meyer-Olkin）结果等于 0.896，Bartlett 球形检验近似卡方值等于 8252.395（$p<0.001$），说明数据适合做因子分析。利用因子分析提取得到 4 个因子，对应导致制造过程产品可靠性下滑风险的采购风险、加工风险、装配风险与测试风险，其解释总方差为 71.424%，表明模型设定是可行的且样本具有较好的区别效度，即所采集的稳态下的 KQC 数据样本的信度和效度均符合要求。

之后，应用 AMOS 17.0 软件构建评价指标体系的结构方程模型，并对其中隐含的协方差矩阵 $\hat{\Sigma}$ 与 KQC 数据样本协方差矩阵 S 之间的适配情况进行检验。如图 3-9所示，采购风险、加工风险、装配风险与测试风险对 R_S 的路径系数值分别为 0.576、0.702、0.601 与 0.571，且都通过了显著性检验，表明这四项指标对 R_S 都有显著的影响，符合前文假设。同时，加工风险与装配风险对 R_S 的影响最大，为该产品制造过程中的关键风险。

结构方程模型适配性指标的 AMOS 17.0 软件运行结果如表 3-29 所列，其中，作为关键指标，RMSEA 表征每个自由度下模型隐含的协方差矩阵 $\hat{\Sigma}$ 与数据样本协方差矩阵 S 之间的平均差异值，通常认为 RMSEA<0.05 模型将具有非常好的适配程度，RMSEA 等于 0.048 符合要求。其余各项指标也都达到了可接受水平，表示建立的评价指标体系是合理且符合要求的，检验通过。

表 3-28　KQC 样本数据

KQC 指标	V111	V112	V113	…	V421	V422	V423
均值	4.5522	4.646	4.6739	…	2.077	1.7756	1.7141
标准差	0.2355	0.2094	0.157	…	0.321	0.2206	0.2499

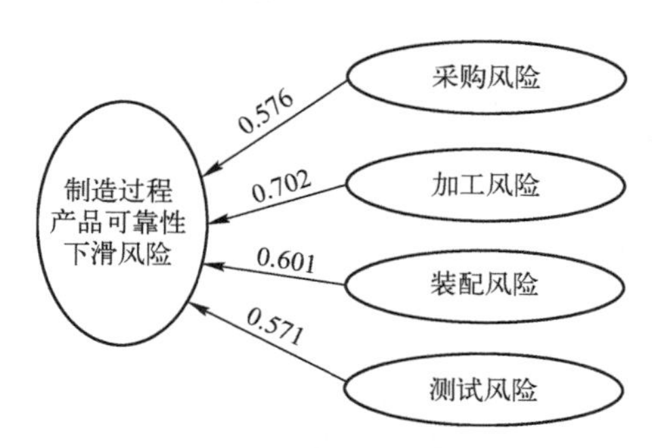

图 3-9　评价指标体系结构方程适配情况

表 3-29　结构方程适配性指标拟合检验结果

模型拟合指数		拟合值	标准	结果
绝对拟合优度指标	卡方值	436.93	越小越好	理想
	GFI	0.931	>0.9	理想
	RMSEA	0.048	<0.05	理想
增量拟合优度指标	CFI	0.971	>0.9	理想
	IFI	0.971	>0.9	理想
	TLI	0.966	>0.9	理想

2. 可靠性下滑风险计算及监控

1）计算可靠性下滑风险及其置信区间

评价指标体系经检验后，将其应用到正常批量生产状态下开展可靠性下滑风险评价。采集批次 1（该产品批产共 35 个批次）中如表 3-28 的 KQC 数据，并依据式（3.25），计算评价指标体系Ⅱ级的风险量值，以自制件质量特性偏差 V21 的风险量值 R_S^{II} 的计算为例（下式中 $\chi^2_{(2,0.9973)}=11.829$，$\boldsymbol{\Sigma}^{-1}$ 表示 KQC 数据协方差矩阵的逆矩阵）：

$$R_S^{\mathrm{II}}=\left[\frac{(3.200-1.700)\times(3.150-1.900)}{2\sqrt{\dfrac{\chi^2_{(2,0.9973)}\times 24.002}{\boldsymbol{\Sigma}^{-1}}}\times 2\sqrt{\dfrac{\chi^2_{(2,0.9973)}\times 11.322}{\boldsymbol{\Sigma}^{-1}}}}\right]^{1/2}=0.808$$

式中：$\boldsymbol{\Sigma}^{-1}=\begin{pmatrix}11.322 & 0.498\\ 0.498 & 24.002\end{pmatrix}$。

接下来，在确定评价指标体系Ⅱ级各项指标权重的基础上，依据式（3.26）计算评价指标体系Ⅰ级采购、加工、装配和测试风险，结果分别为（1.098，0.908，1.027，1.093）。然后，利用层次分析法确定制造过程采购、加工、装配和测试风险的权重，通过一致性检验（$CR=0.066<0.1$，$\lambda_{\max}=4.177$），得最终权重为（0.131，0.484，

0.271,0.114)。与前面的结构方程的路径系数相对应,加工风险(0.484)和装配风险(0.271)为制造过程中的关键风险。

$$\Sigma=\begin{pmatrix}1 & 1/5 & 1/3 & 2\\ 5 & 1 & 2 & 3\\ 3 & 1/2 & 1 & 2\\ 1/2 & 1/3 & 1/2 & 1\end{pmatrix} \tag{3.33}$$

最后,利用式(3.27)得到 R_S 的量值,如式(3.33)所示,结果等于0.986。依据式(3.28)的判断标准,R_D 为4级,表示该批次制造过程产品可靠性具有较高的概率发生可靠性下滑且可靠性下滑程度较大。

$$\begin{aligned}R_S &= R_{S(1)}^{\mathrm{I}}w_1+R_{S(2)}^{\mathrm{I}}w_2+R_{S(3)}^{\mathrm{I}}w_3+R_{S(4)}^{\mathrm{I}}w_4\\ &=1.098\times0.131+0.908\times0.484+1.027\times0.271+1.093\times0.114\\ &=0.986\end{aligned} \tag{3.34}$$

为计算批次1中 R_S 的置信区间。依据批次1中KQC数据的均值和方差等信息利用MATLAB软件模拟生成满足正态分布的质量特性数据,在置信度为80%的情况下,利用MATLAB进行10000次模拟计算 R_S 的值(在模拟次数为10000时,结果趋于收敛,如图3-10所示),并对结果进行排序,依据式(3.34),排序第1001位和第9000位对应的值[0.9603,1.0016],即为所求的批次1中 R_S 的置信区间下限和上限。

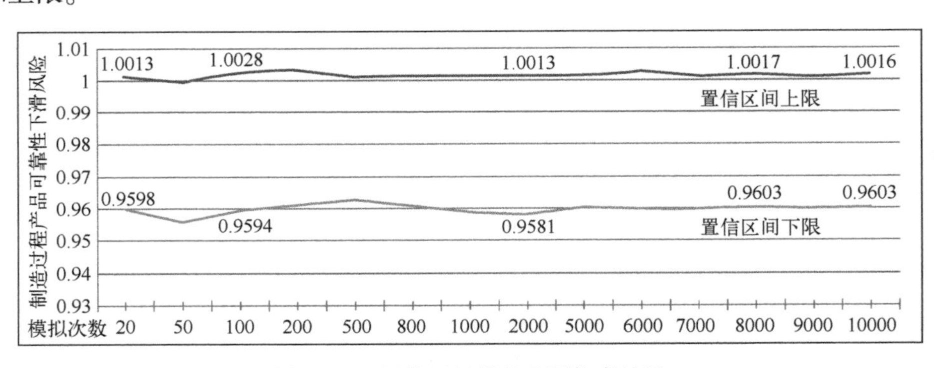

图3-10 置信区间蒙特卡罗仿真结果

2) 应用置信区间监控不同批次可靠性下滑风险波动

为监控制造过程不同批次的制造过程产品可靠性下滑风险的波动情况,以历史稳态生产数据的置信区间[0.9601,1.0014]作为接收区间,并对比正常生产状态下35个不同批次的置信区间与接收区间的重叠和位置信息,并对 $\delta=\xi\times f(\alpha_r)$ 进行能量聚点分析。

具体地,在 δ 的 $[-4\times10^{-3},4\times10^{-3}]$ 范围内的分布区间中,计算长度为 0.5×10^{-3}

的各个子区间所含的点数 M_n，从而求得 δ 的密度序列 $\{\rho_n\}$（$\rho_n = M_n/35$；$n=1,2,\cdots,35$），并相应地得到 $\{\rho_n\}$ 的 λ 水平能量聚点，如图 3-11 所示。

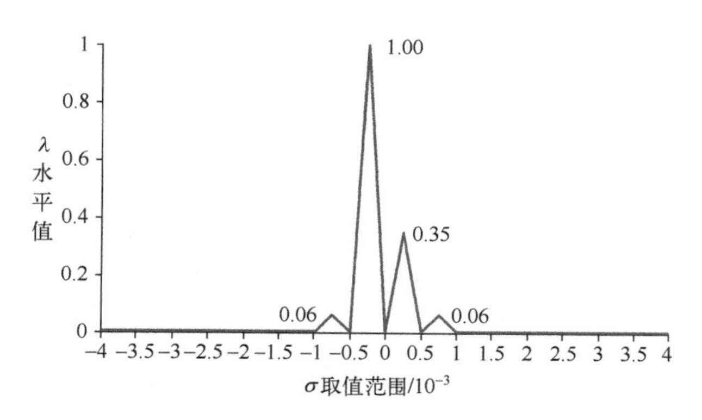

图 3-11　密度序列 $\{\rho_n\}$ 的能量聚点

在 35 个批次中计算变量 ξ 的均值为 95.61%，表示各个批次置信区间的重叠程度较高，一致性较好。但从图 3-11 可看出，δ 的分布趋向多在[0,0.5]之间，且总体趋势偏左。这表明制造过程整体已经发生了一定的偏离，需要在后续进行进一步的改进。

参考文献

[1] The OSD Manufacturing Technology Program in Collaboration with the Joint Service/Industry MRL Working Group. Manufacturing Readiness Level (MRL) Deskbook [R]. Washington D. C.: Department of Defense,2012.

[2] 张明涛. 基于 FMEA 方法的航天电子产品制造风险评价应用研究[D]. 北京:中国科学院大学,2013.

[3] 何益海,常文兵. 基于制造成熟度的武器装备研制项目制造风险评估[J]. 项目管理技术,2009,7:54-58.

[4] 徐蔼婷. 德尔菲法的应用及其难点[J]. 中国统计,2006(9):57-59.

[5] 刘学宗,张建,于书彦. 关于量表的信度和效度[J]. 首都医科大学学报,2001,22(4):314-317.

[6] 尹超. 制造过程产品可靠性下滑机理及风险评价方法研究[D]. 北京:北京航空航天大学,2014.

第4章

制造过程可靠性优化技术

4.1 制造系统可靠性优化技术

制造过程中,制造系统可靠性是保障产品质量和生产率的重要因素,同时也是衡量制造系统性能的一个重要指标。原则上来讲,制造系统作为产品的一种特殊存在形式,其可靠性优化技术可与传统可靠性优化技术通用。然而,这种方法存在着很明显的缺陷。首先,传统可靠性建模技术关注产品自身功能体现,研究产品故障情况。而制造系统作为某种产品产出的媒介,其功能具有与产品功能特性的一致性,也具有自身的特殊性。因此仅考虑制造系统本身故障情况的可靠性优化技术显然具有很大的片面性。而且随着制造技术的发展,大量表征制造过程状态的数据可被及时获取。因此,建立一种基于制造过程质量数据的快速、实用的制造系统可靠性建模及预防性维修技术是十分重要的。

4.1.1 制造系统可靠性建模技术

4.1.1.1 考虑产品质量与制造系统组件可靠性关联关系的制造系统可靠性建模技术

1. 建模基础

制造系统组件的性能退化和故障发生的机理及变化规律是错综复杂的,不仅有来自当前工位制造系统组件本身的影响,也有来自上游工位产品质量偏差的影响[1-2]。在多工位制造系统可靠性分析过程中,由产品偏差的传递[3]可知,过程产品质量与制造系统组件可靠性的交互作用在工位间也传递,从而有制造系统组件故障和不合格产品之间的统计相关关系。

制造系统可靠性内涵:制造系统可靠性通常定义为一个制造系统在操作条件和规定时间下完成预期功能的能力。在实际生产中,制造系统的预期功能不仅包括设备和刀具等组件的正常运行,还包括完成预期功能即产出的产品或半成品。

我们希望一个可靠性高的制造系统不仅正常运行的时间长，同时产出的产品质量和可靠性也高。因此，基于如图 4-1 所示的产品质量与组件可靠性关联关系，以及制造系统功能的特殊性，定义制造系统可靠度为在一段时间内，系统组件没有发生失效且生产出的产品是合格品的概率。

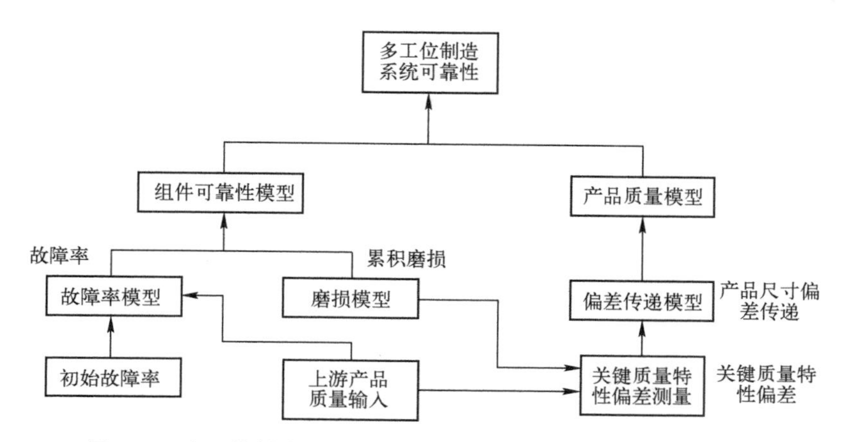

图 4-1　多工位制造系统中产品质量与组件可靠性关联关系模型

$$R(t)=\mathrm{Pr}\{\text{系统在 } t \text{ 时间前无灾难性失效} \cap t \text{ 时间前产品质量合格}\}$$

假设：我们使用以下假设来定义该制造系统的运行：

(1) 偏差流模型在其应用环境下是正确的。

(2) 不同产品的关键质量特征对制造系统组件故障的影响是独立的。

(3) 制造系统为串联式，且组件之间相互独立，各自寿命服从指数分布。

(4) 多个制造系统组件的性能退化可以用高斯-马尔可夫过程描述当前状态，用正态分布描述后续状态，性能退化过程均值和性能衰退状态只与先行状态和当前状态相关，且方差为常数。

制造系统中，通常以关键特征的尺寸精度来衡量产品质量偏差，通过关键产品特征点的尺寸偏差来评价产品质量水平。

2. 建模流程

1) 确定产品合格概率

产品在第 k 工位上的质量用 $\boldsymbol{x}(k)$ 表示，则 $\boldsymbol{x}(k)=[x_1(k),x_2(k),\cdots,x_n(k)]^{\mathrm{T}}$。其中 $\boldsymbol{x}_i(k)$ 是指零件上的第 i 个质量特性（$i=1,2,\cdots,n$）。由状态空间方程及偏差流理论可得[4]

$$\Delta\boldsymbol{x}(k)=\boldsymbol{A}(k)\Delta\boldsymbol{x}(k-1)+\boldsymbol{B}(k)\boldsymbol{U}(k)+\boldsymbol{W}(k) \tag{4.1}$$

式中：$\Delta\boldsymbol{x}(k)$ 表示第 k 工位上的产品尺寸偏差，是一个矢量；$\boldsymbol{A}(k)$、$\boldsymbol{B}(k)$、$\boldsymbol{U}(k)$ 分

别表示制造系统参数矩阵;$\boldsymbol{W}(k)$表示残差(其中$\boldsymbol{A}(k)\Delta x(k-1)$表示关键产品质量特性的一部分,$\boldsymbol{B}(k)\boldsymbol{U}(k)$表示关键控制特性的一部分)。

以$L(k)$表示系统参数,$T(k)$表示零件尺寸的公差。$f(L(k))$表示制造系统生产的产品质量,$\Delta x(k)$仅考虑了夹具参数的误差,并未将机加工特征的误差和过程控制的误差考虑进去。则

$$f(L(k))=\Delta x(k)-T(k) \tag{4.2}$$

$f(L(k))$是$x(k)=[x_1,x_2,\cdots,x_n]^{\mathrm{T}}$的非线性函数,采用 Taylor 展开:

$$f(x)=a_0+\sum_{i=1}^{n}a_ix_i \tag{4.3}$$

式中:a_i是常数。

$$\beta=\frac{\mu_f}{\sigma_f}=-\frac{a_0+\sum_{i=1}^{n}a_i\mu_{x_i}}{\sqrt{\sum_{i=1}^{n}a_i^2\sigma_i^2+\sum_{i=1}^{n}\sum_{\substack{j=1\\j\neq i}}^{n}a_ia_i\mathrm{Cov}(x_i,x_j)}}\left(\mu_f=a_0+\sum_{i=1}^{n}a_i\mu_{x_i}\right) \tag{4.4}$$

式中:$\mu_x=(\mu_{x_1},\mu_{x_2},\cdots,\mu_{x_n})$,是$f(x)$的均值点;均值$\mu_f=f(\mu_{x_1},\mu_{x_2},\cdots,\mu_{x_n})$;标准差$\sigma_f^2=\sum_{i=1}^{n}a_i^2\sigma_i^2+\sum_{i=1}^{n}\sum_{\substack{j=1\\j\neq i}}^{n}a_ia_i\mathrm{Cov}(x_i,x_j)$。

则制造过程中产品质量合格的概率为

$$\begin{aligned}R_k^Q&=\Pr\{y(k)\leqslant\theta_k\}=\Pr\{f(x)\leqslant 0\}\\&=p\left\{\frac{f(x)-\mu_f}{\sigma_f}<-\frac{\mu_f}{\sigma_f}\right\}\\&=\Phi(-\beta)\end{aligned} \tag{4.5}$$

2) 制造系统组件退化失效率

制造系统中组件的累计损耗随着周期数量的增加而增加,用$\Delta(k)$表示单个周期的磨损量,则k个周期后组件的累积磨损量$Z(k)=Z(k-1)+\Delta(k)$。若所有磨损退化过程符合独立同分布(大部分机械产品),则

$$Z(k)=\sum_{j=1}^{k}\Delta(j)\approx N(k\cdot E(\Delta(j)),k\cdot \mathrm{Var}E(\Delta(j))) \tag{4.6}$$

假设单个组件的失效服从指数分布,则在周期k上组件可靠性可用下式表达:

$$R_k^F(t)=\mathrm{e}^{-\lambda_k(t)\cdot t} \tag{4.7}$$

考虑输入产品的质量偏差加速组件的损耗:

$$\lambda_k(t)=\lambda_0(t)+E(\alpha_k(x(k)-m_k)^2) \tag{4.8}$$

式中：$\lambda_0(t)$ 为不考虑输入产品质量对组件影响的失效率（初始故障率）；$x(k)$ 为产品在第 k 工位上的质量；m_k 为输入产品质量的标准值；α_k 为修正系数，体现了输入产品质量的偏差对组件的磨损影响。

3）计算基于产品合格概率的制造系统可靠度

$$\begin{aligned} R(t) &= \Pr\{\text{系统在 } t \text{ 时间前无灾难性失效} \cap t \text{ 时间前产品质量合格}\} \\ &= \Pr\{R^F \cap R^Q\} \\ &= \Pr\{R^F \mid Z(k)\}\Pr\{R^Q \mid Z(k)\} \end{aligned} \tag{4.9}$$

分别对 $\Pr\{R^F \mid Z(k)\}\Pr\{R^Q \mid Z(k)\}$ 进行计算。

$$\begin{aligned} \Pr\{R^F \mid Z(k)\} &= P\left(\prod_{i=1}^{n} R_i^F(k) \mid Z(k) < \eta\right) \\ &= P\left(\prod_{i=1}^{n} \exp\{[\lambda_0(t) + E(\alpha_i(X(i) - m_i)^2)] \cdot t_i\} \mid Z(k) < \eta\right) \\ &= \exp\left\{\sum_{i=1}^{n}\{-[\lambda_0(t) + E(\alpha_i(X(i) - m_i)^2)] \cdot t_i\}\right\} \times \frac{1}{\sqrt{k\mathrm{Var}(\Delta(j))} \cdot \sqrt{2\pi}} \times \\ &\quad \left\{\exp\left[-\frac{\eta - kE(\Delta(j))^2}{2k\mathrm{Var}(\Delta(j))}\right] - \exp\left[-\frac{kE(\Delta(j))^2}{2k\mathrm{Var}(\Delta(j))}\right]\right\} \end{aligned} \tag{4.10}$$

$$\Pr\{R^Q \mid Z(k)\} = \Phi(-\beta) \tag{4.11}$$

将以上模型进行综合，则基于产品质量与组件可靠性交互作用的制造系统可靠性的最终表达式如下：

$$\begin{aligned} R(t) &= \Pr\{R^F \mid Z(k)\} \cdot \Pr\{R^Q \mid Z(k)\} \\ &= \exp\left\{\sum_{i=1}^{n}\{-[\lambda_0(t) + E(\alpha_i(X(i) - m_i)^2)] \cdot t_i\}\right\} \times \frac{1}{\sqrt{k\mathrm{Var}(\Delta(j))} \cdot \sqrt{2\pi}} \times \\ &\quad \left\{\exp\left[-\frac{\eta - kE(\Delta(j))^2}{2k\mathrm{Var}(\Delta(j))}\right] - \exp\left[-\frac{kE(\Delta(j))^2}{2k\mathrm{Var}(\Delta(j))}\right]\right\} \times \Phi(-\beta) \end{aligned} \tag{4.12}$$

3. 算例分析

以某机械零件的加工过程为例，建立基于过程数据的制造系统可靠性模型。

零件加工尺寸如图 4-2 所示。

零件的尺寸特征及加工过程如表 4-1 所列。

表 4-1　零件特征及加工过程

工位#	工　序	特　征	设计尺寸/mm
工位 1	铣削面 M	M 与 A 的距离	45±0.1
工位 2	铣削面 A，钻孔 B	孔 B 直径	$18.6_{0}^{0.021}$
工位 3	钻孔 C	孔 C 直径	12±0.1
工位 4	铣槽 S	槽 S 半径	5±0.1

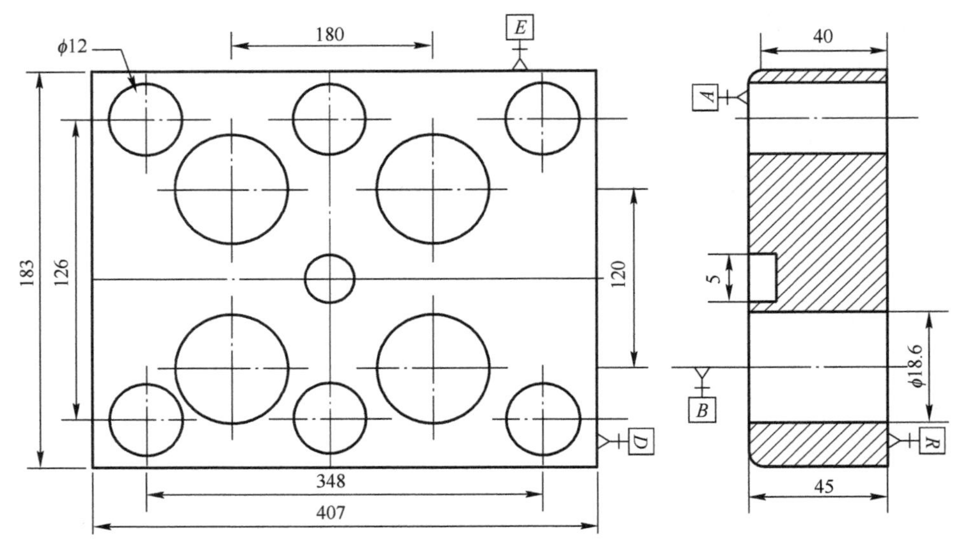

图 4-2 零件加工尺寸图

零件参数如表 4-2 所列。

表 4-2 零件参数

编号	关键特征	n_x	n_y	n_z	p_x	p_y	p_z
1	表面 *A*	0	1	0	91.5	45	0
2	表面 *M*	0	1	0	91.5	0	0
3	孔 *B*	0	1	0	131.5	22.5	0
4	孔 *C*	0	1	0	31.5	22.5	0
5	槽 *S*	0	1	0	131.5	5	0

将原始数据代入,可得产品尺寸输出结果如表 4-3 第 3 列所示。

表 4-3 各工位加工时间及故障率

参数工位	特征	尺寸输出/mm	加工时间/t_i	故障率/λ_{0i}
1	*M* 与 *A* 的距离	44.291	295.8	8.25×10^{-6}
2	孔 *B* 直径	18.624	141.6	4.32×10^{-6}
3	孔 *C* 直径	11.924	99.3	1.17×10^{-5}
4	槽 *S* 半径	4.966	46.0	4.04×10^{-6}

步骤 1:制造系统组件衰退和初始故障率等相关参数可由历史数据得出。

$\Delta(j) \sim N(\mu_{\Delta(j)}, \sigma^2_{\Delta(j)}) \sim N(2\times10^{-3}, 1.6\times10^{-5})$,初始故障率 $\lambda_0(t)=\lambda_0=4\times10^{-6}$;修正系数 $\alpha_k=0.001, h=1$。由式(4.8)计算可得每个工位的故障率,见表 4-3 的最后一列。

步骤 2:计算 P_r,即求 β 值。

零件的 4 个关键尺寸的公差分别为:0.2mm、0.021mm、0.2mm、0.2mm。同求产品尺寸过程一样,将表 4-1 与表 4-2 中的数据代入式(4.1)中,经过 Taylor 展开(式 4.3),假设原始数据是服从正态分布的,故 $\sum_{i=1}^{4}\sum_{\substack{j=1\\j\neq i}}^{4} a_i a_i \mathrm{Cov}(x_i, x_j)=0$。

$$\mu_f = f(\mu_{x_1}, \mu_{x_2}, \mu_{x_3}, \mu_{x_4}) = 0.1986$$

$$\sigma_f^2 = \sum_{i=1}^{4} a_i^2 \sigma_i^2 + \sum_{i=1}^{4}\sum_{\substack{j=1\\j\neq i}}^{4} a_i a_i \mathrm{Cov}(x_i, x_j) = 0.2377$$

步骤 3:将上述的相关数据代入式(4.12),可求得 $R(t)$。

$$\begin{aligned}
R(t) &= \Pr\{R^F \mid Z(t)\} \times \Pr\{R^Q \mid Z(t)\} \\
&= \exp\left(\sum_{i=1}^{n}([\lambda_0(t) + E[\alpha_i(X(i) - m_i)^2]] \cdot t_i\right) \times \\
&\quad \int_0^{\eta} \exp(-h(w_0 + \mathrm{e}^{-\varepsilon_k \cdot t}))\mathrm{d}\varepsilon_k \times \Phi(-\beta) \\
&= \mathrm{e}^{0.0044} \times \frac{1}{\sqrt{1.6\times 2\times 10^{-5}}\times\sqrt{2\pi}} \cdot [\mathrm{e}^{-\frac{(0.019-0.008)^2}{6.4\times10^{-5}}} - \mathrm{e}^{-0.25}] \times \Phi\left(-\frac{0.1986}{-\sqrt{0.2377}}\right) \\
&= 1.0044 \times 70.5419 \times (0.7885 - 0.7788) \times \Phi(0.407) \\
&= 0.6873 \times 0.6808 \\
&\approx 0.4679
\end{aligned}$$

4.1.1.2 基于质量状态任务网络的制造系统任务可靠性建模

1. 建模基础

从生产管理者的角度看,针对某一给定的生产任务,产品的质量指标只是一方面,产量指标也是不可忽视的。制造系统通常由多个加工设备组合而成,具有固有复杂性与多态性的特点,生产任务要求的动态变化更突出了制造系统多态性的特点,为可靠性评估工作带来了巨大的挑战。制造系统任务可靠性是指制造系统在规定条件下和规定时间内完成规定生产任务的能力。作为指导生产管理者进行生产调度、质量控制与设备预防维修等生产活动的有效依据,制造系统任务可靠性的准确估计在生产过程中具有举足轻重的作用,是制造企业提高生产效益和国际竞争力的前提。如何实现制造系统任务可靠性有效估计从而支撑生产活动的动态调度是制造领域以及可靠性工程领域公认的科学难题。

要建立合理的制造系统任务可靠性模型,首先要从系统工程的角度明晰制造系统任务可靠性、制造过程质量、产品可靠性的关联关系。如图 4-3 所示,其主要的机理为:产品可靠性需求主要体现于产品的使用性能[5],而产品的使用性能则主要由产品关键质量特性决定[6];通过产品关键质量特性的分解映射,可识别关键工艺及相关设备,进而有针对性地挖掘在制造过程中积累的关键过程质量数据,而批产过程产品可靠性又可利用关键过程质量数据来刻画[7]。

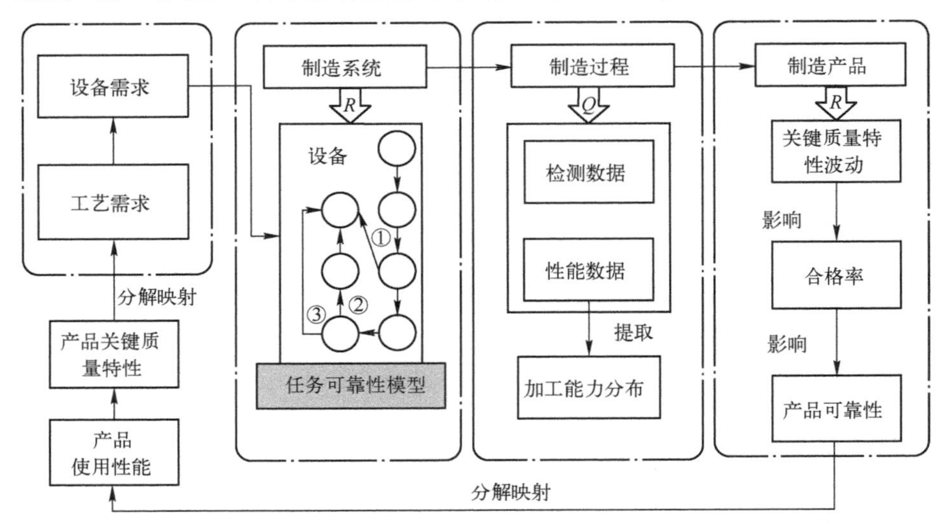

图 4-3 任务可靠性与产品可靠性映射关系

为了形象地表达制造系统中设备及物料质量状态及任务载荷变化,提出了制造系统质量状态任务网模型。模型中矩形表示加工设备,圆形表示物料状态。

质量状态任务网络模型:图 4-4 为由 3 台设备构成的制造系统的质量状态任务网模型。

图 4-4(a)是制造系统局部结构图,4-4(b)是图 4-4(a)转化的质量状态任务网模型。在图 4-4(b)中,实线表示制造过程中的物料流,虚线表示建模过程中的信息流。

物料质量状态:图中的双线条圆形表示加工工件,其在宏观上分为合格状态 S_{i1}、有缺陷可返工状态 S_{i2}、报废(不合格)状态 S_{i3} 3 种质量状态。由于只有合格的产品才是制造系统的有效输出,因此,本书对输出产品质量状态的量化是针对合格状态的产品,图中的 B_j^{O1}、B_j^{O2}、B_j^{O3}($j=1,2,3,\cdots,n$)分别表示合格状态、有缺陷可返工状态、报废(不合格)状态的产品的数量。

设备状态:图中的矩形表示生产设备,其性能状态以加工能力状态(即单位时间内设备能够加工的工件数)及其概率分布[$\boldsymbol{S}_x,\boldsymbol{P}_x$]表征。$\boldsymbol{S}_x=[S_1,S_2,S_3,\cdots,S_x,\cdots,S_M]$,其中,$S_x$ 表示生产设备单元处于 x 等级时的加工能力状态,$x=M$ 为设备最

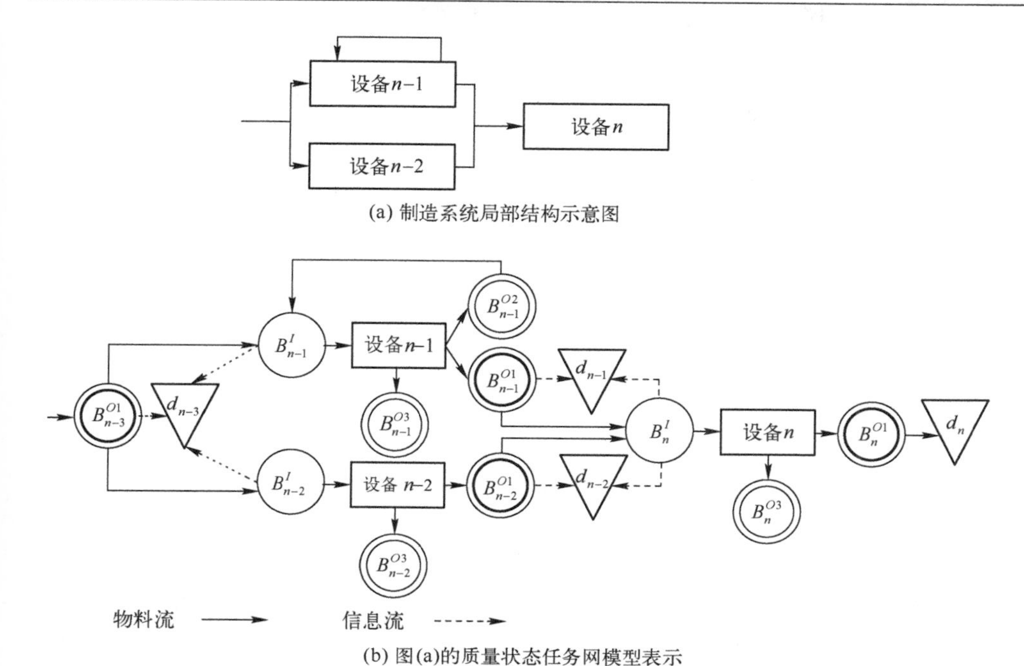

图 4-4　质量状态任务网模型示意图

佳工作状态，$x=1$ 为设备完全故障状态；与之对应的状态概率 P_x 可表示集合形式为 $\boldsymbol{P}_x=[\mathrm{ep}_1,\mathrm{ep}_2,\mathrm{ep}_3,\cdots,\mathrm{ep}_x,\cdots,\mathrm{ep}_M]$，这里，$p_x$ 是一个常数，表示各加工能力状态发生概率之间的比例关系，e 是与设备性能相关的变量。由于设备单元处于各加工能力状态是一种独立互斥事件，所以：

$$\sum_{x=1}^{M}\mathrm{ep}_x=1\quad(t\geqslant 0)\tag{4.13}$$

生产任务：图中的单线条圆形表征任务执行状态，以满足任务要求所需的最小加工载荷 B_j^I 表征。图中三角符号表示生产任务要求 d_j，它是连接到上游机器的输出需求和下游机器输入需求的枢纽，以平均单位时间要求输出的合格品数量来量化。

图中实线箭头表示加工过程中的物料流，每个箭头均包含一个图中未标注的比例系数，以设备 $n-1$ 的运行过程为例，如图 4-5 所示。

图中 ρ_j^{I1} 表示上游工位输出的合格在制品输入到当前工位的百分比，其数值主要由生产方式决定，当该制造时段不存在分支结构且不储备当前物料时，$\rho_j^{I1}=1$；ρ_j^{I2} 表示输入到设备 j 的具有缺陷可返工状态的物料占当前设备输出的该状态物料的百分比；ρ_j^{O1}、ρ_j^{O2} 以及 ρ_j^{O3} 分别表示合格状态、有缺陷可返工状态和报废(不合格)状态的产出概率；不失一般性的，ρ_j^{O1} 则表示设备的制造合格率。

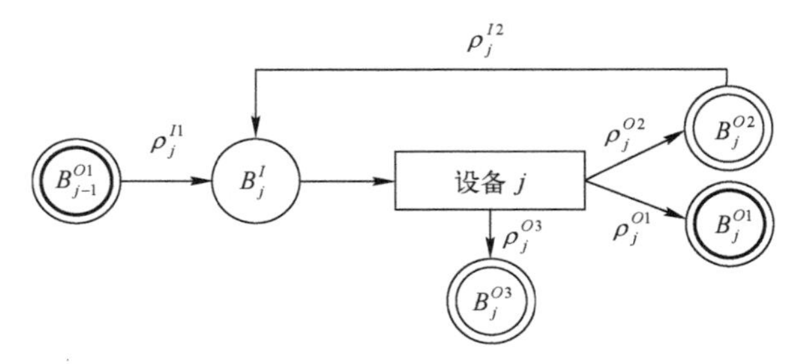

图 4-5　单设备质量状态任务网模型

数量关系：

$$\begin{pmatrix} B_j^{O2} \\ B_j^{O1} \\ B_j^{O3} \end{pmatrix} = \begin{pmatrix} \rho_j^{I1}\rho_j^{O2} & 0 \\ \rho_j^{I1}\rho_j^{O1} & \rho_j^{I2}\rho_j^{O1} \\ 0 & \rho_j^{I2}\rho_j^{O3} \end{pmatrix} \begin{pmatrix} B_{j-1}^{O1} \\ B_j^{O2} \end{pmatrix} \tag{4.14}$$

以上分析了单设备的输入输出关系，在多工位制造系统中，相邻设备之间还存在着任务要求的传递和演化。以具有 n 台设备的制造系统为例，当给定系统的总体生产任务要求为 d 时，选取中间设备 j 为研究对象，其任务要求为 d_j，那么当该设备不存在返工工序时，满足任务要求的最小有效输出应为 $B_j^{O1}=d_j$，如图 4-6 所示。

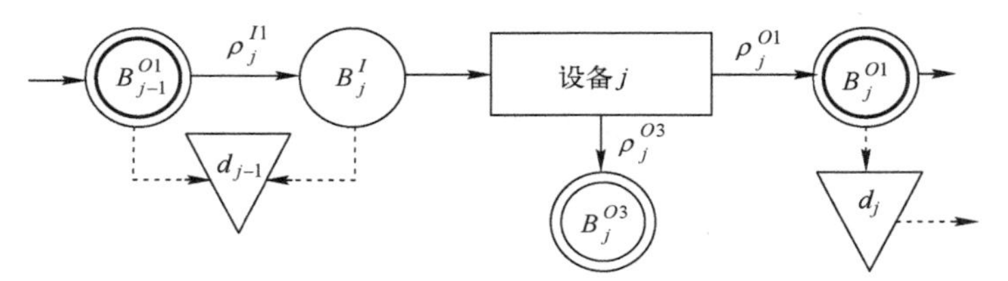

图 4-6　一般设备的任务要求演化过程

数量关系：

$$B_j^I = \frac{d_j}{\rho_j^{O1}} \tag{4.15}$$

$$d_{j-1} = B_{j-1}^{O1} = \frac{B_j^I}{\rho_j^{I1}} \tag{4.16}$$

针对具有返工工序的设备来说，其任务要求的演化过程如图 4-7 所示。

数量关系：

$$d_{j-1} = B_{j-1}^{O1} = \frac{d_j}{\rho_j^{I1}\rho_j^{O1}(1+\rho_j^{O2}\rho_j^{I2})} \tag{4.17}$$

$$B_j^I = d_{j-1}\rho_j^{I1} + d_{j-1}\rho_j^{I1}\rho_j^{O2}\rho_j^{I2} \tag{4.18}$$

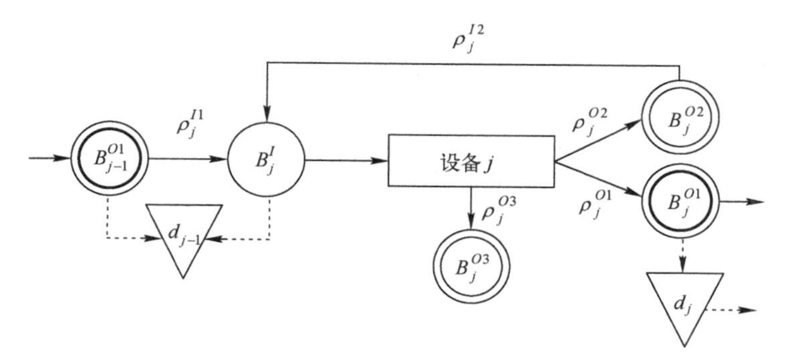

图 4-7　具有返工工序的设备任务要求演化过程

2. 建模流程

假设：

（1）质量状态 S_{i2} 仅可能出现在能够返工的工序中，且仅在当前设备上返修一次，即如果返修后依旧不合格，则归为不合格报废状态 S_{i3}；

（2）在质量状态任务网络中，每台加工设备后都有一个检测工位，且检测结果是绝对可靠的，只有合格状态的物料能够进入下一道工序；

（3）制造系统为串联式流水线作业，且各加工设备在物理结构上相互独立；

（4）制造系统只存在一道返工工序，且仅在当前设备上进行；

（5）制造合格率服从 U 分布。

1）建立制造系统质量状态任务网

以图 4-4 中由 n 台设备组成的制造系统为研究对象，当制造系统的机构中存在分支结构时，可根据质量状态任务网中的输入比例系数 ρ_j^{I1} 将该制造过程进行分解，以多条串联制造流程表征，如图 4-8 所示。

2）估算制造合格率

利用贝叶斯方法[8]估算质量状态任务网络中各设备输出物料状态为 S_{i1} 的概率 ρ_j^{O1}，得到制造合格率的表达式 $\rho_j^{O1}=\dfrac{a+x}{a+b+n}$。这里，$a$、$b$ 为分布参数，n 为试验样本容量，x 为试验合格样本数。

3）分析设备加工能力状态分布及概率

基于生产管理部门在一段时间内的统计数据，分析设备加工能力状态及概率分布。由于设备故障、局部故障、维修等其他因素的影响，设备加工能力状态是随机的，因此选取区间的形式，统计加工能力出现在各区间范围内的概率。

基于可用性的概念[9]，建立故障率与设备加工能力状态及概率分布的相关关系

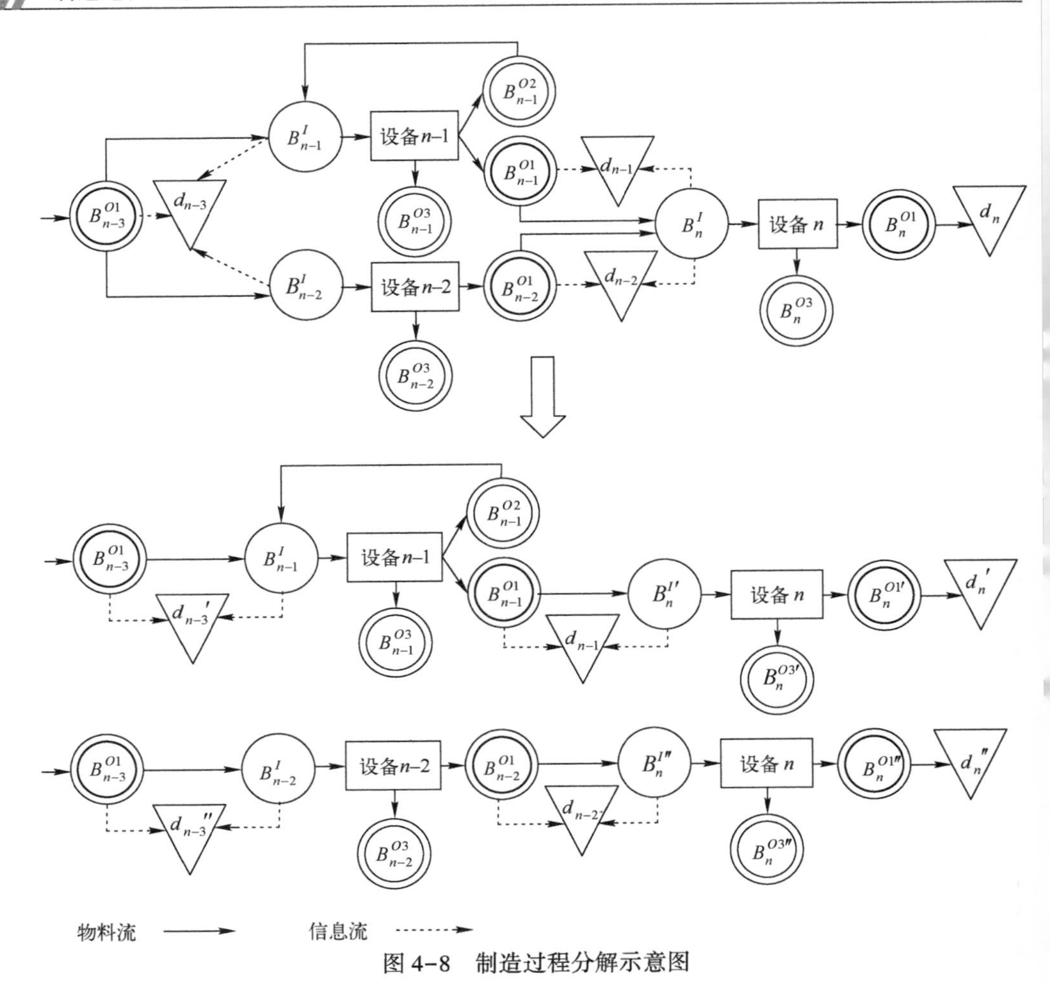

图 4-8 制造过程分解示意图

$$\sum_{x=1,2,\cdots,M} \frac{ep_x(S_M - S_x)}{S_M} = \frac{\tau\int_0^t \lambda(t)\,\mathrm{d}t + r\tau'}{t}$$

式中：$\int_0^t \lambda(t)\,\mathrm{d}t$ 表示在$[0,t]$时间段内设备发生的故障数期望；τ'表示单次计划检修导致的设备停机时长；r 为在$[0,t]$时间段内设备发生计划检修活动的次数，当没有计划检修活动时 $r=0$；τ 表示单次设备故障导致的设备停机时间期望，则可得到与设备性能状态相关的参数变量的表达式：

$$e = \frac{S_M\left(\tau\int_0^t \lambda(t)\,\mathrm{d}t + r\tau'\right)}{t\sum\limits_{x=1,2,\cdots,M} p_x(S_M - S_x)} \tag{4.19}$$

4）确定各设备分任务载荷

基于式(4.15)~式(4.18)分别确定各设备的的分任务载荷，即各设备的任务执行状态。

5）确定各设备分任务可靠性

设备加工能力满足分任务载荷要求的概率。设定 S_v 为满足 $S_x \geqslant B_j^I$ 的最小设备加工能力状态，换句话说，当且仅当 $x \geqslant v$ 时，$S_x \geqslant B_j^I$ 成立。因此，针对设备 j 建立的任务可靠性模型可以表示如下：

$$\begin{aligned} R_{tj} &= \Pr\{S_x \geqslant B_j^I\} \\ &= \sum_{x \geqslant v} p_x \frac{S_M\left(\tau\int_0^t \lambda(t)\,\mathrm{d}t + r\tau'\right)}{t \sum\limits_{x=1,2,\cdots,M} p_x(S_M - S_x)} \end{aligned} \tag{4.20}$$

6）制造系统任务可靠度

$$R_d = \prod_{j=1}^{n} R_{tj} \tag{4.21}$$

3. 算例分析

针对某型号汽车发动机缸盖制造系统，系统地分析并建立其运行过程的质量状态任务网模型，以提高制造系统的状态透明度，进而参照以上任务可靠性建模流程，选取其中的 3 台关键设备为例，对给定任务要求下制造系统任务可靠性进行建模分析的过程如下。

1）建立制造系统质量状态任务网

根据实际工序特征，以设备序号 1、2、3 分别表示这 3 台关键设备，其工序流程如图 4-9(a)所示，对图 4-9(a)所示的制造系统结构进行转化，得到了如图 4-9(b)所示的制造系统质量状态任务网模型。

2）估算制造合格率

在生产管理部门收集制造系统运行的基础数据，可得到相关的基本参数值，比如合格率、平均故障修复时间等，其结果如表 4-4 所列。对于设备故障率的变化，其具体量化模型可基于可靠性试验数据或实际历史数据，通过数据拟合的方式获得。

表 4-4　案例参数取值

参　数	值	参　数	值	参　数	值
τ_1	0.43	ρ_2^{O1}	0.98	ρ_3^{I1}	1
τ_2	0.3	ρ_3^{O1}	0.97	ρ_2^{I2}	1
τ_3	0.5	ρ_1^{I1}	1	ρ_2^{O2}	$1-\rho_2^{O1}$
ρ_1^{O1}	0.96	ρ_2^{I1}	1		

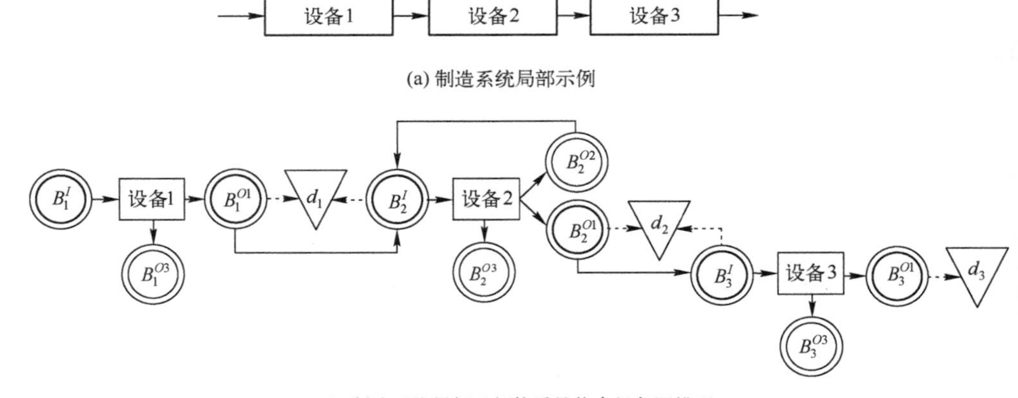

(a) 制造系统局部示例

(b) 制造系统局部示例的质量状态任务网模型

图 4-9　制造系统质量状态任务网模型构建

3）分析设备加工能力状态分布及概率

根据制造设备的历史维修数据，整理形成了如表 4-5 所列的统计结果。

表 4-5　设备 1 故障模式相关数据统计结果

设备型号	故障现象描述	排除时间/天	出现比例	总时间
加工中心 x（设备 1）	机床故障	1	1	350
	流动不畅	0.9	2	350
	捆结或卡死	0.8	2	350
	机床扎刀	0.7	3	350
	照明灯不亮	0.6	5	350
	错误指示	0.5	6	350
	刀架锁不紧	0.4	7	350
	刀架不到位	0.3	10	350
	刀架故障	0.2	12	350
	润滑故障	0.1	18	350

根据上述结果分析各设备每种失效模式发生概率之间的比例关系，从设备性能完美状态到彻底故障划分出有限个离散的设备加工能力状态，而其状态值通过将各失效模式所造成的意外停机时间转化为对设备加工能力造成的耗损确定。例如，将上表中各故障模式的排除时间转化为对设备加工能力的损耗，可得结果如表 4-6 所列。

表 4-6 设备 1 加工能力状态及其概率分布

S_x	0	25	50	75	100	125	150	175	200	225	250
P_x	e_1	$2e_1$	$2e_1$	$3e_1$	$5e_1$	$6e_1$	$7e_1$	$10e_1$	$12e_1$	$18e_1$	$1-66e_1$

同理,运用同样的方法得到设备 2 和设备 3 的加工能力状态及其概率分布表,如表 4-7、表 4-8 所列。

表 4-7 设备 2 加工能力状态及其概率分布

S_x	0	20	40	60	80	100	120	140	160	180	200
P_x	e_2	$2e_2$	$4e_2$	$5e_2$	$6e_2$	$8e_2$	$8e_2$	$10e_2$	$16e_2$	$22e_2$	$1-82e_2$

表 4-8 设备 3 加工能力状态及其概率分布

S_x	0	20	40	60	80	100	120	140	160	180	200
P_x	$2e_3$	$2e_3$	$3e_3$	$4e_3$	$5e_3$	$6e_3$	$7e_3$	$7e_3$	$16e_3$	$20e_3$	$1-72e_3$

根据设备故障统计数据,在不考虑维修活动的前提下,对设备的故障率进行建模分析,拟合得到如下表达式:

$$\lambda_1(t)=1.11^{0.00053t}\times 2.4\times 10^{-5}t^2$$

$$\lambda_2(t)=1.12^{0.00079t}\times 3.91\times 10^{-5}t^{1.5}$$

$$\lambda_3(t)=1.10^{0.00125t}\times 2.89\times 10^{-5}t^2$$

进一步地,可得到与设备性能状态相关的参数变量 e 的表达式,具体如下所示:

$$e_1=\frac{250\times 0.43\times\int_0^t 1.11^{0.00053t}\times 2.4\times 10^{-5}t^2\mathrm{d}t}{5625t}$$

$$e_2=\frac{200\times 0.3\times\int_0^t 1.12^{0.00079t}\times 3.91\times 10^{-5}t^{1.5}\mathrm{d}t}{5740t}$$

$$e_3=\frac{200\times 0.5\times\left(\int_0^t 1.10^{0.00125t}\times 2.89\times 10^{-5}t^2\mathrm{d}t\right)}{5100t}$$

4) 确定各设备分任务载荷

根据生产计划,对于某型号的发动机缸盖,其总体要求为生产 1.62 万件/3 个月,以每月 30 天进行计算,则其任务要求可以表示为 $d=180$ 件/天,即随设备 3 的生产任务要求为 $d_3=180$ 件/天。那么,根据上面介绍的制造任务要求在设备间的演化流程可以得到,为实现满足任务要求的合格品输出,设备 3 的任务加工载荷为

$$B_3^{\mathrm{I}}=\frac{d_3}{\rho_3^{01}}=\frac{180}{0.97}=185.6$$

投入比 $\rho_3^{\mathrm{I1}}=1$，即在生产过程中，上游工位输出的合格在制品全部用于下游工位的生产和加工。因此，设备 3 的输入需求也就对应着设备 2 合格在制品的输出要求，即 $d_2=185.6$ 件/天。

根据案例所示的质量状态任务网模型，在设备 2 中存在有缺陷可返工状态的在制品，因此为了准确地评估设备 2 的任务执行状态，我们需要首先确定设备 1 的任务要求：

$$d_1=\frac{d_2}{\rho_2^{\mathrm{I1}}\rho_2^{01}(1+\rho_2^{02}\rho_2^{\mathrm{I2}})}=\frac{185.6}{0.98(1+0.02)}=185.6$$

然后，可求得设备 2 的任务执行状态：

$$B_2^{\mathrm{I}}=d_1\rho_2^{\mathrm{I1}}+d_1\rho_2^{\mathrm{I1}}\rho_2^{02}\rho_2^{\mathrm{I2}}=185.6+185.6\times0.02=189.3$$

最后，可求得设备 1 的任务执行状态：

$$B_1^{\mathrm{I}}=\frac{d_1}{\rho_1^{01}}=\frac{185.6}{0.96}=193.3$$

综上可知，各设备的任务执行状态为：$B_1^{\mathrm{I}}=193.3$、$B_2^{\mathrm{I}}=189.3$、$B_3^{\mathrm{I}}=185.6$。

5）确定各设备分任务可靠性

根据制造系统任务可靠性的定义，任务可靠性的本质是评估当前设备性能状态满足当前生产任务载荷需求的能力，那么，任务可靠性可以表示为设备加工能力满足任务状态概率，其值为满足 $S_x \geqslant B_j^{\mathrm{I1}}$ 的所用加工能力状态对应的概率之和：

$$R_1(t)=\sum_{x\geqslant v}p_x\frac{S_M\left(\tau_1\int_0^t\lambda(t)\,\mathrm{d}t\right)}{t\sum\limits_{x=1,2,\cdots,M}p_x(S_M-S_x)}$$

$$=1-36\left(\frac{250\times0.43\times\int_0^t 1.11^{0.00053t}\times2.4\times10^{-5}t^2\mathrm{d}t}{5625t}\right)$$

$$R_2(t)=1-82\left(\frac{200\times0.3\times\int_0^t 1.12^{0.00079t}\times3.91\times10^{-5}t^{1.5}\mathrm{d}t}{5740t}\right)$$

$$R_3(t)=1-72\left(\frac{200\times0.5\times\left(\int_0^t 1.10^{0.00125t}\times2.89\times10^{-5}t^2\mathrm{d}t\right)}{5100t}\right)$$

6）制造系统任务可靠度

在上述分析的基础上，建立该系统的任务可靠性模型，利用 MATLAB 分析系统任务可靠性随系统运行时间的变化趋势，得到如图 4-10 所示的结果。

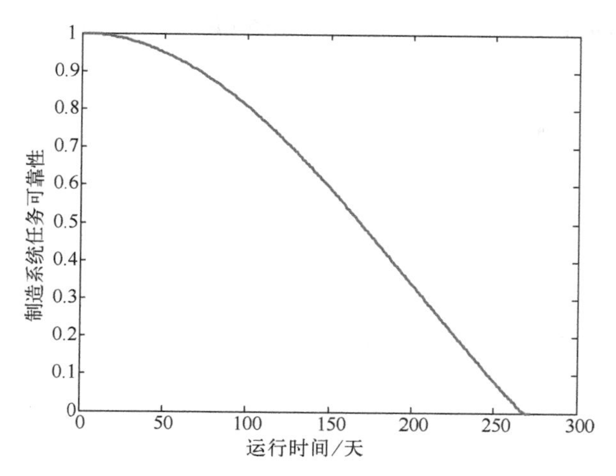

图 4-10　制造系统任务可靠性随设备运行时间的变化趋势

由图 4-10 可以看出，随着制造系统的运行，设备的磨损老化等对任务的执行产生一定的负面影响。当不考虑设备的维修保养时，在设备持续运行 270 天时，系统的任务可靠度值接近 0。因此，通过对系统任务可靠性变化趋势的分析，可以较为准确地掌握制造系统的运行状态，提高系统运行的状态透明度，进而指导生产任务调度和设备预测性维修等活动。

4.1.2　制造系统预防性维修技术

优良的设计、加工及装配是制造系统固有可靠性的重要保障，但是一旦进入服役阶段开始运行，各种复杂多变的制造任务，各种系统运行环境的不确定性必然导致制造系统及其组成设备的性能状态及可靠性呈现一定的退化趋势。不及时的维修活动必然导致系统故障的频发，一方面设备故障带来意外停机时间，直接影响预定生产任务的完成，另一方面会使系统可靠性无法得到保障，使维修成本大幅上升[10]。而过去频发的预防性维修同样会带来重大的经济损失[11]。在很多情况下，维修费用可以占总生产费用的 15%到 70%[12]。因此，科学、合理地制订维修策略成为保证制造系统运行可靠性与经济性的关键环节。

4.1.2.1　成本驱动的基于设备可靠性的预防性维修决策技术

1. 制造设备单元性能退化过程的马尔可夫模型

预防性维修的核心技术在于性能状态预测技术以及故障隔离技术。我们仅需要实现对构成设备单元性能状态进行预测。假设制造系统中的设备单元 m，下面将通过对设备单元 m 的性能状态分析，为系统的性能退化过程进行建模与可靠性分析做必要的准备。在设备单元 m 工作的过程中，往往因某些外界影响因素或者自身的性能退化而使其性能状态发生变化，定义该随机过程为 $\{X_m(t), t\geq 0\}$。

设备单元 m 在制造过程中的性能状态退化过程如图 4-11 所示。

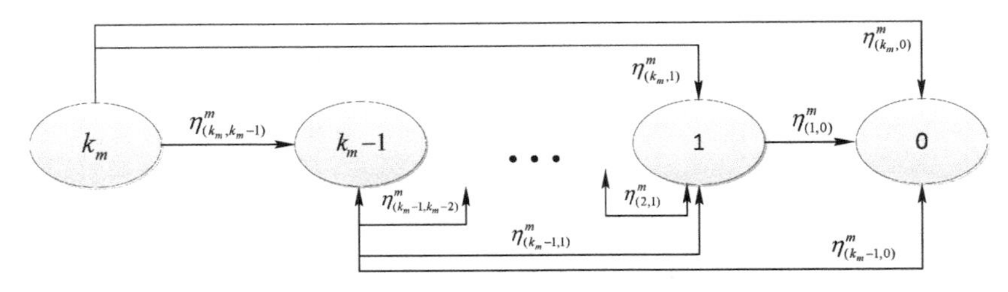

图 4-11　性能状态退化示意图

图中，k_m 为设备单元 m 的最理想性能状态；状态 0 为机床 m 的不可接受性能状态；$\eta^m_{(ij)}(t)$ 表示机床 m 从性能状态 $i=1,2,\cdots,k_m$ 转移到性能状态 $j=0,1,\cdots,k_{m-1}$ 的转移率，这里，$i>j$。

设备单元 m 的瞬时状态转移矩阵

$$A^m(t)=\begin{bmatrix} \eta^m_{(k_m,k_m-1)}(t) & \eta^m_{(k_m,k_m-2)}(t) & \cdots & \eta^m_{(k_m,0)}(t) \\ 0 & \eta^m_{(k_m-1,k_m-2)}(t) & \cdots & \eta^m_{(k_m-1,0)}(t) \\ \vdots & \vdots & & \vdots \\ 0 & 0 & \cdots & \eta^m_{(1,0)}(t) \end{bmatrix} \tag{4.22}$$

设备单元 m 的状态概率为

$$p_{(m,i)}(t)=\Pr\{X_m(t)=i\} \quad (i=0,1,2,\cdots,k_m) \tag{4.23}$$

设备单元 m 在任意状态 i 和状态 j 之间的转移率为

$$\eta^m_{(ij)}(t)=\lim_{\Delta t\to 0}\frac{\Pr\{X_m(t+\Delta t)=j\mid X_m(t)=i\}}{\Delta t} \tag{4.24}$$

2. 制造单元性能退化过程的状态分析

定义设备单元 m 的性能状态为 $G_m(t)$，设备单元的性能状态分布区间为 $[0,k_m]$，将设备单元分为 k_m+1 个状态，由非时齐马尔可夫理论可得，t 时刻设备单元 m 的各状态概率如下：

$$p_{(m,k_m)}(t)=\exp\left[-\int_0^t(\eta^m_{(k_m,k_m-1)}(\tau)+\eta^m_{(k_m,k_m-2)}(\tau)+\cdots+\eta^m_{(k_m,1)}(\tau)\eta^m_{(k_m,0)}(\tau))\mathrm{d}\tau\right]$$

$$=\exp\left[-\int_0^t\sum_{i=0}^{k_m-1}\eta^m_{(k_m,i)}(\tau)\mathrm{d}\tau\right] \tag{4.25}$$

$$p_{(m,k_m-1)}(t)=\int_0^t\left\{\exp\left[-\int_0^{\tau_1}\sum_{i=0}^{k_m-1}\eta^m_{(k_m,i)}(s)\mathrm{d}s\right]\eta^m_{(k_m,k_m-1)}(\tau_1)\exp\left[-\int_{\tau_1}^t\sum_{i=0}^{k_m-2}\eta^m_{(k_m-1,i)}(s)\mathrm{d}s\right]\right\}\mathrm{d}\tau_1 \tag{4.26}$$

设备单元 m 处于 k_m-2 的状态概率与 k_m-1 状态相比，更加复杂。因为设备单

元从最高性能状态 k_m 衰退至 k_m-1 时只有一种途径,即

$$k_m \to k_m-1 \tag{4.27}$$

而设备单元从 k_m 状态衰退至 k_m-2 状态时有两种途径,分别为

$$k_m \to k_m-2 \tag{4.28}$$

$$k_m \to k_m-1 \to k_m-2 \tag{4.29}$$

设备单元处于 k_m-2 状态的概率应为以上两种途径的概率之和,即

$$p_{(m,k_m-2)}(t)=\int_0^t \{h_1h_2h_3\}\,\mathrm{d}\tau_2+\int_0^t\int_0^{\tau_2}\{h_4h_5h_6h_7h_8\}\,\mathrm{d}\tau_1\mathrm{d}\tau_2 \tag{4.30}$$

其中,

$$h_1=\exp\left[-\int_0^{\tau_2}\sum_{i=0}^{k_m-1}\eta^m_{(k_m,i)}(s)\,\mathrm{d}s\right]$$

$$h_2=\eta^m_{(k_m,k_m-2)}(\tau_2)$$

$$h_3=\exp\left[-\int_{\tau_2}^{t}\sum_{i=0}^{k_m-3}\eta^m_{(k_m-2,i)}(s)\,\mathrm{d}s\right]$$

$$h_4=\exp\left[-\int_0^{\tau_1}\sum_{i=0}^{k_m-1}\eta^m_{(k_m,i)}(s)\,\mathrm{d}s\right]$$

$$h_5=\eta^m_{(k_m,k_m-1)}(\tau_1)$$

$$h_6=\exp\left[-\int_{\tau_1}^{\tau_2}\sum_{i=0}^{k_m-2}\eta^m_{(k_m-1,i)}(s)\,\mathrm{d}s\right]$$

$$h_7=\eta^m_{(k_m-1,k_m-2)}(\tau_2)$$

$$h_8=\exp\left[-\int_{\tau_2}^{t}\sum_{i=0}^{k_m-3}\eta^m_{(k_m-2,i)}(s)\,\mathrm{d}s\right]$$

以此类推,设备单元 m 处于任意状态 i 的概率

$$\begin{aligned}p_{(m,i)}=&\int_0^t\cdots\int_0^{\tau_2}\exp\left[-\int_0^{\tau_1}\sum_{i=0}^{k_m-1}\eta^m_{(k_m,i)}(s)\,\mathrm{d}s\right]\\&\eta^m_{(k_m,k_m-2)}(\tau_2)\prod_{r}^{n-1}\left\{\exp\left[-\int_{\tau_i}^{\tau_{r+1}}\sum_{i=0}^{x-1}\eta^m_{(k_x,i)}(s)\,\mathrm{d}s\right]\eta^m_{(k_x,k_r+1)}(\tau_{r+1})\right\}\\&\exp\left[-\int_{\tau_n}^{\tau_i}\sum_{i=0}^{k_n-1}\eta^m_{(k_n,i)}(s)\,\mathrm{d}s\right]\eta^m_{(k_n,i)}\exp\left[-\int_{\tau_i}^{t}\sum_{j=0}^{i=1}\eta^m_{(i,j)}(s)\,\mathrm{d}s\right]\mathrm{d}\tau_1\cdots\mathrm{d}\tau_{n+1}\end{aligned} \tag{4.31}$$

式中:n 为从状态 k_m 到 i 所需要经过的中间状态数;k_n 为 $k_m-1,\cdots,i+1$;r 为 $1,2,\cdots,n$。

假设设备单元 m 在 $t=0$ 时刻处于全新状态 k_m,$p_{(m,k_m)}(0)=1$,$p_{(m,k_{m-1})}(0)=0$,$p_{(m,k_m-2)}(0)=0,\cdots,p_{(m,0)}(0)=0$ 为初始条件,且各性能状态概率满足全概率条件 $\sum_{i=0}^{k_m}p_{(m,i)}(t)=1$,即可求得设备单元在各个状态下的稳态概率,如表 4-9 所列。

表 4-9　设备单元 m 不同性能状态取值时的稳态概率表

性能取值	$g_{(m,0)}$	$g_{(m,1)}$	…	$g_{(m,i)}$	$g_{(m,k_m)}$
稳态概率	$p_{(m,0)}$	$p_{(m,1)}$	…	$p_{(m,i)}$	$p_{(m,k_m)}$

3. 基于维修成本的预测性维修决策

维修成本是进行维修策略研究的关键因素,更全面、更准确地计算维修成本将会使维修活动更有针对性。

制造系统的维修成本 C 主要由如下几个方面构成:物料成本 C_m、人力成本 C_h、停工成本 C_s、产品质量损失成本 C_p。即

$$C=C_m+C_h+C_s-C_p \tag{4.32}$$

当制造系统的可靠性低于最低可接受值 R_L 时,即需要通过计算确定需要进行维修的设备单元组 $U\{u_1,u_2,u_3,u_4,\cdots\}$,并使得在总成本最小的情况下,达到制造系统可靠度目标值 R_U。考虑到先进制造系统的背景下,停工成本 C_s 将会是总维修成本中占比较高的部分,因此在进行停机维修时,应当在可接受范围内尽可能提高制造系统可靠度目标值 R_U,以降低总成本。

对于每一次维修活动来说,设备单元的数量及类别对于总的维修人力成本以及停工成本影响不大,因此在选择需要维修的设备单元组时,仅需要考虑设备单元的物料成本 C_m、产品质量损失成本 C_p 以及对于制造系统整体任务可靠度的影响。

对于任一设备单元 i,原料成本为 C_{m_i},对于任务可靠度的影响系数为 δ_i,δ_i 的计算式为

$$\delta_i=\frac{R'_{m_i}}{R_{m_i}} \tag{4.33}$$

式中:R_{m_i}为维修前设备单元 i 的可靠度;R'_{m_i}为维修后设备单元 i 的可靠度,R'_{m_i}的计算式为

$$R'_{m_i}=\Pr\{k_i>g'\}=\sum_{q=g'}^{k_m}p_{(m,q)} \tag{4.34}$$

式中:g'为设备单元维修后的性能状态。

而制造系统中存在一些重要度较高的设备单元,这些设备单元可靠度的降低将会为制造系统的运行带来更高的风险,因此在进行设备单元效费比的比较时,应当将设备单元的重要度考虑在内。重要度的评分由专家在制造系统运行之前进行评定,无特殊影响的设备单元的重要度即为 1,影响较高的取 1 以上的适当实数即可。

此外,由于维修方式决定了维修活动后设备单元的性能状态,性能状态决定了之后生产过程中的产品质量情况;因此,需要将不同维修方式下产品合格品率的变化而引起的成本的变化纳入到维修成本模型中。产品质量损失成本 C_p 由被制造

产品的合格品率的变化决定,假设进行维修活动的前后产品合格品率的变化值为 Δp,则产品质量损失成本为

$$C_p = \Delta p \times A \times C_0 \tag{4.35}$$

因此,设备单元 i 的效费比为

$$ROI_i = I_i \times \frac{\delta_i}{C_m - C_p} \tag{4.36}$$

需要进行维修的设备单元组 $U\{u_1, u_2, u_3, u_4, \cdots\}$ 的确定即是根据设备单元效费比的降序排列依次选取,直到预期的维修后任务可靠度达到目标值即可。

4. 算例分析

在这里我们针对一个单独设备单元1分析,将退化过程分为7种性能状态,第一个状态为最理想性能状态(状态6),最后一个状态为不可接受性能状态(状态0)。在这种情况下,我们假设系统退化到最后一个状态时进行维修,并修复如新。由上面推导的公式和假设条件,我们利用 MATLAB 软件,编程计算得到系统的转移概率为

$$A^1 = \begin{bmatrix} 0.2174 & 0.5948 & 0.1625 & 0.0225 & 0.0025 & 0.0002 & 0 \\ 0 & 0.3647 & 0.5026 & 0.1156 & 0.0153 & 0.0016 & 0.0002 \\ 0 & 0 & 0.3876 & 0.4879 & 0.1086 & 0.0142 & 0.0017 \\ 0 & 0 & 0 & 0.3965 & 0.4822 & 0.1059 & 0.0155 \\ 0 & 0 & 0 & 0 & 0.4013 & 0.4791 & 0.1196 \\ 0 & 0 & 0 & 0 & 0 & 0.4043 & 0.5957 \\ 0 & 0 & 0 & 0 & 0 & 0 & 0 \end{bmatrix}$$

由制造单元性能退化过程的状态分析推导过程,我们可以得到平稳状态下设备1处于各状态的概率,计算时可借助 MATLAB 软件编程实现,得到的结果如表4-10所列。

表4-10　设备单元1不同性能状态取值时的稳态概率表

性能取值	$g_{(1,6)}$	$g_{(1,5)}$	$g_{(1,4)}$	$g_{(1,3)}$	$g_{(1,2)}$	$g_{(1,1)}$	$g_{(1,0)}$
稳态概率	0.1441	0.1350	0.1490	0.1517	0.1532	0.1542	0.1128

在这里我们假设单元设备1对制造系统无特殊影响,即设备的重要度为1。依照式(4.29)~式(4.31),我们得到设备1的物料成本、产品损失成本基于任务可靠度影响系数如表4-11所列。

表4-11　设备单元1计算效费比中各参数值

参　　数	C_{m_1}	C_p	δ_1
具体数值	5.93(万元)	3.96(万元)	1.2775

因此，按照式(4.32)，设备单元1的效费比为

$$\mathrm{ROI}_1 = I_1 \times \frac{\delta_1}{C_m - C_p} = 0.648$$

以此类推，我们可以得到制造系统中所有需要维修的设备单元的效费比，按照降序排列，确定维修顺序，直到预期的维修后的任务可靠度达到目标值即可。

4.1.2.2 成本驱动的基于任务可靠性状态的预防性维修技术

前节介绍了制造系统任务可靠性的建模方法及其优越性，相应地，基于动态任务可靠性预测结果的动态预防性维修策略的研究同样有着重要的学术和工程意义。

1. 基于任务可靠性状态的预防性维修机理

根据制造系统任务可靠性的内涵的描述，确定了在面向某一给定任务要求的情况下，制造系统任务可靠性状态由设备加工能力和制造合格率等参数决定。因此，基于任务可靠性状态的预防性维修决策研究在一个特定任务周期内的制造系统预测性维修决策问题。一般来说，单个生产任务的时间跨度远远小于设备的生命周期，因此不考虑设备更换的情况。基于制造系统任务可靠性的内涵，结合制造系统的运行机制，本书首先给出了单设备集成预测性维修决策机理，如图4-12所示。

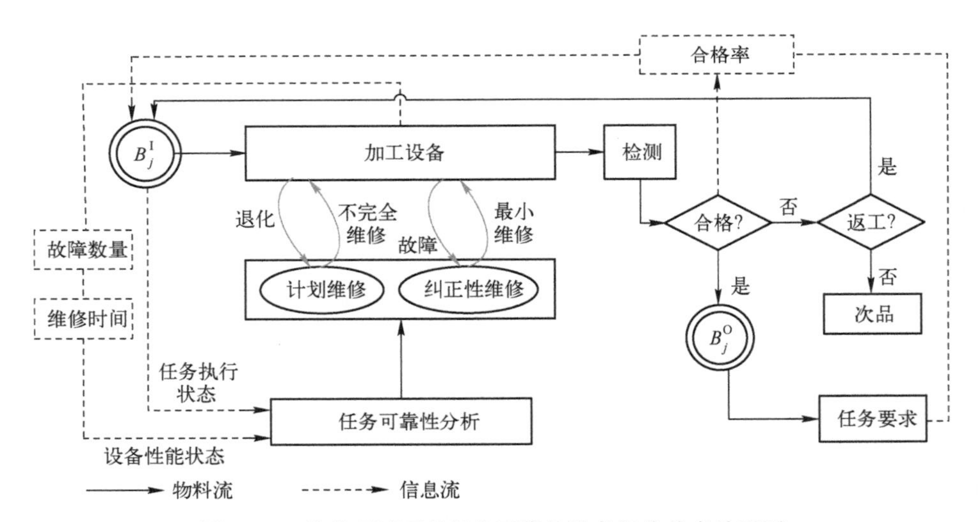

图4-12 维修环境下的任务可靠性设备退化状态关系图

如图4-12所示，实线表示实际制造过程的物料流，虚线表示建模信息流。图中 B_j^{O} 表示单位时间内输出的合格品数量，B_j^{I} 则表示为满足任务要求设备所需的加工载荷，即任务执行状态。从宏观的角度来看，由设备故障引起的意外停机时长

和概率反映了设备性能状态,该指标可由设备加工能力及分布概率表征,并受到设备故障率、故障维修时间等参数的影响。根据任务可靠性的定义,综合设备性能状态与任务执行状态对设备的任务可靠性进行建模,分析设备的运行状态,进行基于任务可靠性状态的预防性维修决策。具体地,以综合表征设备运行状态的任务可靠性指标作为设备执行计划维修活动阈值,通过分析不同任务可靠性阈值下的生产总费用,以总成本最小为准则,确定设备的最佳集成预测性维修阈值,一旦达到该阈值,便对设备进行计划维修活动。

维修活动主要考虑纠正性维修与预防性维修。纠正性维修是最小维修,只用于偶然故障下设备功能操作的恢复,对设备性能不造成影响。预防性维修是基于任务可靠性状态并针对设备性能的主动维修,根据文献[13]中定义的役龄递减因子 a_k 和风险率递增因子 b_k,预防性维修后的故障率可表示为式(4.37);为简化研究,假设制造过程中制造合格率的变化非常小,可忽略不计。

$$\lambda_{k+1}(t)=b_k\lambda_k(t+a_kt_k) \tag{4.37}$$

其中,$0<a_k<1$,$b_k>1$。k 为在时间段$[0,T]$内的预防性维护周期数,t_k 表示第 k 次预防性维护周期时间。

假设制造系统从全新的状态下开始运行,设备故障率服从双参数的威布尔分布,也就是 $\lambda_{k0}(t)=\left(\dfrac{m_k}{\eta_k}\right)\left(\dfrac{t}{\eta_k}\right)^{m_k-1}$,其中 m_k 与 η_k 分别代表形状参数与比例参数,结合式(4.37),设备经过第 k 次维修后的故障率可以表示为

$$\lambda_{l+1}(t)=\varsigma_l\prod_{i=1}^{h}\left(\frac{\theta_i}{\theta_i-\beta_i}\right)^{v_it}\frac{m}{\eta}\left[\frac{\left(t+t_V+\sum\limits_{f=1}^{l}a_ft_f\right)}{\eta}\right]^{m-1} \tag{4.38}$$

式中:t_V 表示设备的虚拟役龄,当设备为全新状态时,$t_V=0$。

2. 面向综合成本的计算

基于前面定义的制造系统任务可靠性内涵,由于本书假设产品制造合格概率的变化足够小以至于可以忽略,那么影响任务可靠性的关键参数可确定为设备加工能力状态及分布概率;然后,基于建立的设备退化状态与任务可靠性之间的关系,分析不同设备不同任务可靠性状态下的不可用度,进而确定故障概率。接下来,基于设备不可用度与累积故障概率建立包括产能损失及维修费用的综合成本模型,最后以综合费用最小为原则确定基于任务可靠性的最佳预测性维修策略。如图 4-13 所示。

这里主要考虑在有限区间$[0,T]$内所产生的 4 类具体费用,分别包括出现故障时的最小维修费用 c_1,预防性维修费用 c_2,由于进行维修活动占用生产时间而造成设备产能损失 c_3,以及任务延误造成的间接损失 c_4。

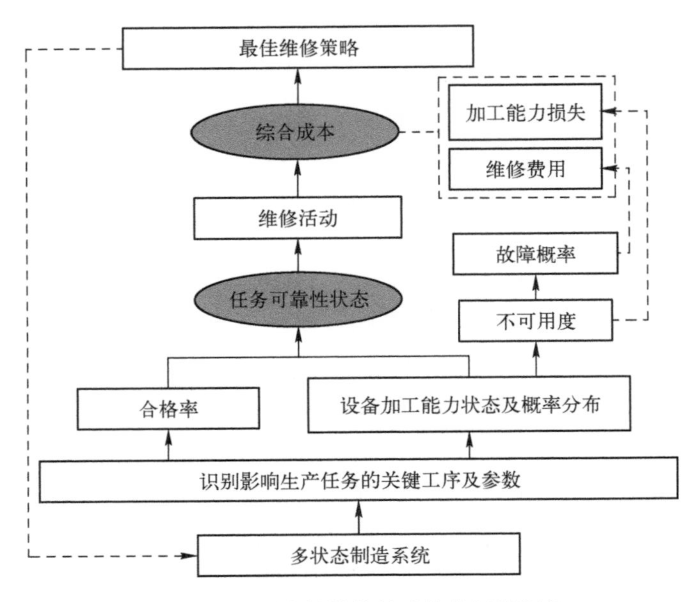

图 4-13　预防性维修策略优化问题框架

其中出现故障时的最小维修费用 c_1 可用如下公式计算：

$$c_1 = c_r\left(\sum_{k=1}^{E}\int_0^{t_k}\lambda_k \mathrm{d}t + \int_0^{\varepsilon}\lambda_{E+1}\mathrm{d}t\right) \tag{4.39}$$

$$\varepsilon = T - \sum_{k=1}^{E} t_k - E\tau' \tag{4.40}$$

式中：c_r 为单次纠正性维护活动的成本期望值；$E+1$ 为 T 时间段内的计划维修周期数；E 为计划维修的次数；ε 为最后一次计划维修活动后到规划时间段末的剩余时间，也就是第 $E+1$ 计划维修周期的时长。

预防性维修费用 c_2 可用如下公式计算：

$$c_2 = Ec_p \tag{4.41}$$

式中：c_p 为单次预防性维修的预期成本。

进行维修活动占用生产时间而造成的生产损失 c_3 可用如下公式计算：

$$c_3 = \kappa S_M\left(\sum_{k=1}^{E+1}\tau\int_0^{t_k}\lambda_k \mathrm{d}t + E\tau'\right) \tag{4.42}$$

式中：κ 为单位加工能力损失对应的损失成本；τ 为单次设备故障导致的设备停机时间期望。

任务延误导致的间接损失费用 c_4 可用如下公式计算：

$$c_4 = \sigma\left(\frac{\sum_{k=1}^{E}(t_k + \tau')}{T}(1 - R_T) + \frac{\varepsilon}{T}(1 - R_\varepsilon)\right) \tag{4.43}$$

间接损失的预期费用 σ 与生产任务的重要度相关,其值可由专家评价得出。T 表示时间段内隐性质量损失,那么在区间 $[0,T]$ 内的综合费用可表示为

$$c = c_1 + c_2 + c_3 + c_4 \tag{4.44}$$

该预防性维修策略即为寻找使得综合成本最低时的制造系统任务可靠性阈值。其迭代数值优化过程,可表述如下:

(1) 收集设备的基本运行数据,如故障、维护和经济数据。确定相关模型中的几个常数参数。建立设备加工能力状态分布表,并根据各故障模式发生概率分析各状态分布概率之间的比例关系 $[S_x, \mathrm{ep}_x]$;

(2) 设定初始阈值 $R_T = R_T^{\min}$;

(3) 基于给定的任务要求,确定 e 的参数值,进而根据故障率模型得到计划维修时间 t_l;

(4) 基于式(4.40)确定剩余时间,并确定剩余时间段内的设备故障率函数,并计算剩余时间段内的设备不可用度、累计故障数以及设备加工能力状态分布概率 $[S_x, e'p_x]$、任务可靠性;

(5) 基于式(4.39)~式(4.44),计算该维修阈值下的生产总费用;

(6) 设定搜索步长 ΔR_T, $R_T = R_T + \Delta R_T$;

(7) 检查以确定是否应终止优化过程,如果 $R_T > 1$,终止优化过程,执行步骤(8)。否则,执行步骤(3)。

(8) 输出最优任务可靠性阈值,以及对应的计划维修策略。

3. 算例分析

在 4.2.1 节基于质量状态任务网络的制造系统任务可靠性建模部分算例的基础上,进行了基于任务可靠性的预防性维修决策分析,为实现本部分的案例验证工作,除上节所搜集和处理的数据之外,还需以成本数据为主的其他类型数据以实现维修,具体参数和取值如表 4-12 所列。

表 4-12　参数取值

参数	值	参数	值	参数	值	参数	值
a_{1l}	0.1	τ_3'(天)	0.6	c_{2r}($)	24.3	γ	0.03
a_{2l}	0.085	c_{1m}($)	120	c_{3r}($)	20	t_V(天)	14.24
a_{3l}	0.0712	c_{2m}($)	110	κ_1($)	0.17	T(天)	100
τ_1'(天)	0.55	c_{3m}($)	100	κ_2($)	0.2	σ($)	3000
τ_2'(天)	0.47	c_{1r}($)	22.4	κ_3($)	0.2		

以设备 3 为例进行验证。首先建立该设备的考虑维修活动影响的性能演化模型：

$$\lambda_{l+1}(t) = 1.10^{0.00125t} \times 2.89 \times 10^{-5}\left(t + 14.24 + 0.712\sum_{f=1}^{l} t_f\right)^2$$

在此基础上，分别分析纠正性维修费用、计划维修费用、加工能力损失、任务延误损失随任务可靠度的变化趋势。设定最小任务可靠度阈值为 0.01，数值搜索区间为 $R_T \in (0.001, 1.000)$，步长为 $\Delta R_T = 0.001$。

利用 MATLAB 分析各类型费用在不同任务可靠度阈值下的变化趋势，结果如图 4-14 所示。

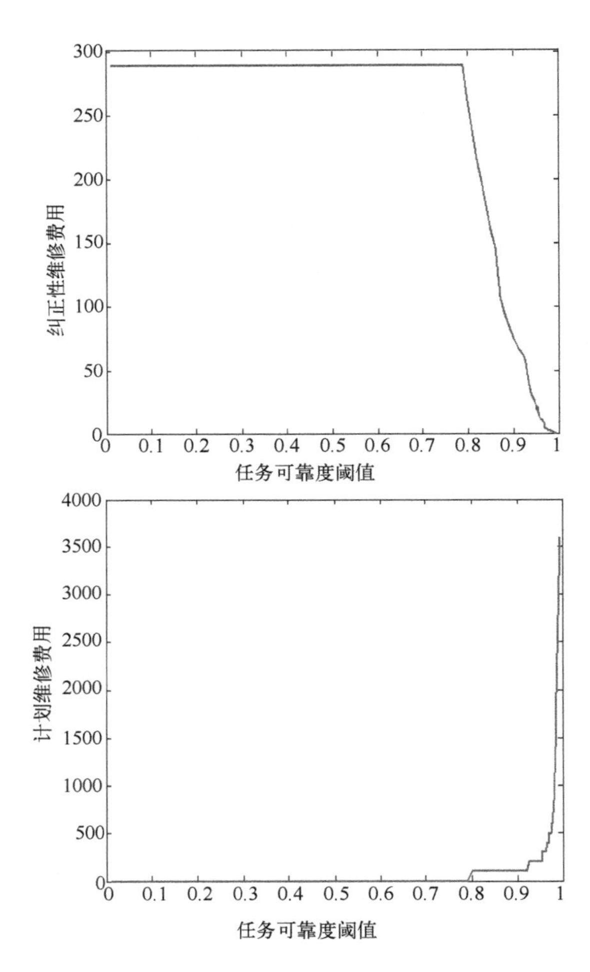

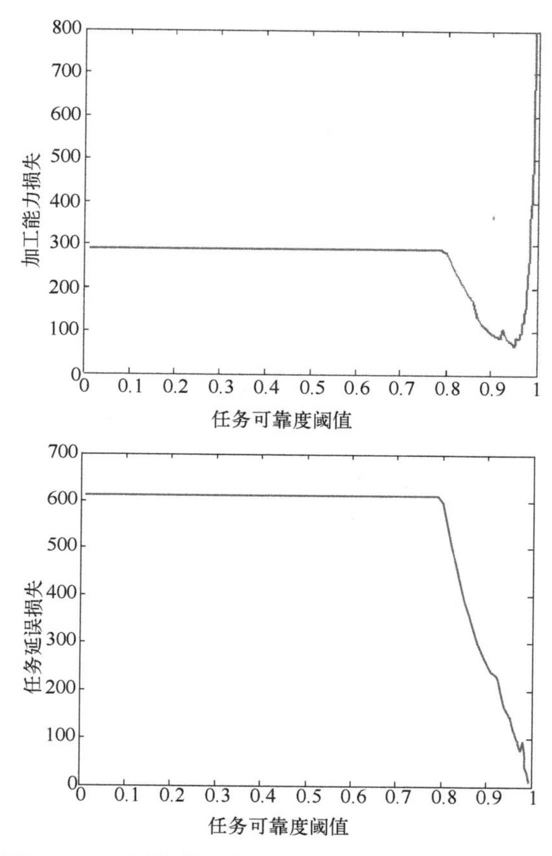

图 4-14　不同维修阈值下纠正性维修费用变化趋势

根据图 4-14 可知，当任务可靠度阈值大于 0.79 时，随着任务可靠度阈值的提高，设备的纠正性维修费用逐渐降低，纠正性维修费用增高，加工能力损失呈现先下降后上升趋势，而任务延误损失总体呈现下降趋势，这是因为，在本案例条件下，受规划时间段长度的影响，当设备的预测性维修阈值（任务可靠度阈值）小于 0.79 时，在规划时间段内无需进行计划维修活动，因此各项维修费用呈直线的形式；当预测性维修阈值大于 0.79 时，随着预测性维修阈值的提升，对设备性能的要求也逐渐提高，进而导致计划性维修次数的增加，纠正性维修次数的下降，综合两种效应，设备总停机时间则先出现下降的趋势。

最后，综合上述 4 种生产费用，分析综合费用在不同预测性维修阈值下的变化，如图 4-15 所示。

如图 4-15 所示，由于在预测性维修阈值小于 0.79 时没有实施计划维修活动，因此对任务可靠度阈值取（0.8，1.0）范围内的总费用变化趋势进行分析，其总体趋

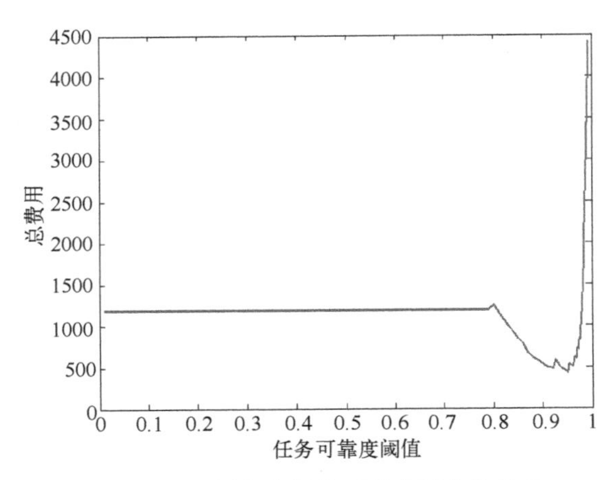

图 4-15　不同维修阈值下总费用变化趋势

势为先下降后上升，并在任务可靠度阈值取 0.951 时，出现最小值，因此本案例中设备的最佳集成预测性维修阈值为 0.951，其对应的集成预测性维修策略如表 4-13 所列。

表 4-13　最佳集成预测性维修策略

计划维修时间间隔(t_l)		最佳预测性维修阈值	C_T
1	2		
37.8	33.8	0.951	431.33

此外，为了进一步分析本方法的科学性与先进性，进一步地进行对比分析，其比较对象分别是基于设备性能或可靠性的视情维修决策方法。

在本案例条件下，分析传统基于设备性能或可靠性的视情维修决策方法的最佳维修策略，顾名思义，在该维修模型下，当设备的性能状态达到该模式的预定阈值时，将执行计划的维护活动。为了实现对比的科学性，在进行视情维修的决策建模时，依旧基于上述 4 种费用类型，同样利用 MATLAB 软件分析不同维修阈值(设备可靠性指标)下，总费用的变化趋势，其结果如图 4-16 所示。

分析图 4-16 可知，随着设备可靠度阈值的逐渐升高，总费用总体呈现出先下降后上升的趋势，其原因是当设备可靠度阈值设置过低时，系统处于维修不足的状态，而当设备可靠度阈值设置过高时，系统又处于维修过量的状态。分析设备的最佳维修阈值，可得当设备可靠度阈值为 0.05 时，其总费用最低，为 743.93，对该模式下的最佳维修策略与基于任务可靠性的方法所得的最佳维修策略进行对比，其结果如表 4-14 所列。

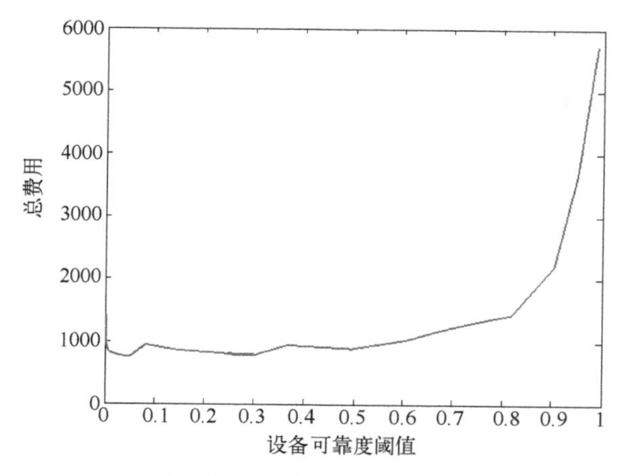

图4-16 不同设备可靠度阈值下总费用变化趋势

表4-14 本书方法与传统视情维修方法对比结果

维修模式	计划时间间隔(t_l)		C_T	节约成本率
	1	2		
本书方法	37.8	33.8	431.33	42.02%
传统视情维修	53.65		743.93	—

通过对比研究可以发现,本方法较传统的视情维修方法可以节约42.02%的费用,因此本方法在指导进行预测性维修决策时,能够更加科学地指导维修活动,降低生产成本。

4.2 产品早期故障率优化技术

4.2.1 早期故障根原因识别技术

4.2.1.1 早期故障根原因关联树

工程实践与经验表明,诱发或导致产品发生早期故障的直接或间接因素是每次开展失效分析工作的重要内容。查明故障因素是预防下次相似失效发生的最直接参照。即便如此,大量的产品仍会在接下来的使用中频发同类的早期失效表明:基于之前描述性的故障影响因素如操作不当、管理缺乏、环境欠佳等来规避同类故障的发生并不奏效。如何突破产品早期故障的直接影响因素,展开对潜在的故障根原因深入分析是根本上实现事前预防早期失效行之有效的唯一途径。

根原因分析[14]理论是面向事件过程的一种自后向前推演的事故分析工具,它最初源于瑞士的乳酪理论,借光线透过层层堆叠的乳酪上的孔洞说明失误事件的发生是一系列潜在漏洞共同作用的结果,而根原因分析则是基于此思想对潜在失误和因素及相关根原因进行逆向追溯,以避免同类故障或事故的发生。

根原因本身区别于直接原因,具有潜在性的特点,同时可通过包括数据收集,因果因素图表罗列、根原因识别和改进计划的制定和执行从根本上解释某一故障或事故发生的缘由,并实现同类失效的提前预防。而根原因分析的宗旨即在于面向系统事故或产品故障本身在正确的事件主动并积极询问正确的问题,通过对原因或结果的五阶段发问分解出子原因或子结果,并最终确定子原因的底层根原因所在[15]。

同样地,为通过查找并统计产品早期故障发生的表面或直接原因,再进一步查找其隐性根原因实现产品早期故障的有序分解,同时避免直接关联产品故障和其结构树巨大而复杂的分解工作量以保证信息的集中,并最大程度便于深入分析产品深层次的可靠性问题,本书特别地形成包含设计功能问题、物理结构缺陷及过程参数波动的分级结构,建立起产品早期故障特征与各级影响因素间的映射关系以定量回溯问题的根本所在。借鉴公理化设计(Axiomatic Design,AD)理论中 4 个域[16]:用户域 CA、功能域 FR、结构域 DP 和过程域 PV 相邻域之间“目标——如何达到”的逻辑思维,引入不同域的关联树形结构,帮助实现与产品早期故障相关的“功能域”“结构域”及“过程域”间的相互映射分解过程,如图 4-17 所示。

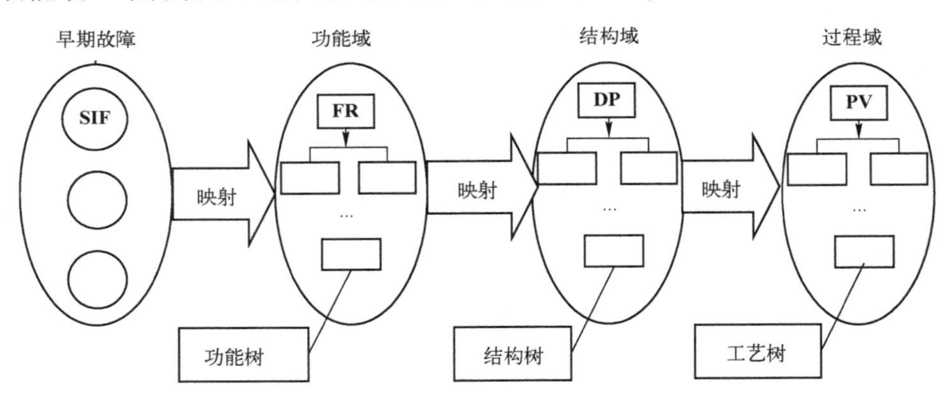

图 4-17　域间映射下的产品早期故障分解过程

如图 4-17 所示,产品早期故障特征(Symptoms of product Infant Failures,SIF)被映射到功能域 FR,衍生出功能树结构;进而,功能域 FR 给出故障特征相关的每个功能需求,并独立地被结构域 DP 中相应的设计参数满足而不影响其他的功能需求,衍生出物理树结构;继而,满足独立公理的结构域 DP 最终得以展开,并被映射到对应特定工艺执行参数的过程域 PV,衍生出工艺树结构。

进而,基于自顶向下的关联树分解方向,产品早期故障的关联树概念结构建立如图 4-18 所示。

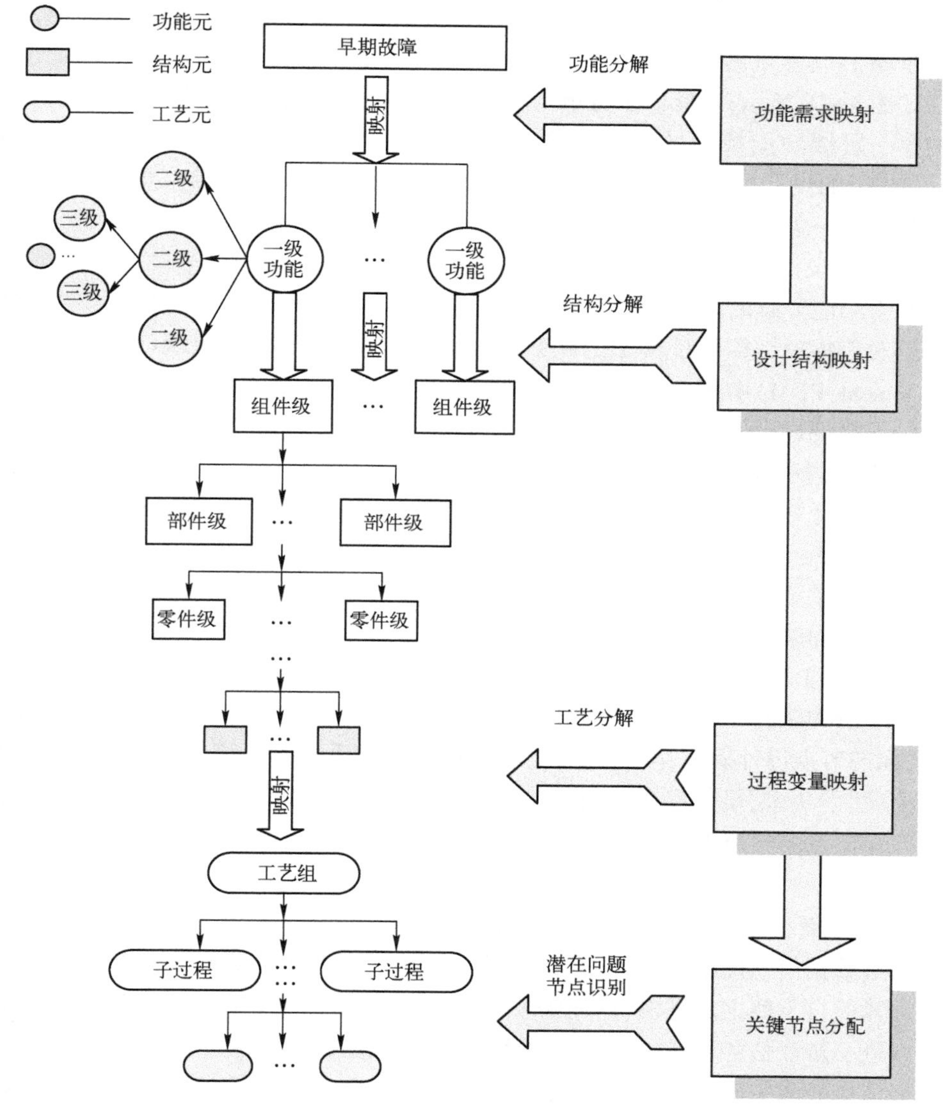

图 4-18　产品早期故障的关联树概念结构

如图 4-18 所示,产品的早期故障位于所建关联树的顶端,经过自上而下纵向的功能分解、结构分解、工艺分解,辅以横向对于一级功能元的多级分解,面向早期故障特征的关联树结构系统实现了对于影响早期故障发生的各层面因素的覆盖。进而,展开的关键节点量化与分配可最终帮助识别导致故障的根本性原因。

4.2.1.2 基于关联树的产品早期故障根原因分析

1. 自上而下型产品早期故障关联树的建立

面向产品早期故障的关联树建立主要基于如下 4 步的映射与分解,具体地,

步骤 1:功能域需求分解与映射

如图 4-18 所示,功能需求分解与映射的主要任务是建立产品早期故障与其相关的第一层级功能模型的映射关系。产品设计中功能方法树(Function-Means Tree,FME)的设计对象分析方法可实现对故障的第一层级功能节点的系统分解,形成包含第一级、第二级、第三级功能等的多级 FR 型树结构。

步骤 2:设计结构分解与映射

基于功能分解的结果与产品成熟的设计规划,可由设计者展开第一层级功能模型到对应物理结构组件模型的映射,继而参考产品数据管理系统(Product Data Management,PDM)中每一装配过程的编码及相应的组件图和技术文档等,确定出相应的子装配过程信息。

步骤 3:过程变量映射与工艺分解

基于设计结构分解的结果和现有的制造工艺规划,可由生产工程师或具体工艺人员展开第一层级物理结构组建模型到第一层级子过程各节点的映射,参考企业资源计划系统(Enterprise Resource Planning,ERP),搜索出相应的子工艺过程信息及相关过程关键变量等。

步骤 4:过程关键节点的识别与分配

基于所构建的早期故障关联树结构,影响早期故障的关键节点识别思路如下:首先,面向节点设计矩阵,按照公理化设计理论中两大基本公理"独立公理和信息最小公理"的要求,展开潜在问题节点的识别工作;继而,从稳健性和可靠性两方面分别搜集节点的噪声因素和故障信息;最后从工艺域中子过程节点开始,自下而上依次计算出所关注的潜在问题节点的故障关联权重。

2. 自下而上型故障关联树各节点权重的衡量

底层数据信息搜集的简易度与切实性,决定了开展故障关联树中各合成节点权重计算的自下而上的逻辑,进而需要依次衡量出三大域间节点的故障关联权重大小以进一步评估各节点的故障贡献优先级。这里主要应用粗糙集(Rough set)知识挖掘节点故障关联权重的决策规则,然后根据多属性决策方法模糊逼近于理想的排序方法(Fuzzy Technique for Order Preference by Similarity to Ideal Solution,Fuzzy TOPSIS)对节点故障关联权重给予系统全面的预测性评价和排序[17]。而实际分析中,充足的质量与可靠性数据信息是评估故障关联权重(Failure related weight,W_{FR})的基础。为此,面向底层工艺的执行,与工艺域中各过程节点相关的失效信息如故障模式、故障频次及故障影响分析等,及驱动故障发生的噪声信息如

批次和制造差异、外部使用环境噪声、材料的消耗和磨损等均需要进行分析、统计以挖掘科学有效的故障关联权重，准确定位早期故障的根原因所在。

故障关联树最底层工艺过程节点的故障关联权重 W_{FR} 的确定，是整个关联树节点权重分析的基础。自上而下的树形结构决定了各节点故障关联权重自下而上的分析流程，即当所有过程节点故障关联权重被计算出来后，参照子节点权重最大值的方法确定相关结构节点及功能节点的故障关联权重。具体流程如下：

（1）选定工艺过程节点对象。

考虑到决策效率及准确度的要求，当工艺树节点数目过大时，可根据质量属性的相似度进行分批计算。当然，如质量属性相似度存在较大差异，仍需进行不同批次的考量。

（2）确定各工艺过程节点对故障关联权重 W_{FR} 影响的评价指标体系。

从工艺过程节点自身属性对工艺质量和可靠性两大特性的影响入手，分别分析工艺过程节点属性发生波动的概率、波动产生的效应对工艺质量的作用，工艺节点故障发生的概率、故障的可检测性及故障的严酷度对工艺可靠性的作用。同时，为有效表达各评价指标的技术含义，需基于已统计的质量与可靠性信息分别确定各评价指标相应的特征属性集。具体指标体系如图 4-19 所示，相关的特征属性集如表 4-15 所列。

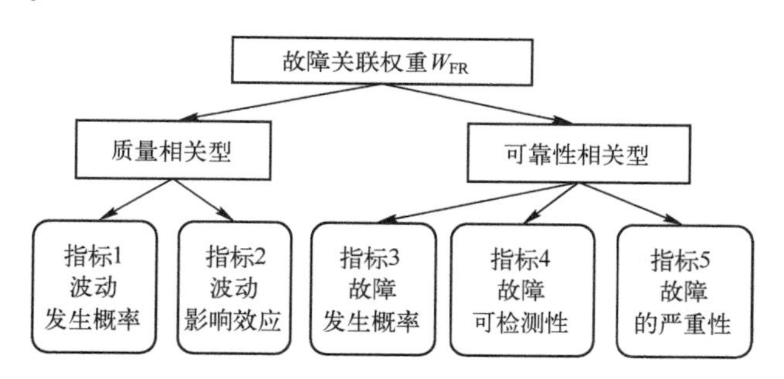

图 4-19　故障关联权重的评价指标体系

表 4-15　评价指标的特征属性集列表

指标＼编号	特征属性 C_1	特征属性 C_2	特征属性 C_3	特征属性 C_4	决策度 D
波动发生概率	噪声因素数量	波动参数数量			影响度
波动影响效应	质量损失	成本损失	时间损失		影响度
故障发生概率	故障次数	故障模式种类			影响度
故障可检测性	设计检测能力	制造检测能力	使用检测能力	维修能力	影响度
故障的严重性	最高影响等级	补救费用			影响度

(3) 采用粗糙集对节点指标关联程度及决策规则进行确定。

显然,所建评价指标体系中5个指标的影响权重(Weight of influential factor, W_{IF})反映了指标对工艺过程节点故障关联权重的贡献程度,其取值各异且满足 $\sum_{j=1}^{5} W_{\mathrm{IF}j}=1$。为避免个人主观倾向对各指标影响因子权重的不准确判定,基于历史质量数据,本书采用粗糙集理论对节点影响因子权重的数值进行计算:首先,采集特征属性集中各条件属性作为样本数据;其次,离散归一化处理样本数据中的所有特征属性值,并以此形成决策表;之后,依次确定除决策属性集 D 对应的基本等价类,并求解各条件属性值相关联的正域集;最后通过各自正域集合的基数比计算出指标影响因子权重为 $M_{C-c_i(D)}=1-\dfrac{\mathrm{card}(\mathrm{POS}_{C-c_i}(D))}{\mathrm{card}(\mathrm{POS}_C(D))}$。而节点指标关联程度决策规则的确定可应用粗糙集知识挖掘方法展开提取。具体地,基于所构建的决策表,保持决策表的协调后,可去掉表中相同范例行和属性列从而实现决策表的简化操作;进而,通过对决策表相应的条件属性核值表展开的计算,可输出符合决策要求的最小决策规则集。

(4) 依据已有的决策规则确定节点对应指标的评价模糊数。

这里,三角模糊数被用来对模糊的主观评价进行量化。三角模糊数一般表达成 $M=(l,m,u)$ 的形式,特征隶属度函数 $\mu_M(x):R\to[0,1]$ 等价于下式:

$$\mu_M(x)=\begin{cases}0 & (x<l \text{ 或 } x>u)\\(x-l)/(m-l) & (l\leqslant x\leqslant m)\\(x-u)/(m-u) & (m\leqslant x\leqslant u)\end{cases} \tag{4.45}$$

式中:$l\leqslant m\leqslant u$;l 表示模糊数 M 的左值水平;u 表示模糊数 M 的右值水平;m 则表示模糊数 M 的中值水平。一般的,主观评价权值重要度依次增加为如下9个等级:

$$W=\begin{cases}w_1\to(\text{Absolutely Less Important, ALI})\\w_2\to(\text{Very Strongly Less Important, VSLI})\\w_3\to(\text{Strongly Less Important, SLI})\\w_4\to(\text{Weakly Less Important, WLI})\\w_5\to(\text{Equally Important, EI})\\w_6\to(\text{Weakly More Important, WMI})\\w_7\to(\text{Strongly More Important, SMI})\\w_8\to(\text{Very Strongly More Important, VSMI})\\w_9\to(\text{Absolutely More Important, AMI})\end{cases} \tag{4.46}$$

对应地,三角模糊数转化比例见图 4-20,对照表见表 4-16。

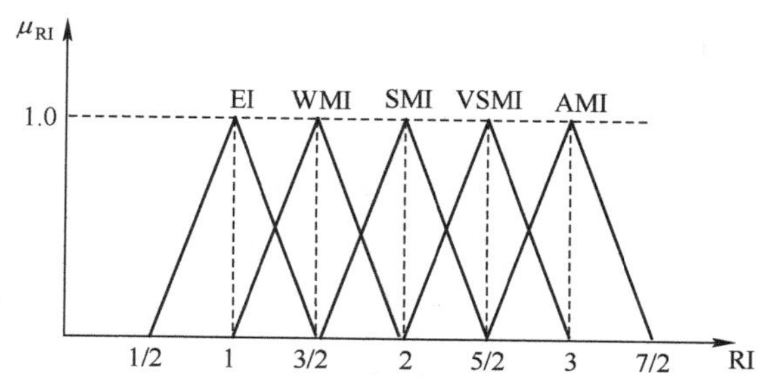

图 4-20　指标权重的转化比例

表 4-16　权重三角模糊数转化对照表

权 重 名 称	三角模糊数	三角模糊数倒数
EI	(1/2,1,3/2)	(2/3,1,2)
WMI	(1,3/2)	(1/2,2/3,1)
SMI	(3/2,2,5/2)	(2/5,1/2,2/3)
VSMI	(2,5/2,3)	(1/3,2/5,1/2)
AMI	(5/2,3,7/2)	(2/7,1/3,2/5)

(5) 依据 Fuzzy TOPSIS 决策理论排序节点的故障关联权重优先级。

主要流程为:首先,以 $r_{ij}=\dfrac{x_{ij}}{\sqrt{\sum\limits_{i=1}^{n}x_{ij}^{2}}}$ 为统计量,形成规范化的决策矩阵,并以 w_j 为权重处理决策矩阵中的统计量 r_{ij} 而得到加权值 $v_{ij}=r_{ij}w_j$;然后,确定出正理想节点 $A^{+}=\{(\max_i v_{ij}\mid j\in J),(\min_i v_{ij}\mid j\in J')\}=\{v_1^{+},v_2^{+},\cdots,v_n^{+}\}$ 和负理想节点 $A^{-}=\{(\min_i v_{ij}\mid j\in J),(\max_i v_{ij}\mid j\in J')\}=\{v_1^{-},v_2^{-},\cdots,v_n^{-}\}$,其中 J 表示效益性指标,属于望大特性,J' 表示成本性指标,越小越好;进而,以距离公式 $S_i^{+}=\sqrt{\sum(v_{ij}-v_j^{+})^2}$ $(i=1,2,\cdots,n)$ 或 $S_i^{-}=\sqrt{\sum(v_{ij}-v_j^{-})^2}$ $(i=1,2,\cdots,n)$ 对每个节点与理想节点之间的远近程度加以衡量;最后,给出每个节点相对贴近度的表达式为 $C_i^{+}=\dfrac{S_i^{-}}{S_i^{+}+S_i^{-}}$。

(6) 按照节点贴近度计算节点的排序权向量作为其故障关联权重。

具体地,基于中性决策,即乐观—悲观系数为 0.5,节点贴近度的期望值确定为 $I(C_i^{+})=\dfrac{(l_i+2m_i+u_i)}{4}$;进而,排序向量的相对权重确定为 $w_i=\dfrac{I(C_i^{+})}{\sum\limits_{i=1}^{n}I(C_i^{+})}$。

类似地,任一节点的 W_{FR} 确定可按照工艺过程节点故障关联权重 W_{FR} 的计算和排序方法确定整个产品早期故障关联树中 FR 功能树结构节点及 DP 物理树结构节点相对应的故障关联权重。

基于前述机理分析与建模方法,本书以某型号洗衣机频发的系列早期故障作为案例研究对象,通过开展针对洗衣机箱体振动与噪声的早期故障机理分析、洗衣机控制板模块早期故障率建模、制造过程截尾特性控制及老炼时间优化等案例分析工作,期望在完成前面理论方法的案例应用的同时,能够提出相对完善的认知和控制洗衣机相关模块可靠性问题的技术和方法依据。

4.2.1.3 算例分析

针对洗衣机箱体振动与噪声这一典型早期故障,系统地建立起这一典型早期故障的关联树结构有利于有效识别并定位故障根原因,以及时采取相应改进和预防措施降低箱体振动与噪声故障发生的可能性,提升顾客满意度。参照以上对早期故障树建立及节点权重计算的流程,基于关联树的箱体振动与噪声故障解析过程如下。

1. 自上而下的箱体振动与噪声故障关联树的建立

按照公理化设计域间映射的思维展开面向早期故障的分解过程"早期故障→功能树结构→物理树结构→工艺树结构",首先形成影响声振特性的第一级功能集合,建立箱体振动与噪声故障到功能域的映射关系;然后,基于前面所提及的功能树方法、产品结构编码、ERP 系统依次分解功能节点和结构组件及工艺工程,直至底层功能元、结构特征元及子工艺单元,实现了箱体振动与噪声故障的关联树建立,如图 4-21 所示。

2. 自下而上的故障关联树节点权重的求解

鉴于所构建树形结构的庞大性,同时考虑前述方法已经关注了工艺域中的工艺树节点权重计算,算例将选取物理域中结构组件节点故障关联权重的计算过程作为演示。

(1) 选定结构组件节点对象。这里定位第二级的结构组件节点 DP1.5(控制板中变压器组件),并选取位于第三级的 DP1.5.1(绕组),DP1.5.2(铁芯),DP1.5.3(绝缘套管 & 引线)为其节点权重求解对象。

(2) 构建结构组件节点影响故障关联权重的评价指标体系并确定其影响因子。这里的评价指标体系仍由 5 大指标波动概率(Variation possibility)、波动影响(Variation effect)、故障发生概率(Probability of failure)、故障可检测性(Chance of failure being detected)及故障严重度(Severity of its failure effect)组成。基于历史质量数据,采用粗糙集模型量化各评价指标相关的影响因子,具体地,面向决策属性的样本数据信息见表 4-17。

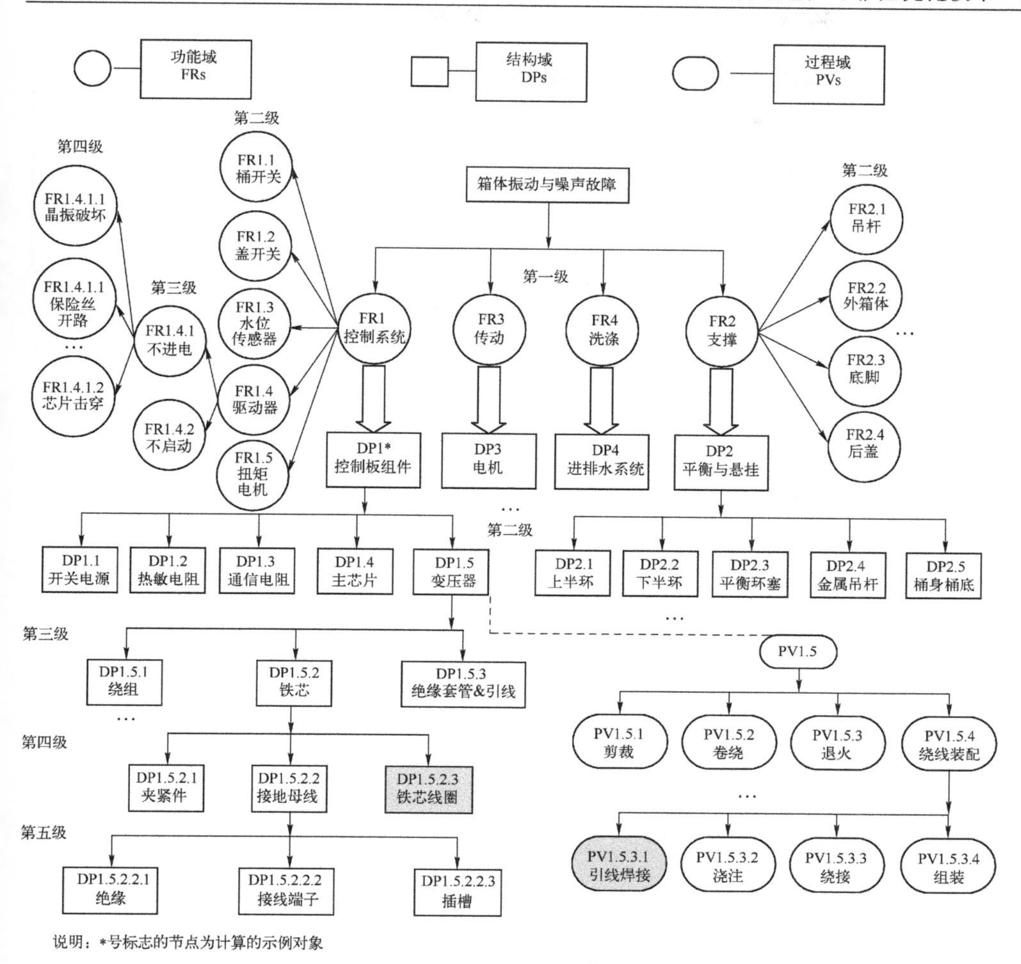

图 4-21　箱体振动与噪声故障关联树

表 4-17　故障关联权重评价指标体系影响因子决策表

评价指标 样本编号	指标属性					决策属性
	指标 1	指标 2	指标 3	指标 4	指标 5	D
$X1$	2	1	3	2	2	1
$X2$	3	4	3	1	3	3
$X3$	5	4	2	3	5	4
$X4$	4	3	5	4	5	4
$X5$	3	2	3	1	3	2
$X6$	5	4	5	5	5	5

（续）

样本编号＼评价指标	指标属性					决策属性
	指标 1	指标 2	指标 3	指标 4	指标 5	D
X7	1	3	2	2	1	1
X8	4	3	2	4	3	3
…						

首先,离散归一化上表中的样本数据,以有效构建出相关的决策表。具体地,基于表中给出的样本数据计算出最终评分 D 的平均值 A_D 和标准差 V_D,并按照如下规则对 D 进行第 1 至第 5 类的划分。

$$D \xrightarrow{\text{分类}} \begin{cases} D \geqslant A\_D+V\_D \rightarrow & D_1 \\ A\_D \leqslant D < A\_D+V\_D \rightarrow & D_2 \\ A\_D-\dfrac{1}{2}V\_D \leqslant D < A\_D \rightarrow & D_3 \\ A\_D-V\_D \leqslant D < A\_D-\dfrac{1}{2}V\_D \rightarrow & D_4 \\ D < A\_D-V\_D \rightarrow & D_5 \end{cases} \tag{4.47}$$

继而,得出基于决策属性的等价类如下:

$X_1=\mathrm{U/IND}(D_1)=\{x_1,x_7\}$,$X_2=\mathrm{U/IND}(D_2)=\{x_5\}$,$X_3=\mathrm{U/IND}(D_3)=\{x_2,x_8\}$,$X_4=\mathrm{U/IND}(D_4)=\{x_3,x_4\}$,$X_5=\mathrm{U/IND}(D_5)=\{x_6\}$。

最后,得出关于不同条件属性集的样本 X 的正域如下:

$\mathrm{POS}_C(D)=\{x_1,x_3,x_5,x_7\}$,$\mathrm{POS}_{C-c_1}(D)=\{x_3,x_5\}$,$\mathrm{POS}_{C-c_2}(D)=\{x_1\}$,$\mathrm{POS}_{C-c_3}(D)=\{x_1,x_7\}$,$\mathrm{POS}_{C-c_4}(D)=\{x_1,x_5\}$,$\mathrm{POS}_{C-c_5}(D)=\{x_3\}$。

在关于不同条件属性集的正域值的基础上,可以按照公式 $M_{C-c_i(D)}=1-\dfrac{\mathrm{card}(\mathrm{POS}_{C-c_i}(D))}{\mathrm{card}(\mathrm{POS}_C(D))}$ $(i=1,2,\cdots,5)$ 得出每个条件属性的影响因子,最终结果如表 4-18 所列。

表 4-18　故障关联权重评价指标体系影响因子数值表

指标编号	指标 1	指标 2	指标 3	指标 4	指标 5
指标名称	波动概率	波动影响	故障发生率	故障可检测性	故障严重性
影响因子	0.15	0.25	0.15	0.15	0.3

(3) 采用粗糙集对节点指标关联程度及决策规则进行确定。

选取节点 DP1.5.2 的指标 4(故障可检测性)为分析对象,搜集样本数据集合以支撑决策的有效性。当以数值(3-2-1)大小衡量检测能力时,可设置规则为数值越大，可检测问题反而变少；而决策属性的分类，以其最终得分值 D 的影响度划分为9个级别（见式(4.48)）：

$$D \xrightarrow{\text{影响度}} \begin{cases} 1\rightarrow & \text{ALI} \\ 2\rightarrow & \text{VSLI} \\ 3\rightarrow & \text{SLI} \\ 4\rightarrow & \text{WLI} \\ 5\rightarrow & \text{EI} \\ 6\rightarrow & \text{WMI} \\ 7\rightarrow & \text{SMI} \\ 8\rightarrow & \text{VSMI} \\ 9\rightarrow & \text{AMI} \end{cases} \tag{4.48}$$

进而，可给出节点DP1.5.2针对指标4（故障可检测性）的决策表如表4-19所列。

表4-19　故障关联权重决策表

评价指标／样本编号	条件属性				决策属性
	指标4-C_1	指标4-C_2	指标4-C_3	指标4-C_4	D
X_1	2	2	3	3	5
X_2	2	2	2	2	6
X_3	1	2	1	1	2
X_4	1	2	2	3	2
X_5	1	1	2	1	1
X_6	3	3	2	3	8
X_7	2	3	3	1	6
X_8	3	1	3	2	6
X_9	1	2	2	2	2
X_{10}	2	3	3	3	6
X_{11}	2	2	2	2	6
X_{12}	2	1	2	2	4

对表4-19的行和列展开简化处理，得到如表4-20所列的简化的故障关联权重决策表。

表4-20　简化的故障关联权重决策表

评价指标／样本编号		条件属性			决策属性
		C_1	C_2	C_3	D
X_1'	X_5	1	1	2	1
X_2'	X_3	1	2	1	2

（续）

样本编号 \ 评价指标		条件属性 C_1	条件属性 C_2	条件属性 C_3	决策属性 D
X'_3	X_4,X_9	1	2	2	2
X'_4	X_{12}	2	1	2	4
X'_5	X_1	2	2	3	5
X'_6	X_2,X_{11}	2	2	2	6
X'_7	X_7,X_{10}	2	3	3	6
X'_8	X_8	3	1	3	6
X'_9	X_6	3	3	2	8

决策表处于协调状态时，基于各条决策规则的计算范畴可实现相对简化这一理论的支撑，可给出如表 4-21 所列的故障关联权重决策规则的核值表。

表 4-21　故障关联权重决策规则核值表

样本编号 \ 评价指标	条件属性 C_1	条件属性 C_2	条件属性 C_3	决策属性 D
X'_1	1	1	2	1
X'_2	1	2	1	2
X'_3	1	2	2	2
X'_4	2	1	2	4
X'_5	2	2	3	5
X'_6	2	2	2	6
X'_7	2	3	3	6
X'_8	3	1	3	6
X'_9	3	3	2	8

在表 4-21 的基础上，对其最简规则进行求解，得出表 4-22。

表 4-22　故障关联权重决策最简规则

样本编号 \ 评价指标	条件属性 C_1	条件属性 C_2	条件属性 C_3	决策属性 D
X'_1	1	1	—	1
X'_{21}	1	2	—	2
X'_{22}	1	—	2	2

（续）

评价指标 / 样本编号	条件属性			决策属性
	C_1	C_2	C_3	D
X'_{31}	—	2	1	2
X'_{32}	2	2	—	2
X'_4	2	1	—	4
X'_5	—	2	2	5
X'_6	2	2	3	6
X'_{71}	—	3	3	6
X'_{72}	—	3	2	6
X'_{81}	3	2	—	6
X'_{82}	2	3	—	6
X'_{91}	3	—	3	8
X'_{92}	—	3	3	8

（4）依据已有的决策规则确定节点对应指标的评价模糊数。基于表 4-22 给出的最简决策规则，以其权重高低为判据，确定节点对应指标的评价模糊数如表 4-23 所列。

表 4-23　故障关联权重评价指标的评价值

节点	评价指标				
	指标 1	指标 2	指标 3	指标 4	指标 5
DP 1.5.1	VSLI	WMI	SLI	WMI	EI
DP 1.5.2	WMI	VSLI	EI	EI	VSLI
DP 1.5.3	SLI	EI	WLI	EI	WMI

（5）依据 Fuzzy TOPSIS 的决策理论展开多因素优先级的排序。首先，按照适用于三角模糊数模型的规范化算法，构建如表 4-24 所列的规范化决策矩阵。

表 4-24　故障关联权重规范化决策矩阵

节点	评价指标				
	指标 1	指标 2	指标 3	指标 4	指标 5
DP 1.5.1	(0.154,0.254,0.443)	(0.256,0.487,0.872)	(0.208,0.218,0.821)	(0.343,0.728,1.5)	(0.128,0.324,0.655)
DP 1.5.2	(0.462,0.920,1.2)	(0.512,0.811,1.15)	(0.260,0.436,1.2)	(0.172,0.485,1.2)	(0.512,0.811,1.3)
DP 1.5.3	(0.185,0.307,0.590)	(0.128,0.324,0.655)	(0.260,0.291,1.1)	(0.172,0.485,1.2)	(0.256,0.608,0.873)

其次,以表 4-18 确定的指标权重乘以表 4-24 展示的规范化矩阵,确定出如表 4-25 所列的故障关联权重加权规范化矩阵。

表 4-25 故障关联权重加权规范化决策矩阵

节点	评价指标				
	指标 1	指标 2	指标 3	指标 4	指标 5
DP 1.5.1	(0.023,0.037,0.066)	(0.064,0.122,0.218)	(0.031,0.033,0.821)	(0.051,0.109,0.225)	(0.038,0.097,0.196)
DP 1.5.2	(0.069,0.138,0.18)	(0.128,0.203,0.288)	(0.039,0.065,0.18)	(0.026,0.073,0.18)	(0.153,0.243,0.39)
DP 1.5.3	(0.028,0.046,0.089)	(0.032,0.081,0.164)	(0.039,0.044,0.165)	(0.026,0.073,0.18)	(0.182,0.183,0.262)

进而,基于表 4-25 中的加权规范化矩阵,对正理想节点和负理想节点进行求解,对应得出表 4-26 中的结果。

表 4-26 故障关联权重正理想节点和负理想节点

节点	评价指标				
	指标 1	指标 2	指标 3	指标 4	指标 5
A^+	(0.069,0.138,0.18))	(0.128,0.203,0.288)	(0.039,0.065,0.821)	(0.051,0.109,0.225)	(0.182,0.243,0.39)
A^-	(0.023,0.037,0.066)	(0.032,0.081,0.164)	(0.031,0.033,0.165)	(0.026,0.073,0.18)	(0.038,0.097,0.196)

具体地,式(4.49)给出了每个节点与正理想节点及负理想节点之间距离的计算过程,详尽结果见表 4-27。

$$\begin{aligned} S_1^+ = \{ & [(0.023,0.037,0.066)-(0.069,0.138,0.18)]^2 + \\ & [(0.064,0.122,0.218)-(0.128,0.203,0.288)]^2 + \\ & [(0.031,0.033,0.821)-(0.039,0.065,0.821)]^2 + \\ & [(0.051,0.109,0.225)-(0.051,0.109,0.225)]^2 + \\ & [(0.038,0.097,0.196)-(0.182,0.243,0.39)]^2 \}^{1/2} \\ = & (0.174,0.198,0.683) \end{aligned} \tag{4.49}$$

表 4-27 故障关联权重与正理想节点之间的距离

与正理想节点之间距离	权　值	与负理想节点之间距离	权　值
S_1^+	(0.174,0.198,0.683)	S_1^-	(0.04,0.055,0.07)
S_2^+	(0.036,0.038,0.045)	S_2^-	(0.138,0.181,0.218)
S_3^+	(0.107,0.169,0.206)	S_3^-	(0.036,0.07,0.144)

进而,可分别给出每个节点与正理想节点之间距离的计算结果:

$$C_1^+=\frac{S_1^-}{S_1^+ + S_1^-}=(0.053,0.217,0.327) \tag{4.50}$$

$$C_2^+=\frac{S_2^-}{S_2^+ + S_2^-}=(0.525,0.83,1.25) \tag{4.51}$$

$$C_3^+=\frac{S_3^-}{S_3^+ + S_3^-}=(0.103,0.293,1.007) \tag{4.52}$$

按照节点贴近度求解出关联的排序权向量,并以此作为此节点的故障关联权重数值。首先,贴近度期望值的衡量主要依托于三角模糊数模型中期望值的表达式而被确定为 $I(C_1^+)=\frac{0.053+2\times0.217+0.327}{4}=0.2035$, $I(C_2^+)=0.8588$, $I(C_3^+)=0.424$。故而,给出所研究节点的相对权重 $w_1=\frac{0.2035}{0.2035+0.8588+0.424}=0.137$, $w_2=0.578$, $w_3=0.285$。按照计算结果得出,上述3个节点按权重大小,确定的优先级顺序为DP1.5.2,DP1.5.3,DP1.5.1。

重复上述流程,可实现整个关联树节点权重的计算,得到功能节点、物理结构节点和工艺生产节点的故障关联权重大小。最后计算结构表明,FR1.4.1.2,DP1.5.2.3和PV1.5.3.1的优先级最高,它们将是箱体振动与噪声这一早期故障预防和整改的重要环节。

4.2.2　考虑质量偏差损失的老炼时间优化技术

产品早期故障率是企业高层管理者了解产品可靠性的重要指标,也是进行质量管理决策的重要依据[18]。为降低早期故障率,可靠性筛选如老炼试验,先于实际外场使用并将早期失效件提前消除,而常常被用来筛选和剔除具有质量缺陷的产品却带来较高的老炼成本。它区别于常规的质量检验,并假设筛选前产品的性能都是好的,其目的不是检查出检测时(即筛选前)就是坏的产品。对某批产品来说,经非破坏性的可靠性筛选试验后,它的失效机理和失效分布不应该受到影响,反而起到了一种“老化”或“老炼”的作用,所以又称“老化试验”。对于电子元器件而言,开展可靠性的筛选具有更突出的现实意义。显然,可靠性筛选需要付出一定的代价,如成本的增加、生产周期的延长等,但相对于在装机、调试及使用现场发现并更换早期失效件所造成的代价来说就微不足道了。特别是对高可靠性工程或航空、航天等尖端系统更是意义重大。

4.2.2.1　制造缺陷相关的质量成本分析

1. 面向制造缺陷的质量偏差效应界定

产品制造过程,受材料纯度和工艺精度的波动影响往往造成过程中不可避免的制造缺陷。同时伴随制造过程质量偏差的产生,隐性的偏差损失随之而来。而电子器件的加工往往由多工位制造系统完成,在大批量生产中,受制造过程固有波动如工艺条件、设备状况、原料等变动的影响,缺陷不可避免地成为电子器件加工的关键质量特征,导致不同程度的质量与可靠性问题。以尺寸特征描述制造缺陷的质量特征时,给定可导致产品失效而不合格的制造缺陷关键尺寸阈值 x°,尺寸大小各异的制造缺陷存在不同的偏差效应。如图 4-22 所示。

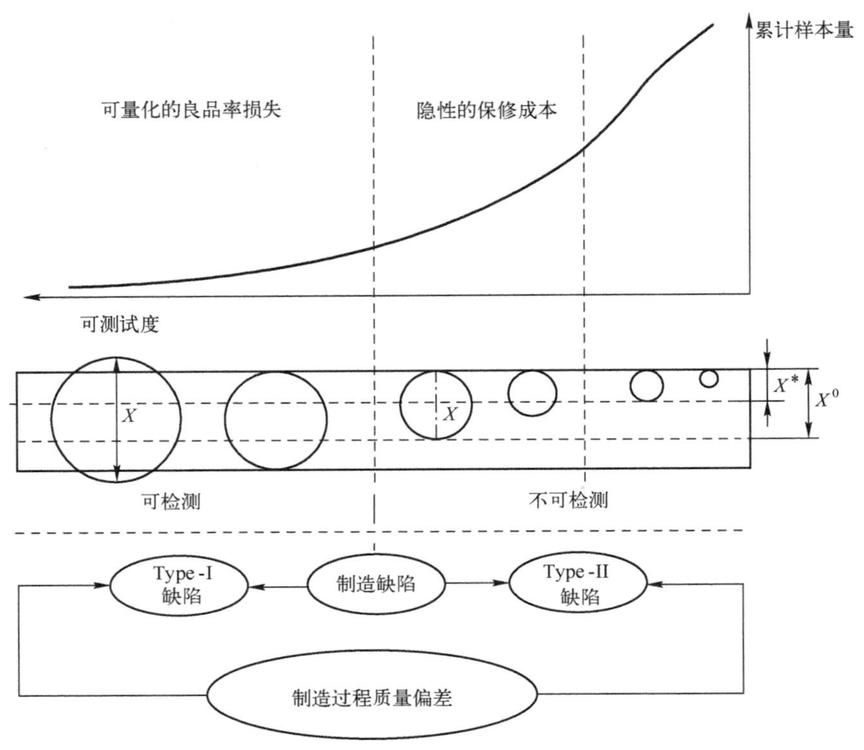

图 4-22　不同类型制造缺陷的偏差效应图

图 4-22 中,设 x 为制造缺陷的尺寸特征观测值($x>0$),给定制造缺陷的关键尺寸 x°,可有如下判定:

(1) 若存在缺陷尺寸 $x>x^{\circ}$,视该类缺陷为 Type-I 型的大尺寸特征制造缺陷,由于其可直接导致器件失效的致命性缺陷,也称为致命性缺陷,可在出厂测试中检测剔除,故对应的缺陷效应为:影响器件制造过程良品率水平(注:制造良品率常用来衡量含制造缺陷的电子产品制造过程的质量水平)。

(2) 若存在缺陷尺寸 $x\leqslant x^{\circ}$,视该类缺陷为 Type-II 型的小尺寸特征制造缺陷,也即非致命性缺陷,区别于 Type-I 型可被检测剔除的缺陷,Type-II 型制造缺陷漏过出厂检测,更多地是随着时间应力作用而在使用过程中导致某些元器件失效,因与元器件使用可靠性紧密相关,也作“可靠性缺陷”,对应的缺陷效应为:影响器件可靠性水平。

从质量偏差的成本角度来看,鉴于经过电性能测试和功能性测试的出厂检验,存在大尺寸特征致命性缺陷的电子器件被轻松剔除,而小尺寸特征的非致命性缺陷即可靠性缺陷作为隐性缺陷存在难以检测的技术瓶颈,更易引发使用初期应力和时间相关的早期故障,并导致电子元器件等的早期失效率居高不下。进而,存在大尺寸特征致命性缺陷的单元被剔除,造成出厂测试相关的良品率损失费用,而存在小尺寸特征非致命性缺陷的单元同样造成隐性的成本,经过缺陷尺寸的增长并集中在早期故障阶段显现,在特定产品责任承担的政策下,带来相应的保修费用。

制造缺陷中,Type-II 型缺陷是一种时间相关的缺陷,其对应产品的参数和性能一般都视为合格直至该类缺陷演变为 Type-I 型致命缺陷,具有隐性特征。老炼测试主要应对 Type-II 型隐性制造缺陷,是发现隐患早期失效产品进而保障产品外场实际使用可靠性的一种有效检验程序。它通过对小尺寸特征的 Type-II 型非致命性缺陷进行尺寸的加速增长激发,可有效剔除早期失效件。

伴随制造缺陷尺寸的演变,不同阶段缺陷尺寸表现出不同的行为特征,需加以特别的关注和考量。本书基于此视角,提出如图 4-23 所示的四阶段缺陷尺寸演变框架。

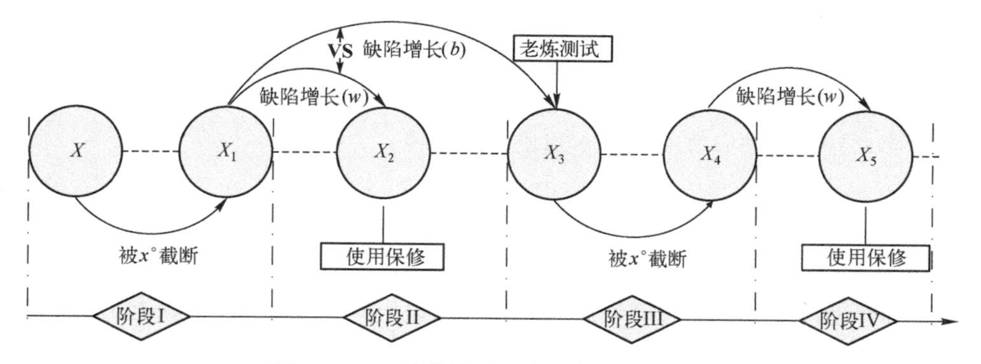

图 4-23　四阶段缺陷尺寸演变过程示意图

图 4-23 中,X 为初始缺陷尺寸特性值;X_1 为经出厂检验测试后,$X \geq x^{\circ}$ 尺寸的缺陷被剔除后所截断的缺陷尺寸特性值;X_2 为投入使用后保修时长 w 内缺陷增长后的尺寸特性值;X_3 为老炼期间 b 内缺陷增长后的尺寸特性值;X_4 为经老炼测试大小满足 $X_4 < x^{\circ}$ 截断的缺陷尺寸特性值;X_5 为投入使用后保修时长 w 内缺陷增长后的尺寸特性值。

为方便研究,基本假设如下:

(1) 电子器件不可修;

(2) 保修政策为保修期内免费更换保修;

(3) 器件的老炼环境与正常外场使用环境近似一致;

(4) 老炼试验不会诱发出其他任何新的故障模式;

(5) 器件性能退化所带来的品牌损失不予考虑;

(6) 电子元器件的产品质量特征界定为缺陷的尺寸大小,属于望小型特性;

(7) 制造缺陷尺寸大于某一特定关键尺寸 x°时,认为器件失效;

(8) 单位器件的缺陷密度选用负二项分布加以刻画。

2. Type-I 型致命性制造缺陷相关的良品率损失模型

伴随器件的制造过程,缺陷呈现大小不同的尺寸特征,使得 Type-I 型致命性与 Type-II 型非致命性制造缺陷的判定及更多关联关系的挖掘,依托于更具统计意义的缺陷尺寸分布加以展开。这里,采用文献中广为使用的缺陷尺寸特征分布 $s_0(x)$ 如下:

$$s_0(x)=\begin{cases}\dfrac{x}{x^{*2}} & (0<x\leqslant x^{*})\\[2ex] \dfrac{x^{*2}}{x^{3}} & (x^{*}<x<\infty)\end{cases} \tag{4.53}$$

式中:x^{*} 指缺陷尺寸分布中具有明显集中趋势点的数值,代表缺陷尺寸的一般水平,可称为大众尺寸,可参见图 4-23。容易判断的是,与制造缺陷的关键尺寸 x°相比,大众尺寸 x^{*} 小于关键尺寸 x°,而后者是判定缺陷类别及效应程度的重要参照。故而,基于既定的缺陷尺寸特征分布 $s_0(x)$,经出厂测试检验,因缺陷尺寸过大超出关键尺寸 x°导致器件失效的概率 p_1可由下式确定:

$$\begin{aligned} p_1 &= \Pr(x > x^{\circ} \mid s_0(x)) \\ &= \int_{x^{0}}^{\infty} \frac{x^{*2}}{x^{3}}\mathrm{d}x = \frac{1}{2}\left(\frac{x^{*}}{x^{\circ}}\right)^{2} \end{aligned} \tag{4.54}$$

设 c_0为单位器件的销售价格,电子器件经电性能测试和功能性测试的出厂检验后,受致命性缺陷效应的影响,电子器件判为不合格的出厂良品率损失费用为

$$Y_0=c_0 * [1-(1-p_1)^{Np_1}] \tag{4.55}$$

式中:N 指单位电子器件包含的制造缺陷数目,可用文献中经典的融合了缺陷聚集效应的负二项分布定义的缺陷密度分布进行刻画,即

$$\begin{aligned} \Pr(N=n) &= \int_0^{\infty} \frac{\mathrm{e}^{-\Lambda}\Lambda^{n}}{n!}\,\frac{1}{\Gamma(\alpha)\gamma^{\alpha}}\Lambda^{\alpha-1}\mathrm{e}^{\frac{-\Lambda}{\gamma}}\mathrm{d}\Lambda \\ &= \frac{(n+\alpha-1)!}{n!\ (\alpha-1)!}\left(\frac{\dfrac{\lambda}{\alpha}}{1+\dfrac{\lambda}{\alpha}}\right)^{n}\left(1+\frac{\lambda}{\alpha}\right)^{\alpha} \end{aligned} \tag{4.56}$$

这里，$\lambda=\alpha\gamma$。α 为缺陷聚集效应因子，取值范围为 0.5~5，且 α 取值越小，对应的聚集效应越大。相应地，N 的期望值 $E(N)=\sum_{0} n*\Pr(N=n)$。

由于出厂检验的测试剔除了超出关键尺寸 x° 的致命性缺陷，初始缺陷尺寸特征分布 $s_0(x)$ 发生变化，精炼为截断的尺寸分布 $s_1(x)$，其缺陷尺寸大小符合 $x_1\leqslant x^{\circ}$，由以下分布确定：

$$s_1(x)=\begin{cases}\dfrac{1}{1-p_1}\dfrac{x}{x^{*2}} & (0<x\leqslant x^{*})\\[2ex] \dfrac{1}{1-p_1}\dfrac{x^{*2}}{x^3} & (x^{*}<x\leqslant x^{\circ})\end{cases} \tag{4.57}$$

这里，p_1 即前文所述的经出厂测试（Factory Acceptance Test，FAT）测试缺陷尺寸超过关键尺寸 x° 而导致器件失效的概率估计值。

3. Type-II 型非致命性缺陷相关的保修费用模型

经典浴盆型失效率曲线常被用来描述和量化电子器件的失效分布规律。产品寿命的“早期失效期”阶段中失效率开始时居高，却迅速递减。其递减失效率函数的内在机制往往追溯到制造过程由于原材料、设备、工艺等方面潜在的不良因素而带来的非致命性缺陷严重影响到器件的使用可靠性，在实际应力环境中非致命性缺陷得以激发，造成低寿命产品提前失效。

由于产品可靠性代表了时间轴上产品的质量水平，保修理所当然成为产品营销过程中一个非常重要的因素，企业完善的产品责任制度，即周全的保修政策，带来优良可靠性保证的同时，也带来了生产方的经营费用上涨。

正常的时间应力条件下，假设缺陷尺寸增长规律符合 RULE1：缺陷尺寸按系数 k_1 随当前缺陷尺寸 $x_1(x_1\sim s_1(x))$ 变化，即存在如下关系：

$$\frac{\mathrm{d}x}{\mathrm{d}t}=k_1x_1 \tag{4.58}$$

给定保修时长 w，对应增长后的缺陷尺寸为 $x_2=x_1\mathrm{e}^{k_1w}$。经过 $s_1(x)\xrightarrow[\text{RULE1}]{}s_2(x)$ 的缺陷尺寸增长过程，出厂测试后的截断尺寸分布 $s_1(x)$ 演变为新的尺寸特征分布 $s_2(x)$，具有如下形式：

$$s_2(x)=\begin{cases}\dfrac{1}{1-p_1}\dfrac{x}{\mathrm{e}^{k_1w}(x^{*})^2} & (0<x\leqslant x^{*}\mathrm{e}^{k_1w})\\[2ex] \dfrac{1}{1-p_1}\dfrac{(x^{*})^2(\mathrm{e}^{k_1w})^3}{x^3} & (x^{*}\mathrm{e}^{k_1w}<x\leqslant x^{\circ}\mathrm{e}^{k_1w})\end{cases} \tag{4.59}$$

此时，因非致命性缺陷或可靠性缺陷尺寸的增长超出关键尺寸 x°，导致器件失效的概率 p_2 推导过程如下。

对于 $w<\dfrac{\ln x^{\circ}-\ln x^{*}}{k_1}$，$p_2$可表示为

$$\begin{aligned} p_2 &= \Pr(x_2 > x^{\circ} \mid s_2(x)) \\ &= \int_{x^{\circ}}^{x^{\circ}e_{k_1}^{w}} \frac{1}{1-p_1} \frac{(x^*)^2(e^{k_1 w})^3}{x^3} dx \end{aligned} \tag{4.60}$$

对于 $w \geqslant \dfrac{\ln x^{\circ}-\ln x^{*}}{k_1}$，$p_2$可表示为

$$\begin{aligned} p_2 &= \Pr(x_2 > x^{\circ} \mid s_2(x)) \\ &= \int_{x^{\circ}}^{x^{*}e^{k_1 w}} \frac{1}{1-p_1} \frac{x}{e^{k_1 w}(x^*)^2} dx + \int_{x^{*}e^{k_1 w}}^{x^{\circ}e^{k_1 w}} \frac{1}{1-p_1} \frac{(x^*)^2(e^{k_1 w})^3}{x^3} dx \end{aligned} \tag{4.61}$$

设 c_1为器件在保修周期 w 内的单位失效成本。受非致命性缺陷尺寸增长的影响，使用保修期内的保修费用为

$$W_0 = c_1 \cdot [1-(1-p_2)^{(1-p_1)Np_2}] \tag{4.62}$$

这里，p_2即前文所述的经 RULE1 型增长缺陷尺寸超过关键尺寸 x°，导致器件失效的概率估计值，$(1-p_1)Np_2$对应的是经阶段 I 截断后并在保修时长内作用的致命性缺陷剩余数目。

综上，制造过程质量偏差损失可集成 Type-I 和 Type-II 两类制造缺陷的偏差损失加以综合考量和分析。

设 L_0为单位器件的质量偏差损失，由于本书从制造过程质量波动的隐性损失出发，将定义制造质量偏差损失为由质量波动导致的制造缺陷对生产成本带来的额外费用，同时考虑不同尺寸缺陷的效应，L_0应包括出厂测试不合格器件的良品率损失费用 Y_0和特定保修策略下合格器件的保修费用 W_0，即有

$$\begin{aligned} L_0 &= Y_0 + W_0 \\ &= c_0 \cdot [1-(1-p_1)^{Np_1}] + c_1 \cdot [1-(1-p_2)^{(1-p_1)Np_2}] \end{aligned} \tag{4.63}$$

4.2.2.2 老炼效应下隐性质量偏差损失模型动态特征模拟

如图 4-23 所示，阶段 II 中的尺寸演化模式被分为不同的两类，分别对应增长后的尺寸 X_2和 X_3。这里，受老炼效应对缺陷尺寸非同寻常的激发效应，尺寸 X_3将明显区别于 X_2，更易引发器件的早期失效。鉴于 4.3.1 节中尺寸相关的 Type-I 和 Type-II 型缺陷的偏差效应对隐性质量偏差损失的直接调控作用，缺陷尺寸的演变模式极大程度影响了实际质量偏差损失的大小。因此，基于缺陷演变过程，展开老炼效应下隐性质量偏差损失模型动态特征的分析意义重大。

老炼测试的引进和展开，势必带来固定的老炼环境准备费用 c_2。同时，老炼试验主要针对小尺寸特征非致命性缺陷进行激发。在一定的缺陷密度分布，一定的缺陷尺寸分布和一定的缺陷尺寸增长规律下，小尺寸特征非致命性缺陷进行时长

为老炼时长 b 的成长演变，当缺陷尺寸增长到超过关键尺寸 x°，由致命性缺陷的缺陷效应可知，器件将因缺陷尺寸的增长而诱发失效，导致老炼试验费用增加的同时，还必须承担老炼时长内相关的失效费用 W_b。

1. 老炼成本增加模型

假设老炼时长 b 内缺陷尺寸增长规律符合 RULE2：缺陷尺寸按系数 k_2 随当前缺陷尺寸 $x_1(x_1 \sim s_1(x))$ 变化，即存在如下关系：

$$\frac{\mathrm{d}x}{\mathrm{d}t}=k_2 x_1 \tag{4.64}$$

给定老炼时长 b，对应地增长后的缺陷尺寸为 $x_3=x\mathrm{e}^{k_2 b}$。经过 $s_1(x)\xrightarrow[\text{RULE2}]{} s_3(x)$ 的缺陷尺寸增长过程，出厂测试后的截断尺寸分布 $s_1(x)$ 演变为新的尺寸特征分布 $s_3(x)$，具有如下形式：

$$s_3(x)=\begin{cases}\dfrac{1}{1-p_1}\dfrac{x}{\mathrm{e}^{k_2 b}(x^*)^2} & (0<x\leqslant x^*\mathrm{e}^{k_2 b})\\[2ex] \dfrac{1}{1-p_1}\dfrac{(x^*)^2(\mathrm{e}^{k_2 b})^3}{x^3} & (x^*\mathrm{e}^{k_2 b}<x\leqslant x^{\circ}\mathrm{e}^{k_2 b})\end{cases} \tag{4.65}$$

老炼试验环境下，非致命性缺陷或可靠性缺陷尺寸的增长超出关键尺寸 x° 导致器件失效的概率 p_3 的推导过程如下：

对于阈值尺寸 x° 满足关系式 $x^{\circ}>x^*\mathrm{e}^{k_2 b}$，即 $b<\dfrac{\ln x^{\circ}-\ln x^*}{k_2}$ 时，对应尺寸 $s_3(x)$ 的第二段分布函数，p_3 可表示为

$$\begin{aligned} p_3 &= \Pr(x_3 > x^{\circ} \mid s_3(x)) \\ &= \int_{x^{\circ}}^{x^{\circ}\mathrm{e}^{k_2 b}} \frac{1}{1-p_1}\frac{(x^*)^2(\mathrm{e}^{k_2 b})^3}{x^3}\mathrm{d}x \end{aligned} \tag{4.66}$$

对于阈值尺寸 x° 满足关系式 $x^{\circ}\leqslant x^*\mathrm{e}^{k_2 b}$，即 $b\geqslant\dfrac{\ln x^{\circ}-\ln x^*}{k_2}$ 时，对应尺寸 $s_3(x)$ 的第一段分布函数，p_3 可表示为

$$\begin{aligned} p_3 &= \Pr(x_3 > x^{\circ} \mid s_3(x)) \\ &= \int_{x^{\circ}}^{x^{\circ}\mathrm{e}^{k_2 b}} \frac{1}{1-p_1}\frac{x}{\mathrm{e}^{k_2 b}(x^*)^2}\mathrm{d}x + \int_{x^*\mathrm{e}^{k_2 b}}^{x^{\circ}\mathrm{e}^{k_2 b}} \frac{1}{1-p_1}\frac{(x^*)^2(\mathrm{e}^{k_2 b})^3}{x^3}\mathrm{d}x \end{aligned} \tag{4.67}$$

设 c_3 为时间相关的单位时间老炼成本，c_4 为单位器件在老炼时长 b 内的失效成本。则老炼时长 b 内累积的老炼相关费用为

$$C_b=c_2+c_3\cdot b \tag{4.68}$$

此外，老炼时长内相关的失效费用为

$$W_b = c_4 \cdot [1-(1-p_3)^{(1-p_1)Np_3}] \tag{4.69}$$

这里,p_3表示的是增长后的非致命性缺陷或可靠性缺陷尺寸超出关键尺寸 x°并导致器件失效的概率,$(1-p_1)Np_3$代表经阶段 I 截断后并在老炼时长内作用的致命缺陷剩余数目。

2. 保修费用变化模型

电子器件经合理而有效的老炼试验筛选之后,在温度应力、电应力、机械应力或者一些应力的组合环境下,实现含制造缺陷而易提前失效的低寿命产品在交付给使用方之前可被剔除出去,有效确保了用户的使用体验。进而,通过老炼筛选合格的电子器件投入保修期为 w 的使用过程中。由于老炼试验的测试剔除了非致命性缺陷中尺寸增长而超出关键尺寸 x°的部分缺陷样本,老炼缺陷尺寸特征分布 $s_3(x)$ 发生变化,精炼为截断的尺寸分布 $s_4(x)$,其缺陷尺寸大小符合 $x_4 \leqslant x^\circ$,由以下分布确定:

$$s_4(x) = \begin{cases} \dfrac{1}{1-p_3} \dfrac{1}{1-p_1} \dfrac{x}{e^{k_2 b}(x^*)^2} & (0 < x \leqslant x^* e^{k_2 b}) \\ \dfrac{1}{1-p_3} \dfrac{1}{1-p_1} \dfrac{(x^*)^2 (e^{k_2 b})^3}{x^3} & (x^* e^{k_2 b} < x \leqslant x^\circ) \end{cases} \tag{4.70}$$

老炼试验后,电子器件缺陷尺寸特征分布更新为截断的分布 $s_4(x)$,此时小尺寸的非致命性缺陷的数目为$(1-p_1)N(1-p_3)$。其中,p_1和 p_3即前文所推导的参数,k_2为 RULE2 型增长模式下的比例系数。

正常的使用应力条件下,可知缺陷尺寸增长规律符合 RULE1,即缺陷尺寸按系数 k_1随当前缺陷尺寸 $x_4(x_4 \sim s_4(x))$变化,即存在如下关系:

$$\frac{dx}{dt} = k_1 x_4 \tag{4.71}$$

给定保修时长 w,对应增长后的缺陷尺寸 x_5为 $x_5 = x_4 e^{k_1 w}$。然而,基于分段尺寸 $s_4(x)$的分布,伴随着缺陷尺寸 x_5的增长,分解点处 $x^* e^{k_2 b}$对应的 $x^* e^{k_2 b + k_1 w}$和上限 x°对应的 $x^\circ e^{k_1 w}$大小关系并不明确。故而,经过 $s_4(x) \xrightarrow[\text{RULE1}]{} s_5(x)$ 的缺陷尺寸增长过程,老炼测试后的截断尺寸分布 $s_4(x)$增长演变为新的尺寸特征分布 $s_5(x)$,具有如下表达式:

$$s_5(x) = \begin{cases} \dfrac{1}{1-p_3} \dfrac{1}{1-p_1} \dfrac{x}{e^{k_2 b + k_1 w}(x^*)^2} & (0 < x \leqslant \min(x^* e^{k_2 b + k_1 w}, x^\circ e^{k_1 w})) \\ \dfrac{1}{1-p_3} \dfrac{1}{1-p_1} \dfrac{(x^*)^2 (e^{k_2 b + k_1 w})^3}{x_3} & (\min(x^* e^{k_2 b + k_1 w}, x^\circ e^{k_1 w}) < x \leqslant x^\circ e^{k_1 w}) \end{cases} \tag{4.72}$$

考虑到器件外场的实际使用，最终的缺陷尺寸分布 $s_5(x)$ 常被用来判断制造缺陷对早期器件失效发生的影响作用。只有基于当前完整并清晰的尺寸分布 $s_5(x)$，由于非致命性缺陷或可靠性缺陷尺寸的增长超出关键尺寸 x° 导致器件失效的概率 p_4 的推导才能加以开展。

当 $x^* e^{k_2b+k_1w}$ 和 $x^\circ e^{k_1w}$ 存在大小关系 $x^\circ e^{k_1w} \leqslant x^* e^{k_2b+k_1w}$，即老炼时长 $b \geqslant \frac{\ln x^\circ - \ln x^*}{k_2}$ 时，尺寸分布 $s_5(x)$ 中对应 $\min(x^* e^{k_2b+k_1w}, x^\circ e^{k_1w}) = x^\circ e^{k_1w}$，此时 $x_5 = x^\circ e^{k_1w}$ 存在矛盾且 $s_5(x)$ 并不具备广义的统计分布内涵用于估算概率 $p_4 = \Pr(x_5 > x^\circ \mid s_5(x))$。故此种情况不予考虑。

另一方面，当 $x^* e^{k_2b+k_1w}$ 和 $x^\circ e^{k_1w}$ 存在大小关系 $x^\circ e^{k_1w} > x^* e^{k_2b+k_1w}$，即老炼时长满足 $b < \frac{\ln x^\circ - \ln x^*}{k_2}$ 时，尺寸分布 $s_5(x)$ 中 $\min(x^* e^{k_2b+k_1w}, x^\circ e^{k_1w}) = x^* e^{k_2b+k_1w}$ 并具有如下表达式：

$$s_5(x) = \begin{cases} \dfrac{1}{1-p_3} \dfrac{1}{1-p_1} \dfrac{x}{e^{k_2b+k_1w}(x^*)^2} & (0 < x \leqslant x^* e^{k_2b+k_1w}) \\ \dfrac{1}{1-p_3} \dfrac{1}{1-p_1} \dfrac{(x^*)^2 (e^{k_2b+k_1w})^3}{x^3} & (x^* e^{k_2b+k_1w} < x \leqslant x^\circ e^{k_1w}) \end{cases} \tag{4.73}$$

这样，尺寸 $s_5(x)$ 的分布被最终确定，概率 $p_4 = \Pr(x_5 > x^\circ \mid s_5(x))$ 的推导便可因此展开。然而，同样的模糊关系存在于阈值尺寸 x° 在区间 $(0, x^* e^{k_2b+k_1w})$ 或 $(x^* e^{k_2b+k_1w}, x^\circ e^{k_1w})$ 的具体位置，并需要进一步展开分类讨论。

当 x° 位于区间 $(x^* e^{k_2b+k_1w}, x^\circ e^{k_1w})$，即 $x^* e^{k_2b+k_1w} < x^\circ \leqslant x^\circ e^{k_1w}$ 时，$\Pr(x_5 > x^\circ \mid s_5(x))$ 的讨论面向尺寸分布 $s_5(x)$ 的第二部分函数。此时，保修时长满足大小关系 $w < \frac{\ln x^\circ - \ln x^* - k_2 b}{k_1}$，并对应概率 p_4 的表达式为

$$p_4 = \Pr(x_5 > x^\circ \mid s_5(x)) = \int_{x^\circ}^{x^\circ e^{k_1w}} \frac{1}{1-p_3} \frac{1}{1-p_1} \frac{(x^*)^2 (e^{k_2b+k_1w})^3}{x^3} dx \tag{4.74}$$

相反地，当 x° 位于区间 $0 < x^\circ < x^* e^{k_2b+k_1w}$ 时，$\Pr(x_5 > x^\circ \mid s_5(x))$ 的讨论面向尺寸分布 $s_5(x)$ 的第一部分函数。此时，保修时长满足大小关系 $w \geqslant \frac{\ln x^\circ - \ln x^* - k_2 b}{k_1}$，并对应概率 p_4 的表达式为

$$\begin{aligned} p_4 &= \Pr(x_5 > x^\circ \mid s_5(x)) \\ &= \int_{x^\circ}^{x^* e^{k_2b+k_1w}} \frac{1}{1-p_3} \frac{1}{1-p_1} \frac{x}{e^{k_2b+k_1w}(x^*)^2} dx + \end{aligned}$$

$$\int_{x^* e^{k_2 b+k_1 w}}^{x^\circ e^{k_1 w}} \frac{1}{1-p_3} \frac{1}{1-p_1} \frac{(x^*)^2 (e^{k_2 b+k_1 w})^3}{x^3} dx \tag{4.75}$$

据此,使用保修周期内因老炼试验激励而生的失效导致的保修型费用为

$$W_1 = c_1 \cdot [1-(1-p_4)^{(1-p_1)N(1-p_3)p_4}] \tag{4.76}$$

这里,p_4表示的是使用保修期内增长后的非致命性缺陷或可靠性缺陷尺寸超出关键尺寸 x°导致器件失效的概率,$(1-p_1)N(1-p_3)p_4$表示经阶段 I 和阶段 III 二次截尾后仍在使用保修期内作用的致命性缺陷的数目。

基于以上分析和讨论,设 L_1 为老炼试验计划下单位器件的质量偏差损失,则 L_1具有如下表达式:

$$\begin{aligned} L_1 &= Y_0+W_1+W_b \\ &= c_0 \cdot [1-(1-p_1)^{Np_1}]+ \\ &\quad c_1 \cdot [1-(1-p_4)^{(1-p_1)N(1-p_3)p_4}]+ \\ &\quad c_4 \cdot [1-(1-p_3)^{(1-p_1)Np_3}] \end{aligned} \tag{4.77}$$

4.2.2.3 考虑隐性质量偏差损失的最优老炼时间的确定

最优老炼时间的分析往往基于特定的老炼准则,如从使用方角度期望老炼后的产品具有一定水准的可靠性,包括了最大化的平均剩余寿命,最小化的任务失效率及预定的使用可靠度等;而从生产方角度控制过程偏差损失达到最小化的质量成本更成为其开展最优老炼的首要准则。本书立足于器件生产方,通过衡量增加的老炼费用 Δ_1与减少的质量偏差损失 Δ_2,从经济性角度衡量最优老炼时间的确定。

具体地,考虑对电子器件进行老炼筛选时,增加的老炼费用 Δ_1包含了如下两个部分:固定的老炼试验环境准备费用 c_2,时间相关的老炼试验费用 $c_3 \cdot b$,即为老炼时长内的老炼费用 C_b,可知

$$\Delta_1 = C_b = c_2+c_3 \cdot b \tag{4.78}$$

同时,基于老炼试验计划下单位器件的质量偏差损失 L_1及正常环境下单位器件的质量差损失 L_0可衡量出减少的质量偏差损失为 $\Delta_2 = L_0-L_1$。

进而,以老炼时间 b 为自变量,建立成本控制导向的最优老炼分析的目标函数 $g(b)$如下:

$$\begin{aligned} g(b) &= \Delta_2-\Delta_1 = (L_0-L_1)-C_b \\ &= W_0-W_1-W_b-(c_2+c_3 \cdot b) \\ &= c_1 \cdot [1-(1-p_2)^{(1-p_1)Np_2}]- \\ &\quad c_1 \cdot [1-(1-p_4)^{(1-p_1)N(1-p_3)p_4}]- \\ &\quad c_4 \cdot [1-(1-p_3)^{(1-p_1)Np_3}]-(c_2+c_3 \cdot b) \end{aligned} \tag{4.79}$$

式中:c_1、c_2、c_3和 c_4即前文所述的四大基本成本因子:单位器件的外场使用失效成本、固定老炼准备成本、单位时间单位器件的老炼费用成本及单位器件老炼失效成

本;p_1、p_2、p_3和 p_4分别对应前文缺陷尺寸四阶段演变过程中因尺寸过大超过阈值尺寸而导致器件失效的概率;进一步地,表达式$(1-p_1)Np_2$、$(1-p_1)Np_3$和$(1-p_1)N(1-p_3)p_4$分别表示尺寸四阶段演变过程中经截断后剩余致命性缺陷的数目。

理论上,$g(b)\geqslant 0$,开展老炼测试才是有意义的。进而,从经济性角度考虑,最优老炼时间可通过求解下式确定:

$$\frac{\partial g(b)}{\partial b}=\frac{\partial[(L_0-L_1)-C_b]}{\partial b}=0 \tag{4.80}$$

特别地,通过对离散型 $g(b)$ 的二次拟合可将 $g(b)$ 近似转化为某一连续性分布,进而可求解最优老炼时长 b^* 和其对应的老炼收益 $g(b^*)$,为更客观经济而合理的老炼试验时长的设定提供切实指导。

4.2.2.4　算例分析

根据售后维修部门实际采集所得的故障数据可统计出某型号控制板主要早期故障模式实例图,如图 4-24 所示。

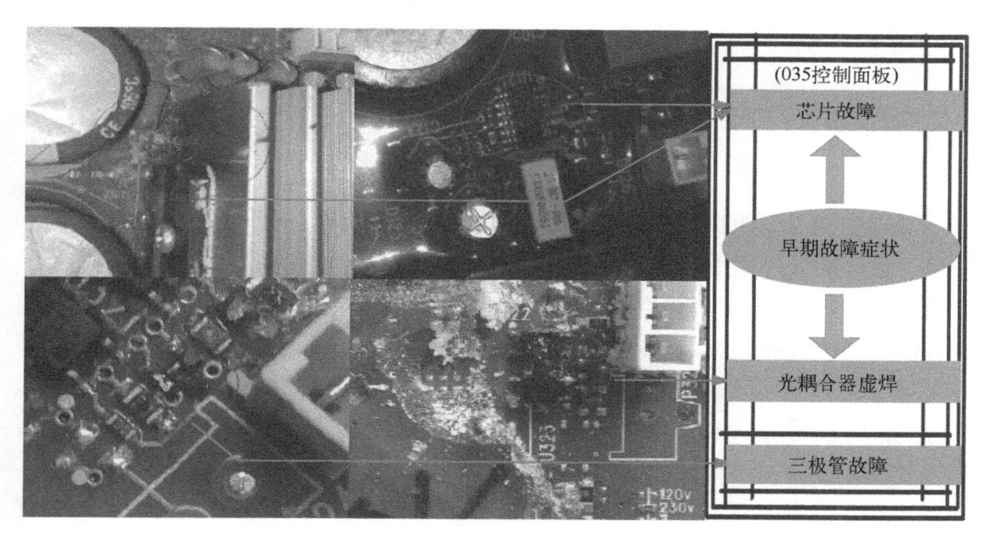

图 4-24　某型号控制板主要早期故障实例图

从故障表现模式讲,上图中,控制板芯片的击穿或三极管安插的错位即可直接导致供电失调或三极管自身的烧毁,引发控制板的早期故障;而光耦元件的虚焊等虽在发出显性故障警报前仍可维持系统的运转,却时刻存在不工作的隐患。老炼试验的开展为降低居高不下的早期故障率提供了技术支撑。

现阶段,大量关于老炼试验时间优化的研究思路大多为基于各种约束准则,展开“事”(故障)后故障模式与影响分析,以及面向反馈式维修指导的最优老炼建模与分析。追溯产品高频次早期故障发生的根本原因,可发现来自制造过程中不可避免的质量波动对符合型关键特性的形成具有不可逆反的作用，而关键特性对于目标值的偏差最终决定了程度不一的制造缺陷的存在。图 4-25 中给出了该型号控制板的多工位制造工艺流程，同时虚线标注的节点被认为是保证产品稳定性和质量的关键步骤。

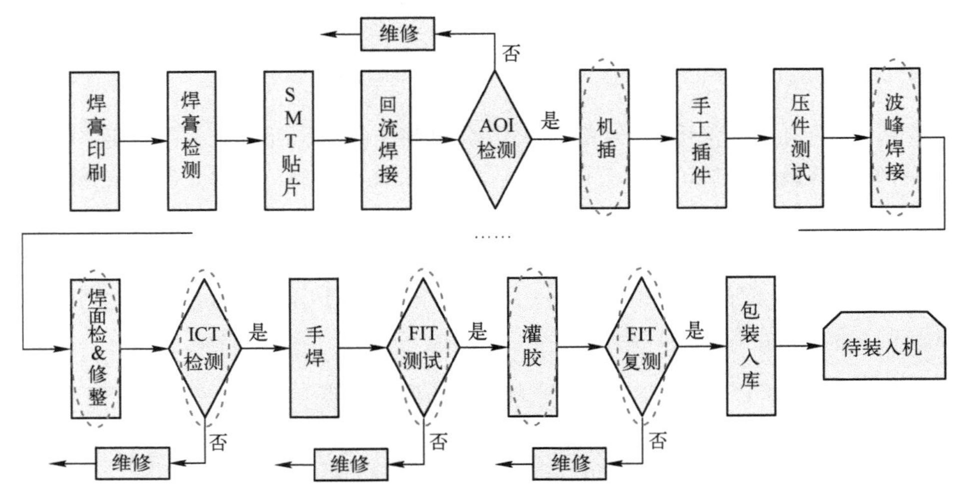

图 4-25　某型号控制板的多工位制造工艺流程

实际生产中，即便是如图 4-25 所示控制板工艺过程已经设置了多个检测站和测试点，源自制造过程中人员误差、机器退化、材料缺陷、方法不当、环境不适及测量误差的众多不确定因素仍会导致关键特性产生波动与偏差，并最终带来显性或隐性的制造缺陷，极大影响了制造过程质量与使用初期产品的可靠性。可见，控制板制造工艺流程中可采集的诸多质量偏差信息将是开展最优老炼分析宝贵的先验数据。因此，本书将从成本角度充分关注制造过程质量偏差相关的隐形损失，并将其作为老炼优化过程新的约束条件展开如下应用。

表 4-28 给出了产品寿命周期各阶段的基本成本费用和制造缺陷相关的关键参数，以进一步支撑老炼测试的建模与优化的开展。

表 4-28　某型号控制板预设的基本数据清单

符号	描　述	参考值
c_0	器件出厂测试失效成本	850
c_1	单位器件使用失效成本	2000
c_2	固定的老炼试验环境准备费用	18
c_3	时间相关的单位时间老炼成本	5
c_4	单位器件在老炼时长 b 内的失效成本	60

（续）

符号	描　　述	参考值
x°	关键缺陷阈值尺寸（纳米）	450
x^{*}	中位缺陷尺寸（纳米）	220
k_1	正常时间应力下缺陷尺寸增长速率相关的比例系数/小时	2.5E-05
k_2	老炼时间应力下缺陷尺寸增长速率相关的比例系数/小时	0.01

产品寿命周期内，给定老炼时长 b 和保修时长 w，老炼效应下制造缺陷尺寸 x 的变化可精炼为典型的四阶段演变，具体如图 4-26 所示。

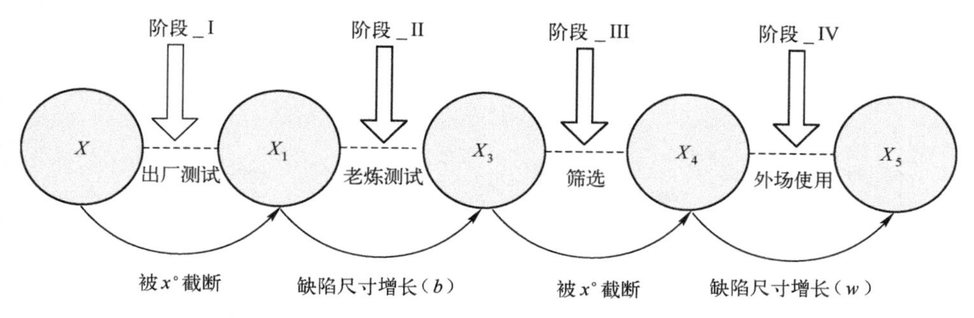

图 4-26　老炼效应下缺陷尺寸的四阶段演变过程

上图中，阶段 I 和阶段 II 主要监测并描述最初缺陷尺寸 x 经过产品出厂测试环节阈值 x°的截断，时长为 b 的老炼试验的缺陷尺寸加速增长后尺寸 x_1 和 x_3 的状态变化。同时，基于表 4-28 所列的预设数据并借助 MATLAB 编程，阶段 II 末增长后的尺寸 x_3 在不同老炼时长下如 $b=48\text{h}$ 及 $b=60\text{h}$ 具有不同的形态特征，如图 4-27 所示。

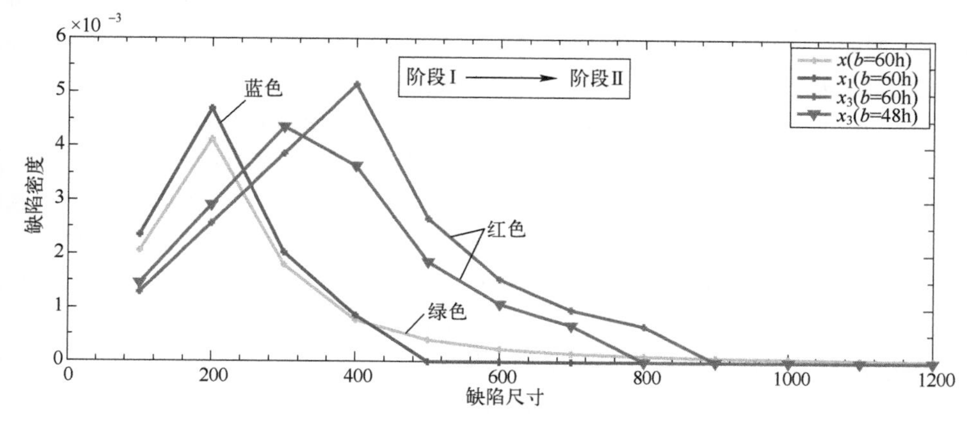

图 4-27　阶段 I-阶段 II 过程不同老炼时长下尺寸 x_3 的演变特征

上图中，绿色线标注的最初缺陷尺寸 x 因尺寸超过阈值 x°被截断为蓝色线标注的尺寸 $x_1(\leqslant x^{\circ}=450)$，对应更高更集中的缺陷密度。进一步地，红色线标注的增长后的 x_3在更长老炼时长 $b=60$h 环境下，对应更高缺陷密度的更大尺寸，而更大的缺陷尺寸将更易带来致命性的缺陷而导致早期故障。

同样地，不同老炼时长下阶段 III 和阶段 IV 中筛选截断后的尺寸 x_4 及使用条件下增长后的尺寸 x_5的演变特征如图 4-28 所示。

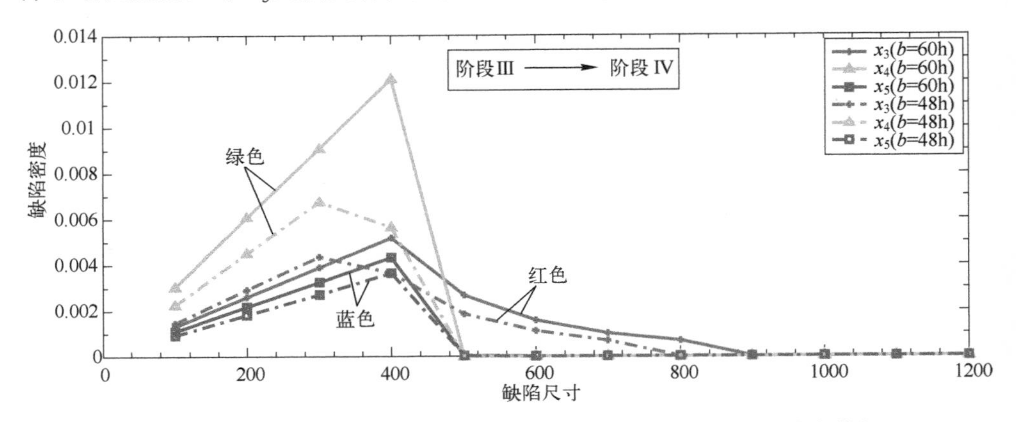

图 4-28　阶段 III-阶段 IV 过程不同老炼时长下尺寸 x_4及 x_5的演变特征

图 4-28 中，实线标注的较长老炼时间 $b=60$h 下的缺陷尺寸较虚线标注的 $b=48$h 在大小分布上位于更靠右的位置，此处的缺陷密度取值更高，因而对应更大程度上的早期失效风险。而红色标注的老炼过程缺陷尺寸 x_3的增长特征明显高于使用过程缺陷尺寸 x_5 的增长特征，进一步表明了老炼环境较普通使用应力环境对于缺陷尺寸的增长有更强的激励作用。

由于缺陷的聚集效应同时作用于 Type-I 型致命性缺陷相关的良品率损失和 Type-II 型非致命性缺陷相关的保修成本，而本书定义的隐性质量偏差损失模型 L_1 及 L_0又分别以老炼时长 b 及保修时长 w 为自变量，进而，综合考虑不同强弱的缺陷聚集效应 α，可分别展开不同水平的老炼时长 b 下隐性质量损失模型 L_1及不同长短的保修时长 w 下 L_0变化特性的动态模拟与分析，如图 4-29 所示。

图 4-29 中，质量损失 L_1 及 L_0受到不同水平缺陷聚集效应 α 的作用，并分别表现出在较长老炼时间 b 及较长保修时长 w 部分具有显著性的差异。同时表明缺陷聚集效应越小，即缺陷聚集因子 α 取值越大，质量损失 L_1 及 L_0 反而会高于取值较小的缺陷聚集因子 α 对应的质量损失，进一步论证了缺陷聚集效应的监控在定量化制造过程实际隐性质量偏差损失中的必要性。

针对前述分析及结论，并基于本书所提的目标函数 $g(b)=(L_0-L_1)-C_b$，可最终开展考虑不同保修时长 w 作用的最优老炼时间的深入探析。这里，L_0、L_1及 C_b的

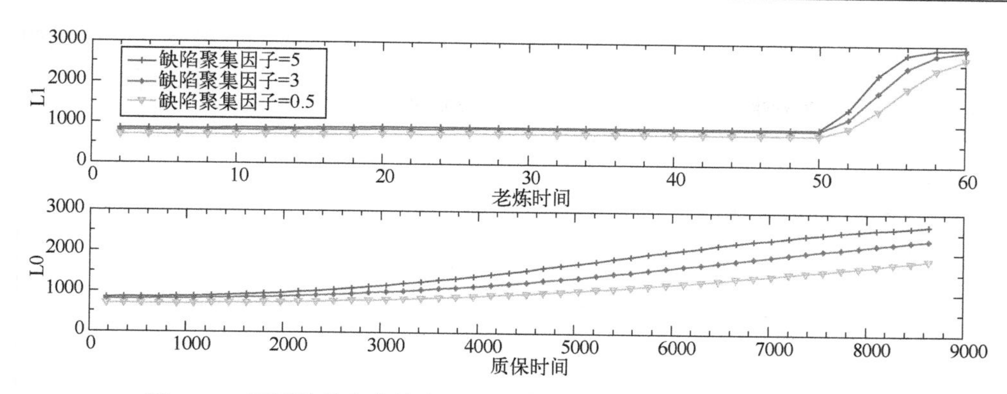

图 4-29　不同缺陷聚集效应下隐性质量损失 L_1 及 L_0 的动态变化特征

具体表达式分别为

$$L_0=850\times[1-(1-0.1195)^{N\times0.1195}]+2000\times[1-(1-p_2)^{(1-0.1195)Np_2}] \tag{4.81}$$

$$L_1=850\times[1-(1-p_1)^{Np_1}]+2000\times[1-(1-p_4)^{(1-p_1)N(1-p_3)p_4}]+60\times[1-(1-p_3)^{(1-p_1)Np_3}] \tag{4.82}$$

$$C_b=18+5b \tag{4.83}$$

式中：$p_1=0.1195$，其他参数如 N、p_2、p_3 及 p_4 可根据前面章节给出的公式逐一估计，并具有更加复杂的表达结构。

借助于 MATLAB 编程，可展开不同保修时长 ω 下老炼收益 $g(b)$ 动态特性的模拟，如图 4-30 所示。图中，越长的保修时长设置对应越高的老炼收益 $g(b)$，而这种现象仅持续在前 15 个月内。随后 4 个月内，即在第 15 个月至第 19 个月内，不同保修时长 w 下老炼收益 $g(b)$ 的差异并不显著。同时整体看来，老炼收益 $g(b)$ 曲线在老炼时长超过 35h 后迅速下降，并以最长保修时长对应的 $g(b)$ 曲线为最先。

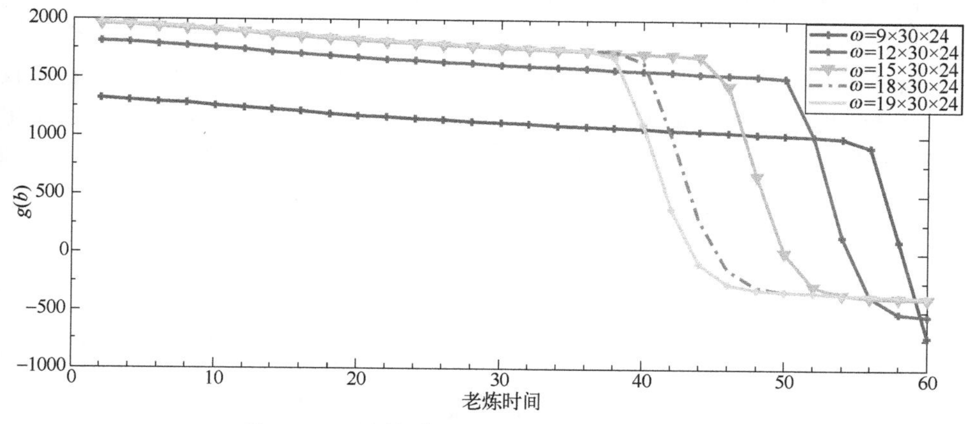

图 4-30　不同保修时长下老炼收益的变化特征

以 $g(b)=Ab^2+Bb+C$ 的形式针对离散的老炼收益 $g(b)$ 展开连续型二次曲线的拟合,可进一步确定不同保修时长下的最优老炼时间 b^* 和对应的老炼收益 $g(b^*)$,见表 4-29 所列。

表 4-29 老炼收益 $g(b)$ 的二次拟合及最优解

参数	ω				
	$\omega=9\times30\times24$	$\omega=12\times30\times24$	$\omega=15\times30\times24$	$\omega=18\times30\times24$	$\omega=19\times30\times24$
A	-0.56972	-1.3157	-1.539	-1.3408	-1.2017
B	21.115	53.482	56.057	35.399	24.63
C	1101.3	1363.9	1541.4	1772.1	1872.8
残差	1418.2	1772.2	1626.1	1758.9	1860.2
b^*	18.53	20.32	**18.21**	13.2	10.25
$g(b^*)$	1296.94	1907.4	**2051.86**	2005.75	1999

对比表 4-29 中老炼收益 $g(b^*)$ 的取值可知,保修时长固定在 $w=15\times30\times24$ 小时具有最大的老炼收益,同时对应长短适中的老炼时间。针对本书算例所涉及的控制板,表中可给出最优的老炼时长 $b^*=18.21$,相关的老炼收益对应为 $g(b^*)=2051.86$。

数学特征上,表中老炼收益 $g(b^*)$ 在最优时长 $b^*=18.21$ 左右表现出不同的特点。特别地,即便是在 $b^*=18.21$ 左侧老炼收益 $g(b^*)$ 随老炼时间的增加而变大,$g(b^*)$ 仍会在较短的老炼时长 b^* 下具有更高的取值。

总体上,算例部分在考虑了 Type-I 型和 Type-II 型制造缺陷相关的偏差及成本效应的基础上,融入缺陷的尺寸增长因素,对老炼环境下隐性质量偏差损失模型的动态特征进行了模拟。在给出了不同老炼时长 b 下缺陷尺寸的四阶段演变过程后,分别对不同缺陷聚集效应 α 下的质量损失 L_1 和 L_0 进行了动态监控,并得出结论缺陷聚集因子是准确评估隐性质量偏差损失不可缺少的关键参数。进而,比较不同保修时长 w 下的老炼收益 $g(b)$,并进行老炼收益 $g(b)$ 的二次拟合后,确定出了所提控制板老炼测试相关的最优解。同时,书中针对实际制造和可靠性的管理决策给出产品实际保修政策设定和产品计划的相关建议。

4.3 制造 FRACAS 技术

FRACAS 是故障报告、分析和纠正措施系统(Failure reporting, analysis and corrective action system)[19],该系统利用“信息反馈,闭环控制”的原理,通过一套规范化的程序,使发生的产品故障能得到及时的报告和纠正,从而实现产品可靠性的增长，达到对产品可靠性和维修性的预期要求，防止故障再现，对产品研制和生产制造阶段发生的故障进行严格的“归零”管理。FRACAS 亦称为“故障信息闭环管理系统”。闭环 FRACAS 的实质在于准确地报告产品的故障，通过深入分析故障原因，及时确定并实施纠正措施，防止故障再现。FRACAS 与 FMECA 和 FTA 不同，该闭环系统是以实际发生的故障为研究对象，分析故障发生的原因，采取纠正措施，达到防止故障再现的目的。然而制造过程涵盖了加工、装配和检测等过程，人、机、料、法、环、测(5M1E)等方面的波动在制造过程的各环节传递和累积引起制造质量的偏差，是影响产品可靠性水平的重要阶段，制造 FRACAS 技术是针对制造过程中的质量问题为研究对象，分析造成最终产品故障的原因，及时采取纠正措施规避制造过程中的薄弱环节，以防故障重现的技术。如图 4-31 所示为制造 FRACAS 流程，其中故障报告的编写，以及根原因的确定是制造问题的故障报告、分析和纠正措施系统的重要环节。

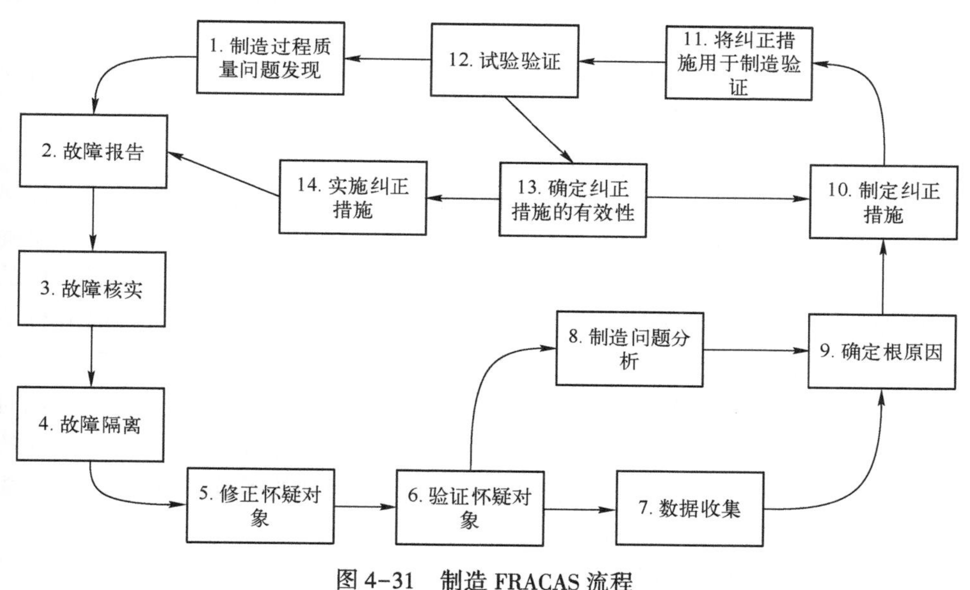

图 4-31　制造 FRACAS 流程

4.3.1　制造问题技术归零技术

技术归零的原则是“故障定位、机理清楚、问题复现、措施有效、举一反三”。管理归零的原则是“过程清楚、责任明确、措施落实、严肃处理、完善规章”[20]。

4.3.1.1　制造问题

产品可靠性萌芽于客户，决定于设计，形成于生产，表现于使用，是质量的时间函数。分析并研究产品寿命轴上的不同区间，在不同波动和不确定性因素的作用下,可总结有不同区间范围内的可靠性内涵。制造阶段是产品可靠性形成的核心环节,作为连接产品设计与产品销售和使用阶段的桥梁,制造过程能力的高低直接影响了设计可靠性意图和要求能否完整地传递至销售和使用过程,并同时决定销售和使用阶段可靠性初始量值的高低。人、机、料、法、环、测等因素的波动在各工位间的传递和累积,导致制造质量的偏差。据统计,近年我国航天产品发生的问题中,设计缺陷和制造缺陷各占 50%;在某航空附件厂的某机械零部件的 55 起失效统计中,制造原因高达 49.1%[21];产品的制造包括原料入场、零件加工、部件装配和出厂总测等过程,通过对外购和自制零部件对象的操作处理从而形成过程的在制品和最终的产出品,因而最终产品的可靠性问题在基于产品维修数据库进行可靠性问题表征后最早可追溯至上游整个供应链体系。

4.3.1.2 制造问题技术归零

制造问题的技术归零是指应对在产品制造中出现的偏差导致的最终产品质量问题,做到以下 5 条标准:

制造问题技术归零有助于从技术上分析导致最终产品质量问题产生的制造环节的原因、机理,并采取纠正措施、预防措施,以避免问题的重现。

1. 故障定位

在既定的设计方案下,由于制造过程的复杂性来自制造过程的质量偏差传递到制造末端输出的被制造产品表现出故障问题,对于制造问题的故障定位,需要确定制造过程质量问题和故障发生的准确部位,通过对结构进行分析,找出各部位的关键参数。然而对于复杂产品的可靠性故障问题排查尤为棘手,故障树分析法(FTA)[22]在产品制造过程中起到了重要的作用。故障树分析法对于故障定位问题,不仅可以分析由单一缺陷带来的系统故障,而且还可以分析两个以上零件同时发生故障才导致系统发生故障的情况,此外还能分析系统组成中除了硬件之外的其他成份如人员因素等。对于控制板的制造过程中遇到的问题,可以通过建立故障树来定位故障部分,其步骤如下:

(1) 广泛收集并分析相关技术资料。比如控制板的结构原理图,理清各个零部件,各个工位及参数的输入输出关系。

(2) 将某一特定故障事件作为故障树的顶事件,利用图形演绎的方法把能引起顶事件发生的一起原因,包括全部硬件、软件、工序和人为因素等,归结为相应逻辑关系的第二排事件,再根据系统中部件的逻辑关系将其与顶事件连接。

(3) 逐层向下分析直至最后一阶的底事件,根据现行故障树确定发生故障的部位。

2. 机理清楚

在问题准确定位后,采取理论分析或试验等手段,确定制造过程质量问题和故障发生的根原因。对于根原因分析需要层层分解原因找出导致故障问题发生的根原因。故障机理的清楚分析有助于应用过程中暴露出薄弱环节，为工艺指明改进的方向，进而为各种试验条件的选择提供有效的参考。

工程实践与经验表明，诱发或导致产品发生故障的直接或间接因素是每次开展失效分析工作的重要内容。查明故障因素是预防下次相似失效发生的最直接参照。即便如此，在既定的设计方案下，大量的被制造产品仍会在接下来的使用中频发同类的故障问题表明：基于之前描述性的故障影响因素如操作不当、管理缺乏、环境欠佳等来规避同类故障的发生并不奏效。如何突破制造过程产品质量问题的直接影响因素，展开对潜在的故障根原因深入分析是根本上实现事前预防制造问题行之有效的唯一途径。

产品形于设计，经过复杂的制造过程，到制造末端输出被制造产品，而产品在使用初期的较短时间内，故障的频发使得质量问题成为企业与顾客亟待规避的诟病。系统来看，早期故障的频发关乎产品全寿命周期的方方面面，包括设计的本源思想，制造的发展问题以及使用的实际应力等。设计阶段的可靠性概念模型决定了早期故障的根本性问题，制造阶段的生产流程验证了早期故障的薄弱环节，而使用阶段的环境应力则诱发了早期故障的表现形式。工程实践表明，在既定的设计方案下，被制造产品的质量问题一部分源于制造过程的偏差传递，此时突破制造过程产品质量问题的故障根原因分析对于制造 FRACAS 来说是不可或缺的一部分。

1）故障分析的步骤

故障分析是根据故障现象和后果调查并确定出故障根原因和故障机理的过程。故障分析的一般步骤：

（1）对被制造产品进行分析，依据其故障的资料（如工艺过程、输入输出参数、验证程序、FMEA 报告、故障报告等）。

其中故障树分析法（FTA）是由果到因的分析方法，它以故障模式影响与后果分析法[22]（Fault Mode Effect and Criticality Analysis，FMECA）为基础，是对系统故障形成的原因采用从整体至局部按树枝状逐渐细化分析的方法。故障树分析法通过分析系统的薄弱环节和完成系统的最优化来实现对机械设备故障的预测和诊断。基于故障树分析的故障诊断技术在实际系统故障诊断中有着广泛的应用，它不失为一种简单可靠而又行之有效的系统故障诊断方法。用故障树对系统进行分析，可以用于分析系统组成中除硬件以外的其他成分，例如，可以考虑人的因素影响。它不仅可以分析由单一缺陷所诱发的系统故障，而且还可以分析当有两个以上的构件同时发生故障时才会发生的系统故障。

（2）针对被制造产品故障现象，分析故障产品的全部制造工艺和历史工艺故障情况，详细记录相关组件和物料信息。

(3) 分析制造过程中可能导致被制造产品发生故障的外部因素(如操作环境及人为因素等)。

(4) 对产生故障的被制造件进行检查或测试。

(5) 依据调查的资源,对被制造产品出现故障问题的原因和故障机理做出假设,并采用试验或者是理论分析的方法进行验证。

这里的理论分析方法可以采用根原因识别体系进行分析研究,目前运用较多的是鱼骨图法、头脑风暴法、故障树分析法等。由于制造过程的复杂性存在众多不受控制的操作因素,被制造产品通常表现出格外高的早期故障率,产品早期故障的根原因的识别已成为制造过程的挑战性问题。基于故障的 FMEA 分析方法通常仅给出定性的结论或推断,如何深入挖掘并系统分析造成产品早期故障的制造过程细节性根原因,以有的放矢解决制造过程根源上的可靠性问题,是工艺人员亟需关注的问题。在传统的数据分析领域,大部分的数据分析者都只能掌握某一领域的相关数据,由于一方面大部分的数据没有进行公开,而公开的少部分数据集也因为数据存储方式的问题而难以被数据分析直接使用;另一方面是因为数据分析能力的限制,导致局限于使用单一类型的数据进行分析,使得对制造过程的分析研究一直没有深入。现在,随着信息技术与网络技术的发展,产品研制与生产过程的质量及可靠性数据的日益积累,伴随着以数据建模及挖掘算法核心的大数据技术,以偏差流、QR 链等为代表的质量与可靠性数据融合等新技术的兴起,产品寿命周期的大量数据更容易获取,那些高维大数据总是带着很多不相关的噪声信息,导致不仅准确性不明显,而且利用当前的小数据驱动的方法使得模型训练时间出现冗余。体现在传统的面向小数据的分析技术不适用于新的大数据环境。常见的数据挖掘分析方法有聚类分析、关联分析、异常分析等。将数据挖掘技术引入故障各阶段的波动因素分析中,为深入量化分析故障根原因提供了新途径。

(6) 依据理论分析和试验结果,总结故障分析结果,完成被制造产品的制造环节故障分析报告。

(7) 提出纠正措施。

(8) 整理资料并及时归档。

2) 故障分析方法

故障分析方法是对制造问题的故障报告进行彻底分析,明确故障的根原因。故障根原因分析一般分为 3 种。

(1) 工程分析。根据工程原理和工程经验,对制造过程中产生的薄弱环节进行分析,可以利用理论分析,故障模拟试验等分解方法以及 FMECA 的分析结果并结合 FTA 明确故障模式。

(2) 失效机理分析。利用观察、测设、理化分析、显微镜观测等方法研究制造过程物料结构、工艺过程可能产生的缺陷并分析导致这种缺陷的机理过程。

(3) 统计分析。利用数理统计的方法对故障累计时间、次数等进行系统整理分析,估算该故障模式的性质和出现的概率。

3) 故障分析报告

故障分析报告是对整个被制造产品故障分析处理过程的总结,是确定和实施纠正措施的依据。一般包括以下内容:

(1) 对被制造产品的历史制造工艺和故障现象进行描述,记录故障特性和故障影响,故障日期或时间,故障分类。

(2) 调查制造过程质量问题并分析其产生过程。

(3) 分析制造过程质量问题原因和机理。

(4) 建议的纠正措施和问题等。

3. 问题复现

完成制造过程质量问题的定位、分析、明确故障机理并找到问题根原因后,为确保问题定位于机理清楚的正确性,根据机理分析结果制定相应的现场试验和跟踪方案,通过跟踪试验等方法重现问题发生过程,需要在保留故障模式、问题部件条件下,模拟制造问题发生的环境条件和使用条件,进行原问题复现;或者利用具有同样问题部件的同类产品调查是否存在同类型问题的发生。只有在相同制造过程质量问题在同一产品中重复出现,或具有相同问题部件的同类产品中也重复出现相同制造过程质量问题,便可以认为是问题已复现,从而可以验证问题定位的准确性和机理分析过程的正确性。

同时,由于制造过程的复杂性,重现制造问题发生时所经历的环境条件也是很关键的,同等的制造环境重现是检验问题定位准确的重要条件。制造问题复现是指在同类型产品在相同制造环境下,出现完全相同的问题症候及根原因。针对问题发生的环境进行问题复现时,需要检验所采用的改进措施是否有效地处理了问题。问题复现用来证实所做的针对性改进方案是否真正解决了问题。它作为质量故障技术归零的一个必要步骤,同时也是制造问题技术归零中必不可少的环节。这里由于问题现象变化不易观测,一般多采用换件比较的方法来检验改进措施的有效性。换件比较法多用于器材储备较多,且难以诊断问题现象的情况。也就是将所定位的故障部位更换为正常状态,如无差错的关键物料,或关键组件。最后通过观察比较制造过程中缺陷部分导致被制造产品出现故障的现象变化,实现问题的诊断复现。

4. 措施有效

对于制造问题的改进措施应从问题根源着手,在定位准确和机理清楚的前提下,制定出切实有效的纠正措施,使得制造过程质量问题得以有效规避,因此,措施的制定优先考虑设计原理是否正确,方案是否先进,然后考虑元器件和部件材料的选用是否合适,最后在前述符合规范的前提下考虑工艺过程的合理可靠性。此外需要进行验证措施的有效性,这里的有效性必须确保在不影响正常系统性能的基础上彻底消除制造过程质量问题或隐患,还需要防止改进措施带来新的问题。因此,在制定改进措施时,试验品需要在故障环境下充分进行试验,原制造过程故障问题彻底消除使得制造末端输出的产品没有类似制造问题或其他新问题的出现,才能证实改进措施的有效性。

5. 举一反三

将发生的制造质量问题的信息及时反馈给本项目、其他项目等,并采取积极有效的改进措施。与此同时,各种问题的改进措施不仅仅局限于被研究的对象,更在具有相同原理和使用相同零部件的产品中进行对比研究,针对一些制造工艺缺陷等操作漏洞问题实施举一反三的预防措施,才能有效地防止问题的重复发生,便于从根本上达到规避制造质量问题重现的目的。

4.3.2 制造问题管理归零技术

针对生产制造过程中出现的质量问题,进行技术归零的同时还要按以下要求做好管理归零工作。

1. 过程清楚

针对问题发生这一现象,需要查明制造问题发生发展的全过程,问题产生的根原因。

2. 责任明确

需要分清问题的性质,落实各个环节上有关单位和人员的责任。落实质量责任,强化管理与监督,明确技术质量问题归零工作的职责和分工。

3. 措施落实

制造问题能否切实解决还需要针对出现的制造问题,切实实施相应的措施,实行举一反三,严防管理上的漏洞,规避问题的重现。

4. 严肃处理

依据规章制度对各个环节上的有关单位和人员做出严肃及时的处理。

5. 完善规章

针对上述情况,修订和完善制造过程规章制度,落实到各个环节管理工作中。

参考文献

[1] CHEN Y,JIN J H,SHI J J. Reliability modeling and analysis of multi-station manufacturing processes considering the quality and reliability interaction[J]. 2001 IEEE International Conference on Systems,Man,and Cybernetics,2001,4:2093-2098.

[2] HE Y H,HE Z Z,WANG L B,et al. Reliability modeling and optimization strategy for manufacturing system based on RQR Chain[J]. Mathematical problems in engineering,2015,2015(15):1-13.

[3] DING Y,SHI J J,CEGLAREK D. Diagnosability analysis of multi-station manufacturing processes [J]. Journal of Dynamic Systems,Measurement and Control,2002,124(1):1-13.

[4] ZHANG F P,LU J P,YAN Y,et al. Dimensional quality oriented reliability modeling for complex manufacturing processes[J]. International journal of computational intelligence systems,2011,4(6):1262-1268.

[5] 付桂翠,上官云,史兴宽,等. 基于产品可靠性的工艺系统可靠性模型[J]. 北京航空航天大学学报,2009,35(1):9-12.

[6] 何益海,唐晓青. 基于关键质量特性的产品保质设计[J]. 航空学报,2007,28(6):1468-1481.

[7] HE Y H,GU C C,HE Z Z,et al. Reliability-oriented quality control approach for production process based on RQR chain[J]. Total quality management & business excellence. 2018,29(5-6):652-672.

[8] 连军,林忠钦,来新民,等. 一种用于小样本合格率动态估计的 Bayes 方法[J]. 上海交通大学学报,2002,36(8):1064-1067.

[9] 阮旻智,李庆民,彭英武,等. 串件拼修对策下多级维修供应的装备系统可用度评估[J]. 航空学报,2012,33(4):658-665.

[10] NODEM F I D,KENNÉ J P,GHARBI A. Simultaneous control of production,repair/replacement and preventive maintenance of deteriorating manufacturing systems[J]. International journal of production economics,2011,134(1):271-282.

[11] SARKAR A, PANJA S C, SARKAR B. Survey of maintenance policies for the Last 50 Years [J]. International journal of software engineering & applications,2011,2(3):130-149.

[12] MADU C N. Competing through maintenance strategies[J]. International journal of quality & reliability management,2000,17(9):937-949.

[13] ZHOU X J,XI L F,LEE J. Reliability-centered predictive maintenance scheduling for a continuously monitored system subject to degradation[J]. Reliability engineering & system safety. 2007; 92(4):530-534.

[14] ROONEY J J,HEUVEL L N V. Root cause analysis for beginners[J]. Quality progress,2004,29:45-53.

[15] VIDYASAGAR A. The art of root cause analysis[J]. Quality progress,2003.

[16] SUH N P. Axiomatic design:advances and applications[M]. New York:Oxford University Press,2001.

[17] HE Y H,WANGL B,HE Z Z,et al. A fuzzy TOPSIS and rough set based approach for mechanism analysis of product infant failure[J]. Engineering applications of artificial intelligence,2016,47:25 - 37.

[18] 王林波. 考虑制造质量偏差的产品早期故障率分析与优化研究[D]. 北京:北京航空航天大学,2015.

[19] 曾慧娥,周庆忠. 基于三F装备可靠性设计与管理系统研究[J]. 计算机系统应用,2000,9(2):48-50.

[20] 国防科学技术工业委员会. QJ 8313—2003 航天产品质量问题归零实施指南[S]. 北京:中国航天科技集团,2003.

[21] 张根保,柳剑. 数控机床可靠性概述[J]. 制造技术与机床,2014,7:8-22.

[22] 杨为民,阮镰,俞沼. 可靠性、维修性、保障性总论[M]. 北京:国防工业出版社,1995:52-70.

[23] 丁惠麟,金荣芳. 机械零件缺陷、失效分析与实例[M]. 北京:化学工业出版社,2013.

[24] 张根宝. 质量管理与可靠性[M]. 北京:中国科学技术出版社,2003:38-77.

[25] O'CONNOR P,KLEYNER A. 2012. Practical reliability engineering[M]. Chichester:John Wiley and Sons,Ltd. ,2012.

第5章

制造过程可靠性控制技术

5.1 关键过程特性识别技术

5.1.1 产品可靠性指标制造过程分解技术

5.1.1.1 制造过程产品可靠性基本内涵

一个产品,从提出需求到交付使用,都要经过设计和制造两个阶段。现在学术界比较成熟的可靠性思想,都是针对设计阶段,而对于面向制造过程的可靠性,则缺乏足够的研究。制造过程可靠性可以被定义为,在规定的时间和环境下,设备(生产线、工艺系统等)对于保证产品质量的指标得以保持的能力。其基本内涵就是通过控制和改进设备(生产线、工艺系统等)中的一些工艺指标,从而使产品达到规定的可靠性要求。

然而,一个制造过程中涉及的工艺指标很多,受制于产品生产的时间和成本的限制,不可能对它们进行全面的控制和改进。因此,本书提出了面向制造过程的产品可靠性指标分解的模型和方法,该方法通过从系统可靠性到产品结构,到制造特征,再到故障原因,再到工艺改进措施的五步分解,迅速确定对产品可靠性影响最大的工艺改进措施,最后再通过相应的优化方法,得出在规定的时间和资金限制下的最优工艺改进方案。该方法原理图如图5-1所示。

图5-1 制造阶段产品可靠性指标分解流程图

5.1.1.2 制造可靠性分解模型

为了将产品的可靠性指标(本书为 MTBF)转化为加工工艺改进措施,我们首先应用传统的可靠性分配将其分配到子部件上,之后,我们将利用结构—制造特征矩阵考察制造特征对于这些子部件可靠性的影响。然后,利用制造特征—故障原因矩阵确定各故障原因的重要程度。最后,再利用制造特征—工艺改进措施矩阵考察加工工艺改进措施对于制造特征的影响。该模型的思路如图5-2所示。通过以上4个步骤的传递,我们即可得到加工工艺改进措施对于产品整体可靠性指标的影响。

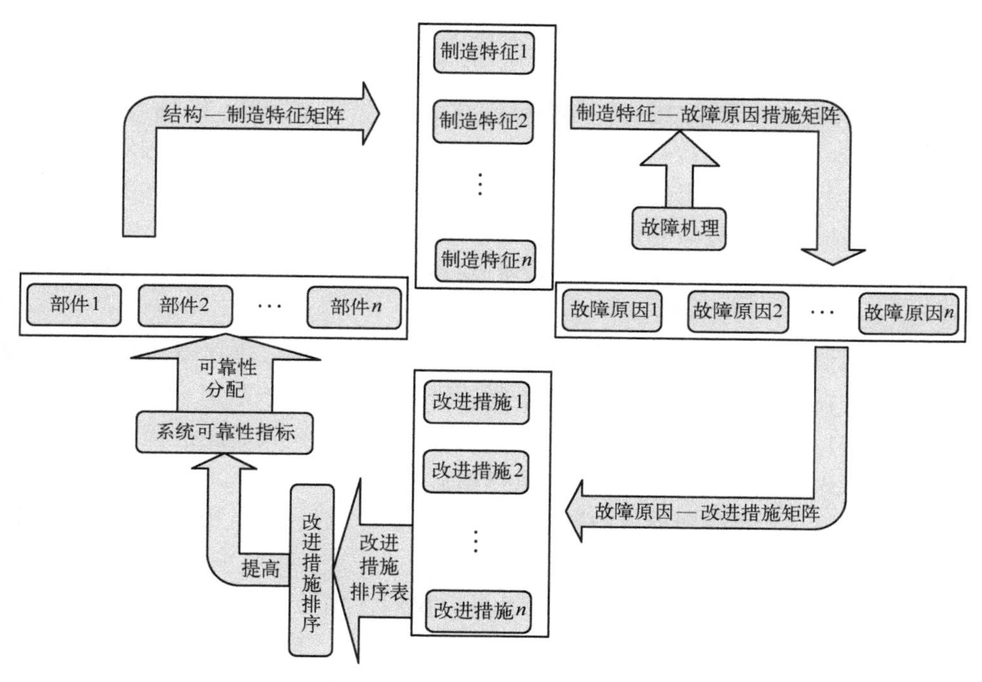

图5-2 可靠性指标—加工工艺改进措施转化图

5.1.1.3 分解方法与结果优化

1. 分解方法

本书提到的分解方法借用了QFD中的质量屋瀑布式分解模型[1]。即针对分解的4个转化步骤,建立起4个转化矩阵,并通过矩阵相乘的方法把可靠性指标传递到工艺改进措施。不同的产品会有不同的制造特征及工艺改进措施。下面,本书以一般的机械加工过程为例,来阐述具体的分解方法。

(1) 以产品总的可靠性指标为输入,产品结构为输出,将产品的可靠性指标分配到适当的子部件,方法可以参照产品可靠性设计中的可靠性分配的相关内容。之后,再根据具体的分配结果和相应的工程经验,由专家对各部件可靠性的重要度进行打分(分数范围1~10),并将打分结果填入第一个矩阵。

(2) 以产品的结构为输入,以产品制造特征为输出,完成从产品结构到制造特征的传递。根据康锐主编的《型号装备可靠性、维修性与保障性技术规范》一书对于机械加工制造特征的分类,本书将主要的制造特征要求分为尺寸、形状、位置和表面特征 4 部分,其对应的失效模式分别为尺寸超差、形状超差、位置超差和表面质量不合格。而不同的部件,对于这 4 个方面的要求往往是不同的。我们根据不同制造特征对不同部件可靠性的影响,完成第二个矩阵。

(3) 以产品制造特征的故障模式为输入,以导致这种故障模式的故障原因为输出,把可靠性从制造特征传递到加工工艺,这里所有的工艺缺陷,依旧是以康锐主编的《型号装备可靠性、维修性与保障性技术规范》一书为准(共 18 个主要故障模式)。在本矩阵中,设($i=1,2,3,4$; $j=1,2,\cdots,18$)为第 j 个故障原因对第 i 个制造特征故障模式的影响程度。其大小同样可以为 0,1,3,5,7,9。其中 0 代表该故障原因对该制造特征故障模式无影响,而 1~9 则代表该故障原因对于该制造特征故障模式的影响为极轻、较轻、一般、较重、极重。这部分的评分由专家或根据工程经验给出。

(4) 以制造特征故障模式为输入,以改进措施为输出,建立制造特征故障模式—改进措施矩阵,其目的是确定哪个改进措施最能提高产品可靠性。设($i=1,2,\cdots,18$;$j=1,2,\cdots,18$)是第 j 个改进措施对第 i 个故障模式的改进程度。其评分可以为 0,1,3,5,7,9。其中 0 代表该改进措施对该故障模式无影响,而 1~9 则代表该改进措施对于该故障模式的影响为极轻、较轻、一般、较重、极重。这部分的评分由专家或根据工程经验给出。

(5) 对于所得到的 4 个矩阵进行计算。我们采用矩阵乘法:$[P_1 \quad P_2 \quad \cdots \quad P_{11} \quad P_{12}] = \boldsymbol{A}\times\boldsymbol{W}\times\boldsymbol{G}\times\boldsymbol{F}$,最终所得到的 $\boldsymbol{P}$ 矩阵即是改进措施矩阵。而 P_j 即为第 j 项改进措施的改进措施权重。接下来,我们要求相对改进措施权重 P_j':

$$P_j' = \frac{P_j}{\sum_{j=1}^{12} P_j}$$

然后,我们将相对改进措施权重列入表 5-1 中,即可得到改进措施对提高产品可靠性的重要度排序。

2. 优化方法

以上得到的改进措施排序仅是在理想情况下的结果,并未考虑到资金和时间上的限制。本书将采用多层模糊综合评判,并同规划方法相结合,找到在实际工程中对产品可靠性提高贡献最大的几种工艺改进措施。方法如下:

(1) 建立因素集。对于改进措施的评价因素,主要有对产品可靠性的提高程度、改进措施所需要的资金以及改进措施所需要的时间这 3 个方面。据此,建立因素集为 $U=\{u_1,u_2,u_3\}$,其中,u_1 为对产品可靠性的提高程度,u_2 为改进措施所需要的资金，u_3 为改进措施所需要的时间。

（2）给定权重向量。根据不同的工程任务，给出权重向量为 $\boldsymbol{A}=(a_1,a_2,a_3)$。

（3）确定评价集。针对不同的工艺改进措施，建立评价集 $V=\{v_1,v_2,\cdots,v_j\}$。

（4）建立评判矩阵 $\boldsymbol{R}$。

（5）综合评判计算。

通过以上 5 个过程，便可以得到考虑资金和时间影响的最优工艺改进措施。

5.1.1.4　实例研究

某型导弹发动机的组件“壳体组合”是由壳体圆筒、前端环、后端环、弹翼和固定片等 5 个零件焊接而成。基于本书提出的可靠性分解模型和方法，将研究哪些工艺改进措施能够最有效率地提高该“壳体组合”的可靠性。

采用前文所述的方法，通过产品可靠性→产品结构→制造特征→故障原因→改进措施这一分解模型，得到产品的改进措施矩阵。

$[P_1 \quad P_2 \quad \cdots \quad P_{11} \quad P_{12}]=\boldsymbol{A}\times\boldsymbol{W}\times\boldsymbol{G}\times\boldsymbol{F}=[159828 \quad 186008 \quad 148408 \quad 144764 \quad 185452 \quad 53460 \quad 70440 \quad 124452 \quad 53388 \quad 41544 \quad 140436 \quad 98056]$根据改进措施矩阵，即可得到针对于提高产品可靠性的工艺改进措施权重表（见表 5-1）。

表 5-1　针对提高产品可靠性的工艺改进措施权重表

改进措施	相对改进措施权重
先粗加工，后精加工	0.057
选择合适切削用量	0.066
选择合适刀具	0.053
加冷却液	0.051
选择可靠的夹紧方式	0.066
将零件或夹具找正或找正到可接受水平	0.019
在工序间安排时效处理	0.025
加粗刀杆	0.044
消除机床误差	0.019
设置正确坐标	0.014
垂直安装或平行安装	0.050
减小加工速度	0.035

接下来考虑时间和成本因素，对结果进行综合评判。

将各个工艺改进措施的时间及成本情况进行打分，分数为 1～10，得各工艺改进措施的时间—成本表如表 5-2 所列。

表 5-2　改进措施时间—成本表

改 进 措 施	时间增量 t_j	成本增量 m_j
先粗加工,后精加工	8	5
选择合适切削用量	2	1
选择合适刀具	1	4
加冷却液	1	3
选择可靠的夹紧方式	4	2
将零件或夹具找正或找正到可接受水平	5	1
在工序间安排时效处理	5	6
加粗刀杆	1	4
消除机床误差	3	1
设置正确坐标	3	1
安装垂直或平行	5	1
减小加工速度	8	7

将模糊综合判定的因素确定为对可靠性的提高程度、时间以及成本。由于导弹对可靠性有着比较高的要求,因此把 3 个因素的权重向量确定为 $\boldsymbol{A}=(0.8,0.1,0.1)$。而这 3 个因素的评价集则对应于表 5-1 和表 5-2。

因素集与评价集之间的关系可以通过隶属函数用模糊关系矩阵来表示。其中,对可靠性提高程度的隶属函数为

$$\mu(u_1)=\begin{cases}0 & (u_1\leqslant 0.01)\\ \dfrac{u_1-0.01}{0.07-0.01} & (0.01\leqslant u_1\leqslant 0.07)\\ 1 & (u_1\geqslant 0.07)\end{cases}$$

同理,时间与成本的隶属函数分别为

$$\mu(u_2)=\begin{cases}0 & (u_2\leqslant 1)\\ \dfrac{u_2-1}{10-1} & (1\leqslant u_2\leqslant 10)\\ 1 & (u_2\geqslant 10)\end{cases}\qquad \mu(u_3)=\begin{cases}0 & (u_3\leqslant 1)\\ \dfrac{u_3-1}{10-1} & (1\leqslant u_3\leqslant 10)\\ 1 & (u_3\geqslant 10)\end{cases}$$

改进方案 1“先粗加工,后精加工”对提高产品可靠性的隶属度为

$$r_{11}=\mu(u_1)=\frac{0.057-0.01}{0.07-0.01}=0.783$$

同理有 $r_{21}=\mu(u_2)=\dfrac{8-1}{10-1}=0.778$,$r_{31}=\mu(u_3)=\dfrac{5-1}{10-1}=0.444$。

按照相似的方法,可得其他各方案的隶属度,合并后可以得到如下的评价矩阵:

$$\boldsymbol{R}=\begin{bmatrix}0.783 & 0.933 & 0.717 & 0.683 & 0.933 & 0.15 & 0.25 & 0.567 & 0.15 & 0.067 & 0.667 & 0.417\\ 0.778 & 0.111 & 0 & 0 & 0.333 & 0.444 & 0.444 & 0 & 0.222 & 0.222 & 0.444 & 0.778\\ 0.444 & 0 & 0.333 & 0.222 & 0.111 & 0 & 0.556 & 0.333 & 0 & 0 & 0 & 0.667\end{bmatrix}$$

用模糊变换的方法进行综合评判计算:

$$b_j=\bigvee_{i=1}^{3}(a_i\wedge r_{ij})\quad (j=1,2,\cdots,12)$$

$$\boldsymbol{B}=\boldsymbol{A}\times\boldsymbol{R}=(0.783,0.8,0.717,0.683,0.8,0.15,0.25,0.567,0.15,0.1,0.667,0.417)$$

从计算结果可见,第三项和第六项工艺改进措施的效果是最优的。

5.1.2　产品可靠性与过程尺寸关联模型

在偏差流分析理论中,一般认为刚性零件的结构 D、产品的尺寸 X、产品的材料 M 以及一些其他的设计因素 O 很大程度上影响了零件的可靠性,产品的可靠性 R 是 D、X、M、O 的函数。可以写出

$$R=F_{D,X,M\sim R}(D,X,M,O) \tag{5.1}$$

在产品设计概念阶段,收集顾客对产品可靠性的需求时,对在进行相应的合理分析之后,设计定型时所确立产品的可靠性设计要求,可以标记为 R_d。根据详细设计给出产品的CAD模型,可以得到产品的几何尺寸数据,记为 X_d。同时设计所要求的材料记为 M_d,设计定型的产品结构记为 D_d,其他的因素记为 O_d,根据式(5.1),有

$$R_d=F_{X\sim R}(D_d,X_d,M_d,O_d) \tag{5.2}$$

在批产制造活动中,经过 m 个工位加工完成,产品的尺寸记为 X_e,产品结构记为 D_e,所用材料记为 M_e,其他的设计因素即为 O_e,产品的可靠性记为 R_e。根据式(5.1),有

$$R_e=F_{X\sim R}(D_e,X_e,M_e,O_e) \tag{5.3}$$

比较式(5.3)与式(5.2),记 ΔR 是制造出的产品的可靠性与设计要求的可靠性之间的偏差,可以得到

$$\Delta R=R_e-R_d \tag{5.4}$$

$$R_e=R_d+\Delta R \tag{5.5}$$

$$\Delta R=F_{D,X,M\sim R}(D_e,X_e,M_e,O_e)-F_{D,X,M\sim R}(D_d,X_d,M_d,O_d) \tag{5.6}$$

式(5.5)说明产品的可靠性与设计所要求的可靠性存在偏差,式(5.6)说明,可靠性的偏差 ΔR 是由于产品的尺寸和设计尺寸不同,制造过程中发生的产品结构细微变化,以及材料的缺陷等造成的。

用 d 来表示制造出的产品的结构与设计结构间的偏差,x 表示制造出的产品

的尺寸与设计尺寸间的偏差，m 表示制造出的产品的材料与设计要求的材料间的偏差，o 表示制造出的产品的其他的设计因素与设计的偏差，式(5.6)可以写为

$$\begin{aligned}\Delta R&=F_{d,x,m\sim\Delta R}(d,x,m,o)\\&=F_{D,X,M\sim R}(D_d+d,X_d+x,M_d+m,O_d+o)-F_{D,X,M\sim R}(D_d,X_d,M_d,O_d)\end{aligned}\tag{5.7}$$

在批产过程中由于产品已经处于设计定型状态，产品的结构基本没有变化，即 $d=0$；其他的设计因素 o 基本没有变化，即 $o=0$。选定供应商的情形下，材料的来源变动不大，材料的变化也不大，即 $m=0$。制造出产品尺寸与设计所要求的尺寸间的偏差 x 对产品的可靠性与设计所要求的可靠性之间的偏差贡献很大。在这种背景下，式(5.7)可以写为

$$\Delta R=F_{x\sim\Delta R}(x)+C+v\tag{5.8}$$

式(5.8)认为在批产制造阶段产品的可靠性是由产品的尺寸决定的。其中，ν 为系统噪声，C 为常数，下同。如前所述，材料无法完全符合设计要求，工艺设计缺陷，造成了批产加工过程可能无法完全完成设计要求，制造出的产品可靠性与设计要求之间存在偏离，使用 C 这个常数进行补偿，通常 C 为负值。另外一方面，尺寸偏差 x 的随机性以及系统的噪声使得产品的可靠性存在波动。根据式(5.9)，可以写出偏差流模型，即

$$x_k=F_{x_k\sim x_{k-1}}(x_{k-1},e_k^s,e_k^m)+v\tag{5.9}$$

式中：e_k^s 是第 k 个加工工位的定位偏差；e_k^m 是第 k 个加工工位的加工偏差。

产品的波动是由于各个工序加工过程的波动累积造成的，有

$$x_j=F_{x_i\sim x_j}(x_i,e_{i+1}^s,\cdots,e_j^s,e_{i+1}^m,\cdots,e_j^m)+v\quad(i<j)\tag{5.10}$$

产品的尺寸偏差 x 即为最后第 m 个工位加工完成后的产品过程尺寸偏差 x_m，综合式(5.8)与式(5.10)，有

$$\begin{aligned}\Delta R&=F_{x\sim\Delta R}(x)+C+v\\&=F_{x_m\sim\Delta R}(x_m)+C+v\\&=F_{x_i\sim\Delta R}(x_i,e_{i+1}^s,\cdots,e_m^s,e_{i+1}^m,\cdots,e_m^m)+C+v\end{aligned}\tag{5.11}$$

制造加工出的产品的可靠性与设计要求之间的差别 ΔR 是由产品加工的过程尺寸偏差、下游的制造过程中定位偏差以及加工偏差和制造系统本身无法满足设计需求造成的。具体到式(5.11)中，x_i 代表第 i 个工位加工完成之后产品的过程尺寸偏差状态，$e_{i+1}^s,\cdots,e_m^s$ 代表下游第 $i+1$ 个工位到第 m 个工位的定位偏差，$e_{i+1}^m,\cdots,e_m^m$ 代表相应的下游工位加工偏差，C 代表由于制造系统本身无法满足设计需求、材料以及工艺设计缺陷造成的可靠性损失。

根据 Anna C. Thornton 建立的子系统关键特性对系统特性影响的数学模型[3-4]，当产品的尺寸偏差较小时，使用泰勒展开，忽略掉二阶小项之后，式(5.8)

具备线性形式。同时，由式（2-19）规范出的偏差流模型是线性的。由此，式（5.11）在过程尺寸偏差较小时，具备线性形式。如前所述，使用平均无故障工作时间 MTBF 来描述产品的可靠性，式（5.8）与式（5.11）线性表达为

$$\Delta\text{MTBF}=Lx+C+v \tag{5.12}$$

$$\begin{aligned}\Delta\text{MTBF}&=L_ix_i+\sum_{j=i+1}^{m}Q_je_j^s+\sum_{j=i+1}^{m}P_je_j^m+C+v\\&=L_ix_i+B'\boldsymbol{u}+C+v\\&=L_ix_i+\sum_{j=i+1}^{m}b_ju_j+C+v\end{aligned} \tag{5.13}$$

其中 $\boldsymbol{u}_k=[e^s,e^m]^{\mathrm{T}}$。

式（5.12）即为基于偏差流的产品可靠性与产品制造过程尺寸关联模型。

在搭建产品可靠性与产品制造过程尺寸关联模型时，只需要确定式（5.12）中参数向量 $\boldsymbol{L}$ 以及式（2.19）中参数矩阵 $\boldsymbol{A}(K)$、$\boldsymbol{B}(K)$，即可依据递推公式，求得式（5.13）中 L_i，B'。确定参数向量 $\boldsymbol{L}$ 时，需要对具体的产品进行分析。Anna C. Thornton 指出可以对产品系统进行分解，考察子系统对其上层系统的影响，建立影响矩阵，最终计算出最底层的子系统特性对系统特性的影响，具体到本书，计算出产品尺寸状态对产品可靠性的影响，即给出 L 取值。Thornton 认为对于子系统对其上层系统的影响较为明确的产品，虽然可能影响矩阵维数较高，但是大部分影响矩阵是稀疏矩阵，所以是可以对影响矩阵进行填充的；当子系统对其上层系统的影响不甚清晰，或者系统分层较为复杂时，可以通过对子系统进行轻微扰动，观察系统特性的变化，来建立影响矩阵。本书将利用实验设计方法，认为产品的每个尺寸都是实验的因子，通过有限元仿真技术获得处于不同尺寸偏差状态的产品的平均无故障工作时间，然后进行方差分析以及主效应分析获得 L 取值。

制造系统的职责是遵从工艺规范，制造出波动尽可能小的产品。针对产品可靠性，根据式（5.13），制造出的产品其平均无故障工作时间的期望为

$$E(\text{MTBF}_e)=\text{MTBF}_d+C \tag{5.14}$$

制造出的产品平均无故障工作时间的方差，即制造出的产品的平均无故障工作时间的波动为

$$v(\text{MTBF}_e)=L_i^2v(x_i)+\sum_{j=i+1}^{m}b_j^2v(u_j) \tag{5.15}$$

另外一方面，当完成第 i 个工位的加工，测量得到此时的产品过程尺寸偏差 x_i，由式（5.13），可以得到该产品加工完成之后，其可靠性与该制造系统制造出的产品的平均无故障工作时间期望之间的偏差为

$$\mathrm{MTBF}_{\delta} = L_i x_i + \sum_{j=i+1}^{m} b_j u_j + v \tag{5.16}$$

注意到存在系统白噪声,取其期望为

$$\overline{\mathrm{MTBF}_{\delta}} = L_i x_i + \sum_{j=i+1}^{m} b_j u_j \tag{5.17}$$

式(5.13)从统计角度描述了制造过程带来的产品平均无故障工作时间的波动。式(5.17)给出了具体的某个产品其平均无故障工作时间的偏差情况。可以使用产品平均无故障工作时间的波动来描述产品可靠性的波动;可以使用产品平均无故障工作时间的偏差来描述产品可靠性的偏差。要控制产品可靠性的波动,应当从控制每个产品的平均无故障工作时间偏差入手,即通过减小 $|\overline{\mathrm{MTBF}_{\delta}}|$ 来减小 $v(\mathrm{MTBF}_e)$,从而减小可靠性的波动 $v(R_e)$。

5.2 制造缺陷检测技术

5.2.1 无损检测

无损检测是在不损害或不影响被检测对象使用性能的前提下,采用射线、超声、红外、电磁等原理技术仪器对材料、零件、设备进行缺陷、化学、物理参数的检测技术。无损检测的原理是利用物质的声、光、磁和电等特性,在不损害或不影响被检测对象使用性能的前提下,检测被检对象中是否存在缺陷或不均匀性,给出缺陷大小,位置、性质和数量等信息。常用的无损检测方法有目视检测(Visual Testing, VT),超声检测(Ultrasonic Testing, UT),射线检测(Radiographic Testing, RT),磁粉检测(Magnetic Particle Testing, MT),渗透检测(Penetrant Testing, PT),涡流检测(Eddy Current Testing, ET),声发射(Acoustic Emission, AE),超声波衍射时差法(Time of Flight Diffraction, TOFD)等。

无损检测有以下特点:

(1) 具有非破坏性,因为它在做检测时不会损害被检测对象的使用性能。

(2) 具有全面性,由于检测是非破坏性,因此必要时可对被检测对象进行100%的全面检测,这是破坏性检测办不到的。

(3) 具有全程性,破坏性检测一般只适用于对原材料进行检测,如机械工程中普遍采用的拉伸、压缩、弯曲等,破坏性检验都是针对制造用原材料进行的,对于产成品和在用品,除非不准备让其继续服役,否则是不能进行破坏性检测的,而无损检测因不损坏被检测对象的使用性能。因此,它不仅可对制造用原材料、各中间工艺环节,直至最终产成品进行全程检测,也可对服役中的设备进行检测。

无损检测方法很多,据美国国家宇航局调研分析,其认为可分为 6 大类约 70

余种。但在实际应用中比较常见的有以下几种：

1. 目视检测(VT)

目视检测在国内实施的比较少,但在国际上是非常重视的无损检测第一阶段首要方法。按照国际惯例,目视检测要先做,以确认不会影响后面的检测,再接着做四大常规检测。例如 BINDT 的 PCN 认证,就有专门的 VT1、2、3 级考核,更有专门的持证要求。VT 常常用于目视检查焊缝,焊缝本身有工艺评定标准,都是可以通过目测和直接测量尺寸来做初步检测,发现咬边等不合格的外观缺陷,就要先打磨或者修整,之后才做其他深入的仪器检测。例如焊接件表面和铸件表面 VT 做的比较多,而锻件就很少,并且其检查标准是基本相符的。

2. 射线检测(RT)

射线检测是指用 X 射线或 γ 射线穿透试件,以胶片作为记录信息的器材无损检测方法,该方法是最基本的,应用最广泛的一种非破坏性检测方法。射线能穿透肉眼无法穿透的物质使胶片感光,当 X 射线或 γ 射线照射胶片时,与普通光线一样,能使胶片乳剂层中的卤化银产生潜影,由于不同密度的物质对射线的吸收系数不同,照射到胶片各处的射线强度也就会产生差异,便可根据暗室处理后的底片各处黑度差来判别缺陷。总的来说,RT 的定性更准确,有可供长期保存的直观图像,但总体成本相对较高,而且射线对人体有害,检测速度会较慢。

3. 超声检测(UT)

通过超声波与试件相互作用,对反射、透射和散射的波进行研究,对试件进行宏观缺陷检测、几何特性测量、组织结构和力学性能变化的检测和表征,并进而对其特定应用性进行评价的技术。适用于金属、非金属和复合材料等多种试件的无损检测,可对较大厚度范围内的试件内部缺陷进行检测。如对金属材料,可检测厚度为 1~2mm 的薄壁管材和板材,也可检测几米长的钢锻件;缺陷定位较准确,对面积型缺陷的检出率较高;灵敏度高,可检测试件内部尺寸很小的缺陷;检测成本低、速度快,设备轻便,对人体及环境无害,现场使用较方便。但对具有复杂形状或不规则外形的试件进行超声检测有困难;并且缺陷的位置、取向和形状以及材质和晶粒度都对检测结果有一定影响,检测结果也无直接见证记录。

4. 磁粉检测(MT)

铁磁性材料和工件被磁化后,由于不连续性的存在,使工件表面和近表面的磁力线发生局部畸变而产生漏磁场,吸附施加在工件表面的磁粉,形成在合适光照下目视可见的磁痕,从而显示出不连续性的位置、形状和大小。磁粉探伤适用于检测铁磁性材料表面和近表面尺寸很小、间隙极窄(如可检测出长 0.1mm、宽为微米级的裂纹),目视难以看出的不连续性;也可对原材料、半成品、成品工件和在役的零部件检测,还可对板材、型材、管材、棒材、焊接件、铸钢件及锻钢件进行检测,可发现裂纹、夹杂、发纹、白点、折叠、冷隔和疏松等缺陷。但磁粉检测不能检测奥氏体不锈钢材料和用奥氏体不锈钢焊条焊接的焊缝,也不能检测铜、铝、镁、钛等非磁性材料。对于表面浅的划伤、埋藏较深的孔洞和与工件表面夹角小于20°的分层和折叠难以发现。

5. 渗透检测(PT)

零件表面被施涂含有荧光染料或着色染料的渗透剂后,在毛细管作用下,经过一段时间,渗透液可以渗透进表面开口缺陷中;经去除零件表面多余的渗透液后,再在零件表面施涂显像剂,同样,在毛细管的作用下,显像剂将吸引缺陷中保留的渗透液,渗透液回渗到显像剂中,在一定的光源下(紫外线光或白光),缺陷处的渗透液痕迹被显示(黄绿色荧光或鲜艳红色),从而探测出缺陷的形貌及分布状态。

渗透检测可检测金属、非金属材料,磁性、非磁性材料等;适合焊接、锻造、轧制等加工方式;具有较高的灵敏度(可发现0.1μm宽缺陷),同时显示直观、操作方便、检测费用低。但它只能检出表面开口的缺陷,不适于检查多孔性疏松材料制成的工件和表面粗糙的工件;只能检出缺陷的表面分布,难以确定缺陷的实际深度,因而很难对缺陷做出定量评价,检出结果受操作者的影响也较大。

6. 涡流检测(ET)

将通有交流电的线圈置于待测的金属板上或套在待测的金属管外,这时线圈内及其附近将产生交变磁场,使试件中产生呈旋涡状的感应交变电流,称为涡流。涡流的分布和大小,除与线圈的形状和尺寸、交流电流的大小和频率等有关外,还取决于试件的电导率、磁导率、形状和尺寸、与线圈的距离以及表面有无裂纹缺陷等。因而,在保持其他因素相对不变的条件下,用一探测线圈测量涡流所引起的磁场变化,可推知试件中涡流的大小和相位变化,进而获得有关电导率、缺陷、材质状况和其他物理量(如形状、尺寸等)的变化或缺陷存在等信息。但由于涡流是交变电流,具有集肤效应,所检测到的信息仅能反映试件表面或近表面处的情况。

按试件的形状和检测目的的不同,可采用不同形式的线圈,通常有穿过式、探头式和插入式线圈3种。穿过式线圈用来检测管材、棒材和线材,它的内径略大于被检物件,使用时使被检物体以一定的速度在线圈内通过,可发现裂纹、夹杂、凹坑等缺陷。探头式线圈适用于对试件进行局部探测。应用时线圈置于金属板、管或其他零件上,可检查飞机起落撑杆内筒上和涡轮发动机叶片上的疲劳裂纹等。插入式线圈也称内部探头,放在管子或零件的孔内用来作内壁检测,可用于检查各种管道内壁的腐蚀程度等。为了提高检测灵敏度,探头式和插入式线圈大多装有磁芯。涡流法主要用于生产线上的金属管、棒、线的快速检测以及大批量零件如轴承钢球、气门等的探伤(这时除涡流仪器外尚须配备自动装卸和传送的机械装置)、材质分选和硬度测量,也可用来测量镀层和涂膜的厚度。涡流检测时线圈不需与被测物直接接触,可进行高速检测,易于实现自动化,但不适用于形状复杂的零件,而且只能检测导电材料的表面和近表面缺陷,检测结果也易于受到材料本身及其他因素的干扰。

7. 声发射(AE)

通过接收和分析材料的声发射信号来评定材料性能或结构完整性的无损检测方法,材料中因裂缝扩展、塑性变形或相变等引起应变能快速释放而产生的应力波现象称为声发射。1950 年,德国 J. 凯泽对金属中的声发射现象进行了系统的研究。1964 年,美国首先将声发射检测技术应用于火箭发动机壳体的质量检测并取得成功。此后,声发射检测方法获得迅速发展。这是一种新的无损检测方法,通过材料内部的裂纹扩张等发出的声音进行检测。主要用于检测在用设备、器件的缺陷及缺陷发展情况,以判断其良好性。

声发射检测技术的应用已较广泛。可以用声发射鉴定变形类型,研究断裂过程并区分断裂方式,检测出小于 0.01mm 长的裂纹扩展,研究应力腐蚀断裂和氢脆,检测马氏体相变,评价表面化学热处理渗层的脆性,以及监视焊后裂纹产生和扩展等。在工业生产中,声发射检测技术已用于压力容器、锅炉、管道和火箭发动机壳体等大型构件的水压检测,评定缺陷的危险性等级,作出实时报警。在生产过程中,用 PXWAE 声发射检测技术可以连续监视高压容器、核反应堆容器和海底采油装置等构件的完整性。声发射检测技术还应用于测量固体火箭发动机火药的燃烧速度和研究燃烧过程,检测渗漏,研究岩石的断裂,监视矿井的崩塌,并预报矿井的安全性。

8. 超声波衍射时差法(TOFD)

TOFD 技术于 20 世纪 70 年代由英国哈威尔的国家无损检测中心 Silk 博士首先提出,其原理源于 Silk 博士对裂纹尖端衍射信号的研究。在同一时期,我国中科院也检测出了裂纹尖端衍射信号,发展出一套裂纹测量的工艺方法。TOFD 要求探头接收微弱的衍射波时达到足够的信噪比,而同一时期工业探伤的技术水平没能达到可满足这些技术要求的水平。直到 20 世纪 90 年代,计算机技术的发展使得数字化超声探伤仪发展成熟后,研制便携、成本可接受的 TOFD 检测仪才成为可能。TOFD 仪器是一种依靠从待检试件内部结构(主要是指缺陷)的“端角”和“端点”处得到的衍射能量来检测缺陷的方法,用于缺陷的检测、定量和定位。

5.2.2　理化检测

理化检测是利用物质的物理及化学特性,采用各种试验和分析方法,对物质的组织、结构、组分及其分布、损伤与失效形式进行分析,并研究其检测方法和提供相关信息的技术科学。如材料性能测试、化学成分分析、组织结构分析等技术。

1. 材料性能测试

材料性能测试是指对材料在一定环境条件作用下所表现出的上述特性的测试，又称材料性能试验。材料性能试验测出的性能数据不仅取决于材料本身，还与试验的条件有关。

材料的性能可分为两类。一种是特征性能，属于材料本身固有的性质，包括热学性能（热容、热导率、熔化热、热膨胀、熔沸点等）、力学性能（弹性模量、拉伸强度、抗冲强度、屈服强度、耐疲劳强度等）、电学性能（电导率、电阻率、介电性能、击穿电压等）、磁学性能（顺磁性、反磁性、铁磁性）、光学性能（光的反射、折射、吸收、透射以及发光、荧光等性质）、化学性能（即材料参与化学反应的活泼性和能力，如耐腐蚀性、催化性能、离子交换性能等）。另一种是功能物性，指在一定条件和一定限度内对材料施加某种作用时，通过材料将这种作用转化为另一形式功能的性质，包括热—电转换性能（热敏电阻、红外探测等）、光—热转换性能（如将太阳光转变为热的平板型集热器）、光—电转换性能（太阳能电池）、力—电转换性能、磁—光转换性能、电—光转换性能、声—光转换性能等。

1）力学性能测试

力学性能测试是通过不同试验测定被检测对象的各种力学性能判据（指标）的实验技术。材料的力学性能是指材料在不同环境（温度、介质、湿度）下，承受各种外加载荷（拉伸、压缩、弯曲、扭转、冲击、交变应力等）时所表现出的力学特征，一般来说金属的力学性能包括脆性、强度、塑性、硬度、韧性、疲劳强度、弹性、延展性、刚性、屈服点或屈服应力等。

2）物理性能测试

物理性能测试是对包括密度（体密度、面密度、线密度）、黏度（黏度系数）、粒度、熔点、沸点、凝固点、燃点、闪点、热传导性能（比热、热导率、线胀系数）、电传导性能（电阻率、电导率、电阻温度系数）、磁性能（磁感应强度、磁场强度、矫顽力、铁损）等物理性能的测试。

2. 化学成分分析

利用物质的化学反应为基础的分析，称为化学分析。化学分析历史悠久，是分析化学的基础，又称为经典分析。化学分析是绝对定量的，根据样品的量、反应产物的量或所消耗试剂的量及反应的化学计量关系，通过计算得到待测组分的量。

化学分析根据其操作方法的不同，可将其分为滴定分析（titrimetry）和重量分析（gravimetry）。而近年来国内已形成了另一种分析概念，称为“微谱分析”技术。

1）滴定分析

根据滴定所消耗标准溶液的浓度和体积以及被测物质与标准溶液所进行的化学反应计量关系，求出被测物质的含量，这种分析被称为滴定分析，也叫容量分析

(volumetry),主要是利用溶液 4 大平衡:酸碱(电离)平衡、氧化还原平衡、络合(配位)平衡、沉淀溶解平衡。

2) 重量分析

根据物质的化学性质,选择合适的化学反应,将被测组分转化为一种组成固定的沉淀或气体形式,通过钝化、干燥、灼烧或吸收剂的吸收等一系列的处理后,精确称量,求出被测组分的含量,这种分析称为重量分析。

3. 组织结构分析

组织结构分析指通过精密测试仪器,对材料的组织结构、表面及微区的形貌进行分析。

1) 金相显微分析

金相显微分析是金属材料试验研究的重要手段之一,采用定量金相学原理,由二维金相试样磨面或薄膜的金相显微组织的测量和计算来确定合金组织的三维空间形貌,从而建立合金成分、组织和性能间的定量关系。将计算机应用于图像处理,具有精度高、速度快等优点,可以大大提高工作效率。金相显微分析法就是利用金相显微镜来观察为之分析而专门制备的金相样品,通过放大几十倍到上千倍来研究材料组织的方法。现代金相显微分析的主要仪器为光学显微镜和电子显微镜两大类。

在用金相显微镜来检验和分析材料的显微组织时,需将所分析的材料制备成一定尺寸的试样,并经磨制、抛光与腐蚀工序,才能进行材料的组织观察和研究工作。金相样品的制备过程一般包括如下步骤:取样、镶嵌、粗磨、细磨、抛光和腐蚀。

2) 微观结构分析

微观结构分析主要分析材料的微观晶体结构,即材料由哪几种晶体组成,晶体的晶胞尺寸如何,各种晶体的相对含量多少等。结构分析常用的方法有:XRD 法、TEM 法、TG 法、DTA 法、红外法等。

5.3 关键过程特性控制技术

5.3.1 可靠性驱动的制造过程偏差监测框架

5.3.1.1 可靠性驱动的制造过程监测需求与特点

产品的可靠性是由产品的制造过程所决定的[5],当制造过程存在波动,会使得产品的尺寸发生波动,进一步地,产品的可靠性也将会出现波动。所以如何利用过程监测,及时有效地发现过程波动,从而为进一步过程控制提供参考是非常重要的。

统计过程控制(Statistical Process Control,SPC)是一种常用的借助数理统计方法进行过程监测的工具[6]。它对制造过程进行分析评价,根据反馈信息及时发现系统性因素出现的征兆,并采取措施消除其影响,使过程维持在仅受随机性因素影响的受控状态,从而达到监测过程的目的。它认为,当过程仅受随机因素影响时,过程处于统计控制状态;当过程中存在系统因素的影响时,过程处于统计失控状态。由于过程波动具有统计规律性,当过程受控时,过程特性一般服从稳定的随机分布;当过程失控时,过程分布将发生改变。统计过程控制正是利用过程波动的统计规律性对过程进行分析控制。因而,它强调过程在受控和有能力的状态下运行,从而使产品和服务稳定地满足顾客的要求。

与传统关注质量的统计过程控制相比,可靠性驱动的过程监控[7]主要有4个特点:

(1) 可靠性驱动的过程监测中涉及的制造过程多为高质量过程。传统的质量控制过程监测通常着眼于产品出厂合格率,而可靠性驱动的过程监测则需要考虑产品出产之后整个的使用过程可以完成功能的能力。与传统的过程统计监测相比,可靠性驱动的过程监测对产品的质量可靠性以及制造过程稳定性提出了更高的要求。过程能力较低的制造过程通常需要进行过程改进之后,方有应用可靠性驱动的过程监测的意义。

(2) 如果控制图发出报警,可以根据控制图监测结果对过程提供诊断支持。

(3) 被监测特性数量较多,要求控制图误报警率尽量小。举例说明,如果有5个被监测的尺寸,经典的均值控制图的平均运行链长为370.3,即平均监测370.3个点会出现一个误报警。当设立5个均值控制图分别监测过程尺寸,则平均监测74.5个点,5个控制图中就会出现一次误报警。误报警会带来机器停工检修,会使得现场工人以及质量管理人员对控制图失去信心,不再信任控制图发出的报警。

(4) 被监测特性无需严格遵守正态分布。

针对上述4个特点,如何进行有针对性的控制图设计与选取以及控制图参数设计是可靠性驱动的过程监测的技术重点。

5.3.1.2 可靠性驱动的制造过程尺寸偏差监测流程

可靠性驱动的制造过程尺寸偏差监测流程可以划分为4个步骤:①选取监测对象;②设计新的适用控制图或选择已有的适用控制图;③进行选定的控制图参数设计;④实施控制图,进行过程监测。

根据产品可靠性与产品制造过程尺寸关联模型,当产品毛坯在第 i 个工位加工完毕,测量毛坯的尺寸 X_i,可以得到尺寸偏差 x_i,理论上可以使用统计过程控制图对 X_i 以及 x_i 进行监测,但是 X_i 和 x_i 通常维度很大,利用多元统计过程控制图计算量巨大,且在出现过程不稳定报警时进行过程诊断非常困难。所以首先需要进行筛选，选择对产品的可靠性敏感的过程尺寸进行监测。通过对工位加工过程中可能引入的偏差进行分析，利用产品可靠性与过程尺寸关联模型，评估某尺寸的波动对产品可靠性的影响并进行排序，进而识别出制造过程中需要重点关注的过程尺寸，为监测以及进一步的控制提供输入。

在设计新的适用控制图设计或选择已有的适用控制图时着眼点应放在“适用”上。与传统的过程统计监测不同，可靠性驱动的过程监测有着自己的特点。反映到控制图上，要求其可以监测非正态的观测值，且具备较高的受控平均运行链长、误报警率较低等能力。

选定控制图之后，需要进行控制图参数的设定。传统的控制图参数设定方法有经济法以及统计法，分别追求最低的平均质量费用以及最长的受控平均运行链长。在针对可靠性驱动的过程监测中，一方面要兼顾到经济性，另外一方面，应该设计控制图使得其误报警率尽可能低，从而适应其高质量制造的可靠性驱动的过程监测特点。

实施控制图进行过程监测时，需要谨慎甄别报警真假，当出现真警时，利用控制图信息以及制造现场信息提供过程诊断的支持。

5.3.1.3　监控对象的选择

在选取监控对象时，应当遵从以下原则：

（1）被监控对象易发生失控；

（2）被监控对象发生失控之后会造成较大的产品可靠性偏差；

（3）被监控对象可以被监控。

这样可以使用风险的概念来进行各个过程尺寸的评估。将风险记为 r，则有

$$r = \sum 发生事故\ i\ 的概率 \times 对产品可靠性偏差的影响$$

使用产品平均无故障工作时间的绝对值 $|\overline{\mathrm{MTBF}_\delta}|$ 来对过程尺寸偏差引起产品可靠性偏差影响的评估。过程改进的目的是控制可靠性偏差，减小可靠性波动，所以使用绝对值对其进行调整。

5.3.2　通用事件时间间隔控制图技术

5.3.2.1　通用事件时间间隔控制图原理

在以可靠性为导向的过程监测中，监测对象有4个特点：①可靠性驱动的过程监测中涉及的制造过程多为高质量过程；②如果控制图发出报警，可以根据控制图监测结果对过程提供诊断支持；③被监测特性数量较多，要求控制图误报警率尽量小；④被监测特性无需严格遵守正态分布。在实际的制造过程中，除了尺寸监测这类计量型监测，另外可能还存在缺陷监测等计数型监测。应用传统的控制图进行可靠性为导向的过程监测时存在缺陷。计量型控制图，例如均值控制图，小批量控

制图中的 EWMA 控制图、CUSUM 控制图及单值控制图等均只是针对由于均值发生变化而引起的过程失控，要检测过程标准差的变化需要配合其他的控制图，例如极差控制图、标准差控制图等。多个控制图同时配合使用，虽然过程失控监测能力提升，但同时也会导致第一类错误概率增加，误报警率增加，且多控制图在实施之前参数设计上更加复杂。计数型控制图在面临高质量过程监测时，由于本身的素质限制，使得其不再适用。另外一个限制是几乎每一个控制图都首先假设了过程服从正态分布，这与被监测对象的第 4 个特点是相悖的。

本章节对传统的事件时间控制图进行了扩展。传统的事件时间控制图中“事件”一词指制造出不合格品，这是事件时间控制图被限制在计数型数据监测的主要原因。不合格品是指产品某个质量特性测量值 X 超出了公差线，这一事件可以记为 $\{X:X\in(-\infty,LSL)\cap(USL,+\infty)\}$，其中，USL 是上公差线（Upper specification limit），LSL 是下公差线（Lower specifications limit）。将这一事件进行扩展，不再局限于不合格品，而是测量值落入某一事先指定的区间 Ω，即将事件由 $\{X:X\in(-\infty,LSL)\cap(USL,+\infty)\}$ 扩展到 $\{X:x\in\Omega\}$。测量值 X 落入某一事先指定的区间 Ω，事件即被认为发生了。控制图监测这一扩展型事件发生的时间间隔，这一类型的控制图被称为通用的事件时间间隔控制图（Generalized time-between-events charts，GTBE charts）。

Ω 可以是任何包含可能观测值的集合。它可以是连续的，也可以是离散的。例如在传统的 TBE 控制图中，Ω 是 $(-\infty,LSL)\cap(USL,+\infty)$，是连续的。$\Omega$ 也可以是某些可能的观测值枚举值，例如 Ω 可以被定义为 $\{X:X=2,3,4,5,X$ 是涂装表面针孔数目$\}$。这里以两种形式的 Ω 事件进行研究，$(-\infty,\mu-\varsigma\sigma)\cup(\mu+\varsigma\sigma,+\infty)$ 以及 $(\mu+\varsigma\sigma,+\infty)$，其中，$\varsigma>0$，假设制造过程中观测值服从正态分布，其均值是 μ，方差为 σ_2。对于不服从正态分布的观测值，或者是其他形式的 Ω 事件，只需要重新计算其相应的 Ω 事件发生概率，设计控制限即可应用 GTBE 控制图。

事实证明，经过扩展，通用的事件时间间隔控制图适用于可靠性驱动的过程监测，其适用性在本节后面会有详细说明。

本章节用到的符号说明：

μ：受控状态下过程均值。

σ^2：受控状态下过程方差。

σ：受控状态下过程标准差。

$\Delta\mu$：失控时过程均值变动，通常 $\Delta\mu$ 可以表示为 $\Delta\mu=k\mu_\sigma$。

$\Delta\sigma$：失控时过程标准差变动，通常 $\Delta\sigma$ 可以表示为 $\Delta\sigma=k\sigma_\sigma$。

GTBE charts：通用的事件时间控制图。

Ω：扩展的事件。

ς:设定 Ω 时标准差乘子。

αGTBE 控制图:事件形式服从$(\mu+\varsigma\sigma,+\infty)$的 GTBE 控制图,记该控制图的事件为 Ω_α。

βGTBE 控制图:事件形式服从$(-\infty,\mu-\varsigma\sigma)\cup(\mu+\varsigma\sigma,+\infty)$的 GTBE 控制图,记该控制图的事件为 Ω_β。

γGTBE 控制图:事件形式服从$(-\infty,\mu-\varsigma\sigma)$的 GTBE 控制图,记该控制图的事件为 Ω_γ。

DGTBE:二元监测的 GTBE 控制图。

Y:连续两个 Ω 事件发生时刻之间的观测量数目。

Z:GTBE 控制图的监测统计量。

r:在一个 Z 中发生 Ω 事件次数。

LCL:控制限下限,简记为 δ。

UCL:控制限上限,简记为 η。

DTMC:离散马尔可夫链模型。

ARL:平均运行链长。

对控制图来说,有监控变量、控制限、运行链长三大要素。如前所述,将“报警”这一事件进行扩展,事先根据需求设定一区间,在制造过程中得到测量值之后,认为测量值落入某一特定区间即为 Ω 事件发生,监测事件发生的时间间隔,从而使得控制图不仅仅局限于报警率的监测,扩展到对 Ω 事件发生的时间间隔进行监测。进一步地,将监测两个连续的 Ω 事件发生的时间间隔扩展到监测 r 个事件发生的时间间隔,实际的控制图监测过程如图 5-3 所示。

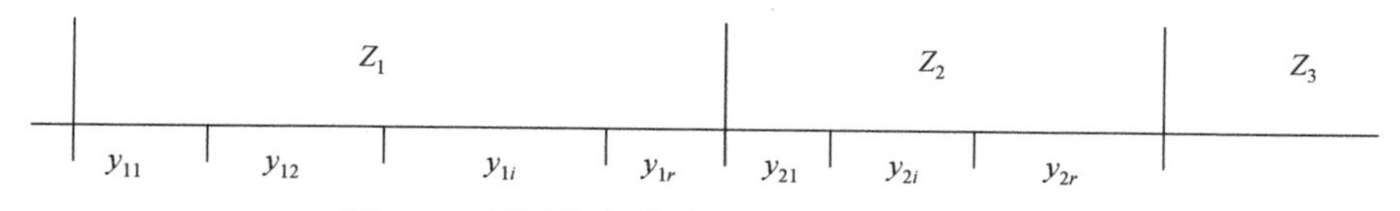

图 5-3　通用的事件时间间隔控制图监测过程

Ω“事件”发生间隔为 Y,在实际的监测过程中,可以监测连续两个或者连续 r 个事件发生的时间间隔 Z,可以看到

$$z_i = \sum_{j=1}^{r} y_{ij} \tag{5.18}$$

Ω 事件间隔 Y 服从几何分布,而监测变量 Z 则服从负二项分布,即有

$$Y \sim f(y) = (1-p)^{y-1}p \quad (y=1,2,\cdots) \tag{5.19}$$

其中 p 是在每一次观测时发生 Ω 事件的概率,根据 Ω 事件服从形式不同,有

$$p=p(\Delta u,\sigma)=p(k_u,k_\sigma)=\begin{cases}\Phi\left(\dfrac{k_u-\xi}{1+k_\sigma}\right) & (对\ \alpha\text{GTBE})\\ \Phi\left(\dfrac{k_u-\xi}{1+k_\sigma}\right)+\Phi\left(\dfrac{-k_u-\xi}{1+k_\sigma}\right) & (对\ \beta\text{GTBE})\end{cases} \tag{5.20}$$

其中 $\Phi(X)$ 是标准正态分布累计分布函数。

当过程处于受控状态时，有 $\Delta\mu=\Delta\sigma=0$，这样式(5.19)表示为

$$p=\begin{cases}\Phi(-\varsigma) & (对\ \alpha\text{GTBE})\\ 2\Phi(-\varsigma) & (对\ \beta\text{GTBE})\end{cases} \tag{5.21}$$

Z 服从负二项分布，于是有

$$Z\sim f(z)=\binom{z-1}{r-1}(1-p)^{z-r}p^r \quad (z=r,r+1,r+2,\cdots) \tag{5.22}$$

这样有

$$E(Z)=r/p \tag{5.23}$$

$$V(Z)=r(1-p)/p^2 \tag{5.24}$$

确定控制限是进行控制图构建时的重要部分。当控制限远离中心线时，第一类错误发生概率减小，但是第二类错误发生的概率增加；当控制限靠近中心线时，第一类错误概率增加，第二类错误概率减小。控制限的制定一般有两种方法，一种是类似传统的均值控制图的上下 $k\sigma$ 限制定方法，为了平衡第一类、第二类错误，k 一般取 3；另外一种则是直接选取相应的对应第一类错误概率的分位点。这里由于监测对象 Z 服从负二项分布，该分布并非对称分布，所以可以采用第二种方法，即概率控制限，根据容允的第一类错误 α，来确定上限控制限。例如，如果容允的第一类错误 α 为 3%，那么上控制限为 98.5%概率线，下控制限为 1.5%概率线。给出公式如下：

$$P[Z<\text{LCL}_\alpha]=\sum_{z=r}^{\text{LCL}_\alpha}\binom{z-1}{r-1}(1-p)^{z-r} \quad (p^r<\alpha/2) \tag{5.25}$$

$$P[Z>\text{UCL}_\alpha]=\sum_{z=\text{UCL}_\alpha}^{+\infty}\binom{z-1}{r-1}(1-p)^{z-r} \quad (p^r<\alpha/2) \tag{5.26}$$

需要指出，这里提到的第一类错误 α 是指当过程受控时，发生 Z 超出上控制限或小于下控制限值时的概率，并非实际的误报警率。举例说明，在某次 GTBE 控制图实施过程中，下、上控制限分别为 22、75。观测到 5 组 Z 值，分别为 43、23、55、64、75，在继续的观察中，未发生 Ω 事件，即 Z_5 超出了上控制限 75，这里可以计算出来 $\alpha=1/5=0.2$，而实际的误报警率为 $1/(42+23+55+64+75)=0.386\%$，因为到报警时，已经监测了 $42+23+55+64+75=259$ 个观测值 X。

GTBE 控制图监测知道第 r 个 Ω 事件发生时发生的观测值 X 的数目。如果过

程处于受控状态,那么 Ω 事件发生的概率 p 是一定的,相应地,如果监测对象 Z 保持不太大也不太小的状态,那么就认为过程受控。否则,认为过程失控,发生了某种可归因的跳动。在 GTBE 控制图中,控制限 UCL 以及 LCL 通过式(5.25)和式(5.26)计算,可以用来判断 Z 是否受控。当判断失误,则发生误报警。

当过程发生失控,Ω 事件发生的概率 p 也会发生改变,有 $p=p(k_\mu,k_\sigma)$,Y 和 Z 也会同时跟着改变,可以绘制出 $p=p(k_\mu,k_\sigma)$ 函数图,图 5-4 给出了$\varsigma=1.5$ 时的 $p=p(k_\mu,k_\sigma)$ 函数图。图 5-4 显示了当过程发生失控时,Ω 事件的发生概率是如何变化的。可以认为,被检测对象"事件发生间隔 Z"同 Ω 事件的发生概率 p 的倒数是正相关的。也就是说,当 p 越大,Z 越小;当 p 越小,Z 越大。为了尽快地检出过程变异,当过程发生变异时,如果概率 p 变大,Z 减小至低于 LCL 时,过程发生报警。

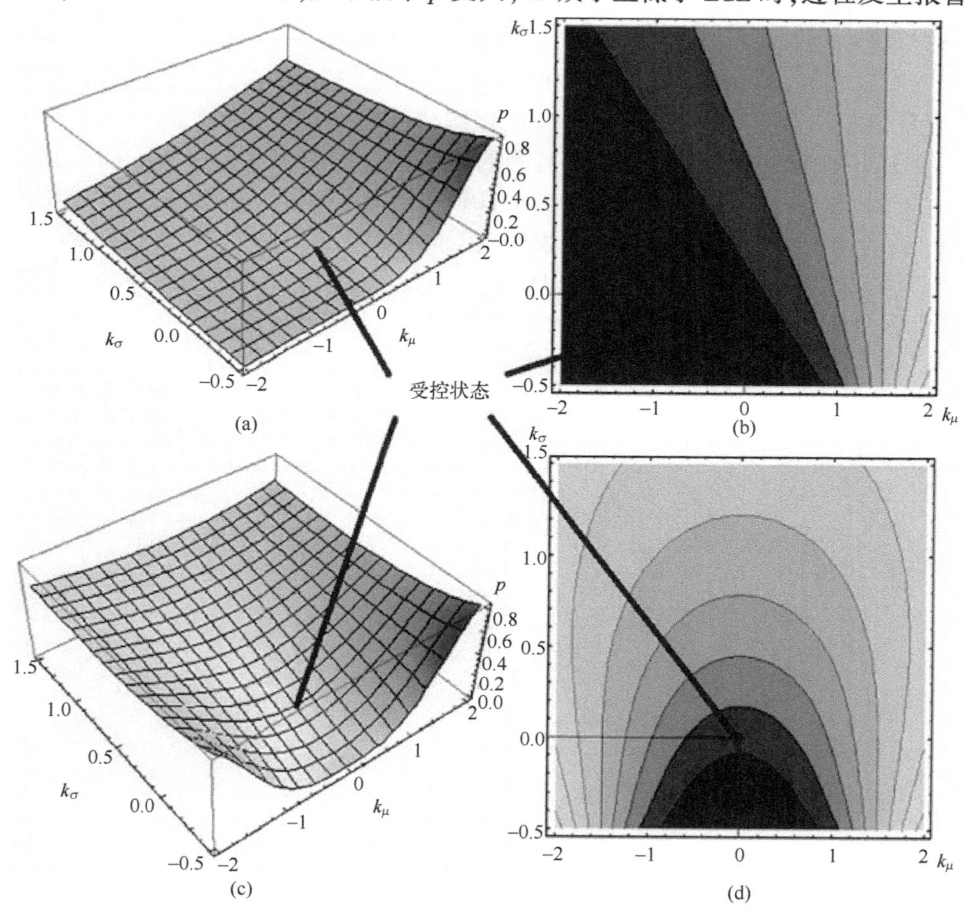

图 5-4　$p=p(k_\mu,k_\sigma)$ 函数图

(a) αGTBE 控制图,三维图;(b) αGTBE,等高线;(c) βGTBE,三维图;(d) βGTBE,等高线。

如果过程在失控时,概率 p 变大,那么从统计的视角来看,Z 会增加。只有当 Z 超过 UCL 时,过程控制图方会报警,这将使得失控平均运行链长大于 UCL。图 5-4 给出了受控状态下的概率 p。根据上述判断,设定 Ω 事件的形式时应当尽可能地使得过程失控时概率 p 增大,或者将条件适当放宽,当过程均值发生偏移或者是过程的标准差变大时,尽可能地使得过程失控时概率 p 增大。这是由于通常过程的标准差变小时,意味着过程能力增加,通常这种情况并非很急迫地需要控制图发出报警。因此在设计 Ω 事件的形式的时候,并没有选择 $(\mu-\varsigma\sigma,\mu+\varsigma\sigma)$。如果绘制 Ω 事件发生概率 p 的等高线图,会发现在发生过程失控时,$(\mu-\varsigma\sigma,\mu+\varsigma\sigma)$ 形式的 Ω 事件发生概率 p 大部分情况在减小。αGTBE 控制图和 βGTBE 控制图在控制时同样存在着缺陷,等高线图中颜色较深的区域表示概率较小的区域,这部分区域对应的过程失控是 αGTBE 控制图和 βGTBE 控制图不敏感的。

考察具有与 αGTBE 控制图对称的 Ω 事件形式 $(-\infty,\mu-\varsigma\sigma)$ 的 γGTBE 控制图,并且令 $\varsigma=1.5$,绘制其 $p=p(k_\mu,k_\sigma)$ 函数图,如图 5-5 所示。从图 5-5 可以看出,γGTBE 控制图与 αGTBE 控制图监测的敏感区域互相补充。在实际的监测过程中,可以同时使用 γGTBE 控制图与 αGTBE 控制图来对过程监测,将两个控制图的监测结果相结合,任意一个控制图发生报警时,则认为过程失控。称这种监测方式为对偶型通用事件时间间隔控制(Dual-GTBE,DGTBE)。这与同时使用均值控制图和极差控制图来进行过程监测比较类似。

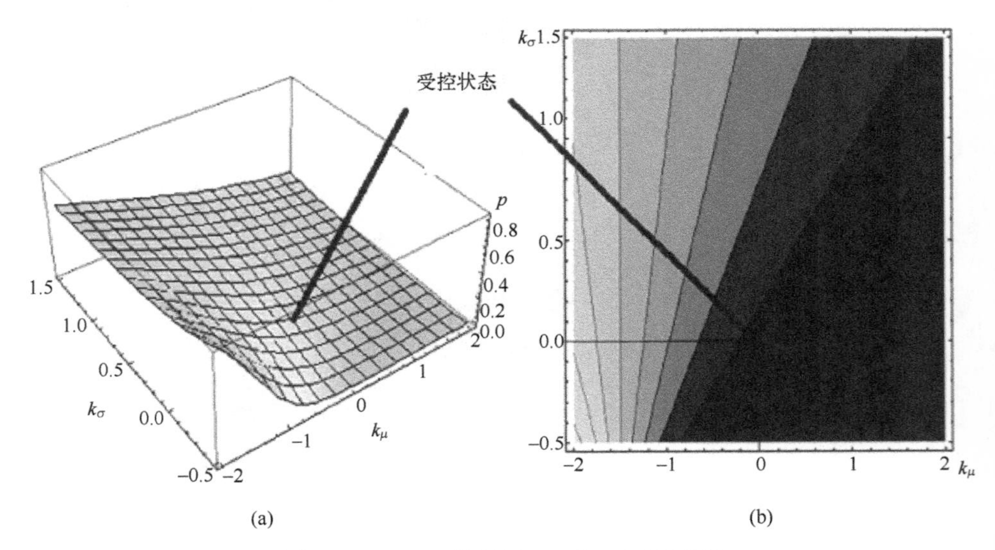

图 5-5 γGTBE 控制图 $p=p(k_\mu,k_\sigma)$ 函数图

(a) 三维图;(b) 等高线。

5.3.2.2　通用的事件时间间隔控制图平均运行链长

一般使用运行链长来评价控制图,而平均运行链长是表征运行链长的一个重要参数。当过程处于受控状态,发生报警,该报警是误报警,此时的运行链长称为受控运行链长。而当过程进入失控状态,控制图发出报警,此时经历的运行链长则为失控运行链长。通常在控制图设计的时候,会尽可能地增长受控运行链长,减小失控运行链长。本章节将讨论 GTBE 控制图以及 DGTBE 的平均运行链长。

通用的事件时间间隔控制图的监测过程如图 5-6 所示。运行过程中,会记录每一个 Z_i,判断 Z_i是否出界,当出界时发出报警,此次运行结束。

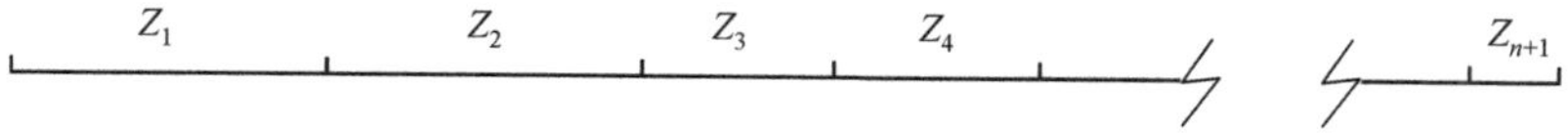

图 5-6　监测过程

监测到 $Z_1, Z_2, \cdots, Z_n, Z_{n+1}$,其中 $Z_1, Z_2, \cdots, Z_n$均位于[LCL,UCL]区间内,即过程未发生报警,当监测到 Z_{n+1},此时由于 Z_{n+1}超出控制限而发出报警,则运行链长为

$$\mathrm{RL} = \sum_{i=1}^{n+1} z_i = \sum_{i=1}^{n} z_i + z_{n+1} \tag{5.27}$$

这里 Z 和 N 均是随机变量。需要注意的是,当 Z_{n+1}超过上控制限时,控制图就会发生报警,所以式(5-27)可以修订为

$$\mathrm{RL} = \sum_{i=1}^{n+1} z_i = \sum_{i=1}^{n} z_i + \min(z_{n+1}, \mathrm{UCL} + 1) \tag{5.28}$$

记 $\eta=\mathrm{UCL}, \delta=\mathrm{LCL}$,$Z$ 服从负二项分布,有 Z 的累计概率分布函数为

$$F(\tau) = \sum_{z=r}^{\tau} f(z) = \sum_{z=r}^{\tau} \binom{z-1}{r-1} (1-p)^{z-r} p^r \quad (\tau = r, r+1, r+2, \cdots) \tag{5.29}$$

这样平均运行链长:

$$\begin{aligned}
E(\mathrm{RL}) = & E_{\{n,z\}} \left(\sum_{i=1}^{n} z_i + \min(z_{n+1}, \eta + 1) \mid z_i \in [\delta, \eta], \right. \\
& \left. z_{n+1} \in (-\infty, \delta) \cup (\eta, +\infty) \quad (i = 1, 2, \cdots, n) \right) \\
= & E_{\{n,z\}} \left(\sum_{i=1}^{n} z_i \mid z_i \in [\delta, \eta] \quad (i = 1, 2, \cdots, n) \right) + \\
& E_{\{n,z\}} (\min(z_{n+1}, \eta + 1) \mid z_{n+1} \in (-\infty, \delta) \cup (\eta, +\infty)) \\
= & E_{\{n,z\}} \left(\sum_{i=1}^{n} z_i \mid z_i \in [\delta, \eta] \quad (i = 1, 2, \cdots, n) \right) + \\
& E_{\{z\}} (\min(z, \eta + 1) \mid z \in (-\infty, \delta) \cup (\eta, +\infty))
\end{aligned} \tag{5.30}$$

式(5.30)前一项为 $\sum_{i=1}^{n} z_i$ 的期望,知道 $z_i \in [\delta,\eta]$,这样可以计算出:

$$\begin{aligned} & E_{\{n,z\}}\left(\sum_{i=1}^{n} z_i \mid z_i \in [\delta,\eta] \quad (i=,1,2,\cdots,n)\right) \\ &= \sum_{c=1}^{+\infty} p_c E_{\{z\}}\left(\sum_{i=1}^{c} z_i \mid z_i \in [\delta,\eta] \quad (i=1,2,\cdots,n)\right) \\ &= \sum_{c=1}^{+\infty} p_c c E_{\{z\}}(z \mid z \in [\delta,\eta]) = E_{\{z\}}(z \mid z \in [\delta,\eta]) \sum_{c=1}^{+\infty} p_c c \end{aligned} \tag{5.31}$$

其中

$$p_c = [F(\eta)-F(\delta-1)]^c[1-F(\eta)+F(\delta-1)]$$

$$E_{\{z\}}(z \mid z \in [\delta,\eta]) = \sum_{z=\delta}^{\eta} zp\{z \mid z \in [\delta,\eta]\} = \sum_{z=\delta}^{\eta} z \frac{f(z)}{F(\eta)-F(\delta-1)}$$

式(5.30)后一项为 $\min(z_{n+1},\mathrm{UCL}+1)$ 的期望,有 $z_{n+1} \in (-\infty,\delta) \cup (\eta,+\infty)$,这样

$$\begin{aligned} & E_{\{z\}}(\min(z,\eta+1) \mid z \in (-\infty,\delta) \cup (\eta,+\infty)) \\ &= \sum_{z=r}^{\delta-1} zp\{z \mid z \in (-\infty,\delta)\} + \sum_{z=\eta+1}^{+\infty} (\eta+1)p\{z \mid z \in (\eta,+\infty)\} \end{aligned} \tag{5.32}$$

其中

$$p\{z \mid z \in (\eta,+\infty)\} = 1-F(\eta)$$

于是可以得出:

$$\begin{aligned} E(\mathrm{RL}) = & \sum_{z=\delta}^{\eta} z \frac{f(z)}{F(\eta)-F(\delta-1)} \sum_{c=1}^{+\infty} [F(\eta)-F(\delta-1)]^c[1-F(\eta)+F(\delta-1)]c + \\ & \sum_{z=r}^{\delta-1} z \frac{f(z)}{F(\delta-1)} + (\eta+1)[1-F(\eta)] \\ = & \frac{1}{1-F(\eta)+F(\delta-1)} \sum_{z=\delta}^{\eta} zf(z) + \frac{1}{F(\delta-1)} \sum_{z=r}^{\delta-1} zf(z) + (\eta+1)[1-F(\eta)] \end{aligned} \tag{5.33}$$

根据式(5.33)借助数学工具 Wolfram Mathematica 即可对 GTBE 控制图进行平均运行链长的计算。

在计算 DGTBE 型监测平均运行链长时,引入离散时间马尔可夫链模型(the Discrete-Time Markov Chain (DTMC) Model)。用 S_0 标记控制图发出报警的状态,那么 S_0 是一个吸收态,标记为 $S_0=\{\nu_0\}$。标记 S 为控制图未发出报警的状态,可以认为状态空间 S 是 S 和 S_0 的并集。转移概率矩阵可以写为

$$\boldsymbol{P} = \begin{pmatrix} \boldsymbol{P} & \boldsymbol{P}_0 \\ \boldsymbol{0} & 1 \end{pmatrix} \tag{5.34}$$

其中 $\boldsymbol{P}$ 是 S 的转移概率矩阵，且 $\boldsymbol{P}_0=(\boldsymbol{I}-\boldsymbol{P})\boldsymbol{e}(\boldsymbol{e}=(1,1,\cdots,1)^{\mathrm{T}})$。

定义初始状态概率向量 $\boldsymbol{\pi}(0)=(\boldsymbol{\pi},\pi_0)$，其中 $\boldsymbol{\pi}=(\pi_1,\pi_2,\cdots,\pi_m)$ $\left(\pi_i\geqslant 0,\sum\pi_i=1\right)$，$m$ 是空间 S 的元素个数。这样运行链长 RL 作为一个随机变量，有

$$\mathrm{RL}=\inf\{n:n\geqslant 0,X_n\in S_0\} \tag{5.35}$$

称 RL 服从相位型（Phase-type）分布，这样运行链长 RL 的平均值、二阶矩以及高阶矩的值均可以得出。可得平均运行链长为

$$E(\mathrm{RL})=\boldsymbol{\pi}(\mathbf{I}-\mathbf{P})^{-1}\mathbf{e} \tag{5.36}$$

要计算平均运行链长 $E(\mathrm{RL})$，需要首先确定 S 空间内的状态，初始状态概率向量以及转移概率矩阵。在同时使用 αGTBE 控制图和 γGTBE 控制图的 DGTBE 监测过程中，使用四维向量空间来表示一个状态，记为 $\boldsymbol{v}=(C_\alpha,Z_\alpha,C_\gamma,Z_\gamma)$。其中 C_α表示在当前的 αGTBE 控制图监测周期中已经发生的 Ω 事件次数；Z_α表示在当前的 αGTBE 控制图监测周期中已经发生的观测次数；C_γ表示在当前的 γGTBE 控制图监测周期中已经发生的 Ω 事件次数；Z_γ表示在当前的 γGTBE 控制图监测周期中已经发生的观测次数。为了区别，在 UCL，LCL 和乘子ς，Ω 事件等后加下标 α 或 γ。从定义知 $C_\alpha,Z_\alpha,C_\gamma$和 Z_γ是正整数。于是有

$$\begin{aligned} S=\{\boldsymbol{v}=(C_\alpha,Z_\alpha,C_\gamma,Z_\gamma):0\leqslant C_\alpha<r_\alpha,C_\alpha\in\text{Integers},\\ C_\alpha\leqslant Z_\alpha\leqslant\mathrm{UCL}_\alpha,Z_\alpha\in\text{Integers},\\ 0\leqslant C_\gamma<r_\gamma,C_\gamma\in\text{Integers};\\ C_\gamma\leqslant Z_\gamma\leqslant\mathrm{UCL}_\gamma,Z_\gamma\in\text{Integers}\} \end{aligned} \tag{5.37}$$

Z_α,Z_γ不会超出各自对应的上控制限，C_α,C_γ不会超出单周期内各自对应的 Ω 事件发生次数 r_α,r_γ。同时观测到 C 次 Ω 事件发生时，必然至少已经进行了 C 次观测，所以 Z 至少应当比 C 大，于是有 $C_\alpha\leqslant Z_\alpha$ 和 $C_\gamma\leqslant Z_\gamma$ 的限制。这样可以计算出矩阵 $\boldsymbol{P}$ 的维数 m 有

$$m=\frac{1}{4}(r_\alpha+1)(2\mathrm{UCL}_\alpha-r_\alpha+2)(r_\gamma+1)(2\mathrm{UCL}_\gamma-r_\gamma+2) \tag{5.38}$$

m 会随着 r 和ς的增大而迅速增大，这是由于较大的ς意味着很大的 UCL，从式（5.38）可以看到 UCL 对 m 的影响很重要。维数的增大会增加平均运行链长的计算难度。幸运的是概率转移矩阵 $\boldsymbol{P}$ 是一个稀疏矩阵，每行至多有 3 个非零元素。这是因为每次状态转移，只会有 3 个可能的结果：发生 Ω_α 事件；发生 Ω_γ 事件；没有 Ω 事件发生。

记发生 Ω_α事件的概率为 p_α，发生 Ω_γ事件的概率为 p_γ，则没有 Ω 事件发生的概

率是 $q=1-p_\alpha-p_\gamma$。这样可以建立转移矩阵。图 5-7 给出了一步转移概率图。根据图 5-7 可以填充转移概率矩阵。

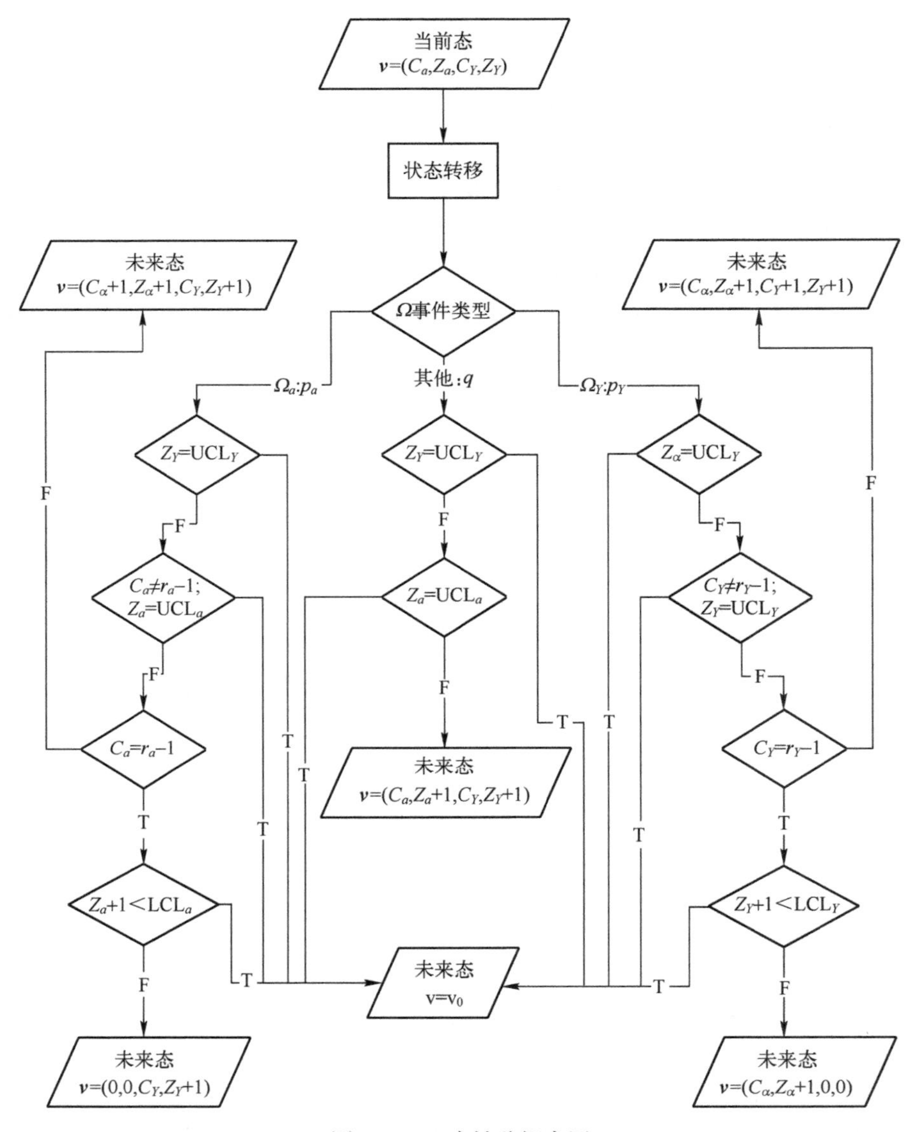

图 5-7　一步转移概率图

因为从状态 $\boldsymbol{v}=(0,0,0,0)$ 出发，将 $\boldsymbol{\pi}(0)$ 对应的元素赋值为 1，其余的赋 0 值，即可得到初始状态概率向量。得到概率转移矩阵和初始状态概率向量，即可以计算平均运行链长 $E(\mathrm{RL})$。

需要注意，使用蒙特卡罗仿真等方法同样可以计算出平均运行链长。通过研究 ARL=ARL(k_{μ},Γ)函数来探讨控制图在面临过程均值变动时的监测能力。其中 Γ 是设计参数向量。对于 GTBE 控制图和 DGTBE 监测，Γ 为(r,ς)。根据式(5.38)以及蒙特卡罗仿真法，给出其平均运行链长，这里认为 DGTBE 监测中涉及的 αGTBE 控制图和 γGTBE 控制图所用的参数是一致的。通常来说，这两种监测的平均运行链长较大，所以使用对数坐标纸绘制。图 5-8 给出了函数图。

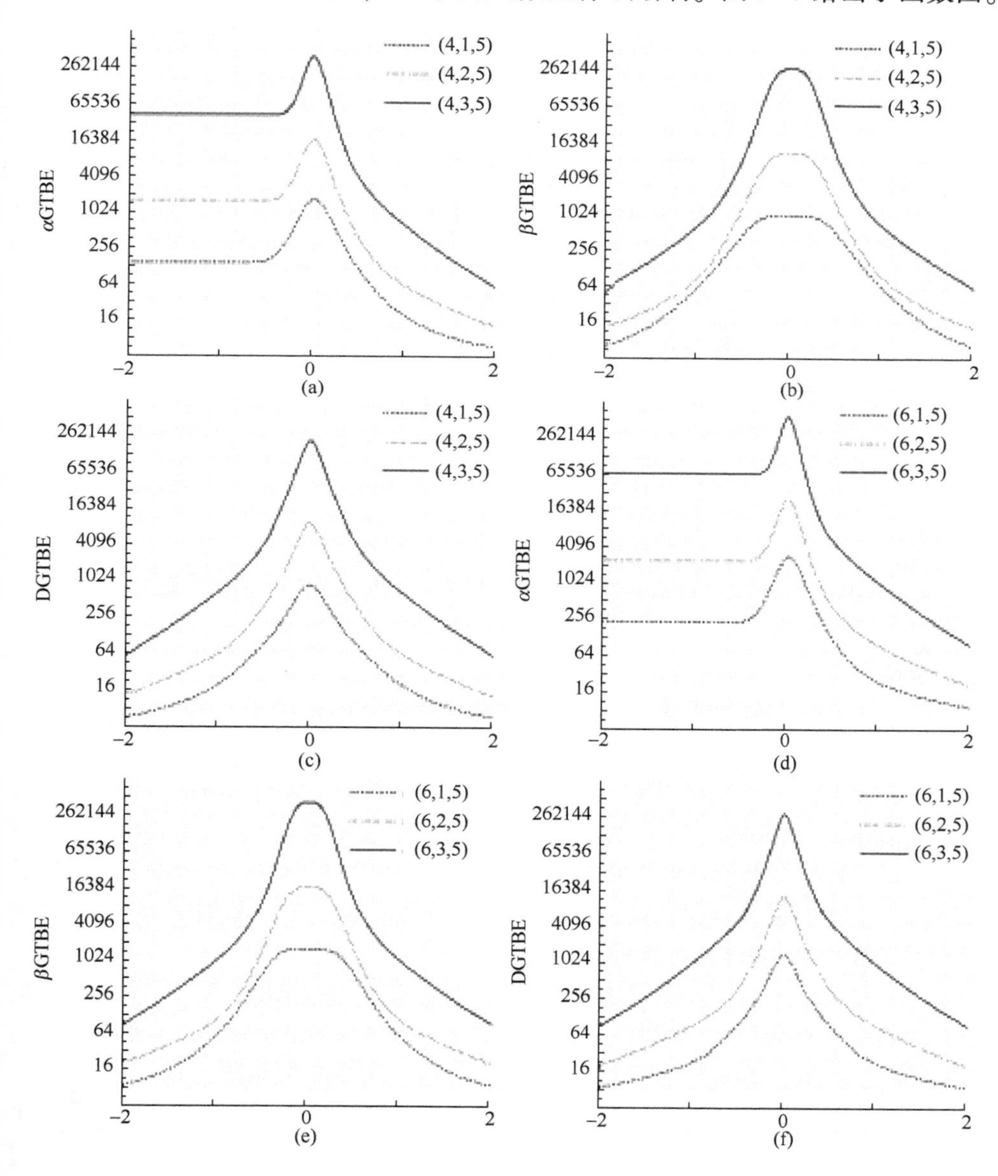

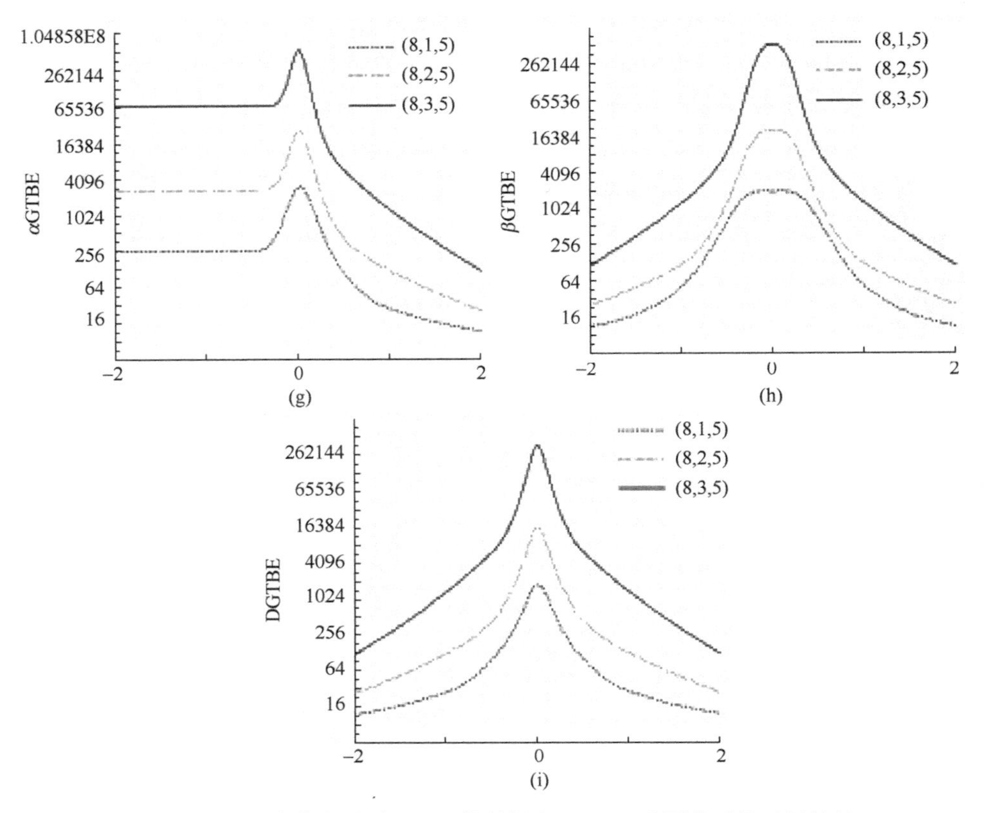

图 5-8　过程均值变动时 GTBE 控制图和 DGTBE 监测的平均运行链长

根据图 5-8,可以得到下列结论:

(1) βGTBE 控制图和 DGTBE 监测过程均值变动的能力是对称的。αGTBE 对于过程均值减小并不敏感。

(2) 较大的 r 或ς会带来较大的受控平均运行链长。由于 ARL=ARL (k_μ,Γ)函数是连续的,较大的受控平均运行链长会导致控制图对于较小的均值变动不敏感。所以 GTBE 类型的控制图更适用于监测 $k_\mu>0.5$ 的变动。较大的受控平均运行链长会使得误报警率大大降低。这会增加管理层对于控制图的信心,同时减少因为误报警造成的检修停机损失。

(3) 如果对于过程变动没有先验知识,推荐使用 DGTBE 监测,其监测过程均值变动的能力较为均衡。同时 DGTBE 监测比 βGTBE 控制图在均值小变动时更为敏感,而且 DGTBE 在监测过程均值减小时表现比 αGTBE 控制图为好。

(4) 参数设置时,推荐使用较大的 r 值。当ς一定时,较大的 r 值会增加受控平均运行链长,同时对失控平均运行链长的影响较小,也就是较小降低控制图发现过程失控的能力。当需要较大的平均运行链长时,调整 r 要优于调整ς。

采用类似的步骤,绘制 ARL $=\mathrm{ARL}(k_\sigma,\Gamma)$ 的线图,可以考察 GTBE 控制图和 DGTBE 监测对于过程标准差变动时的监测能力。如图 5-9 所示。

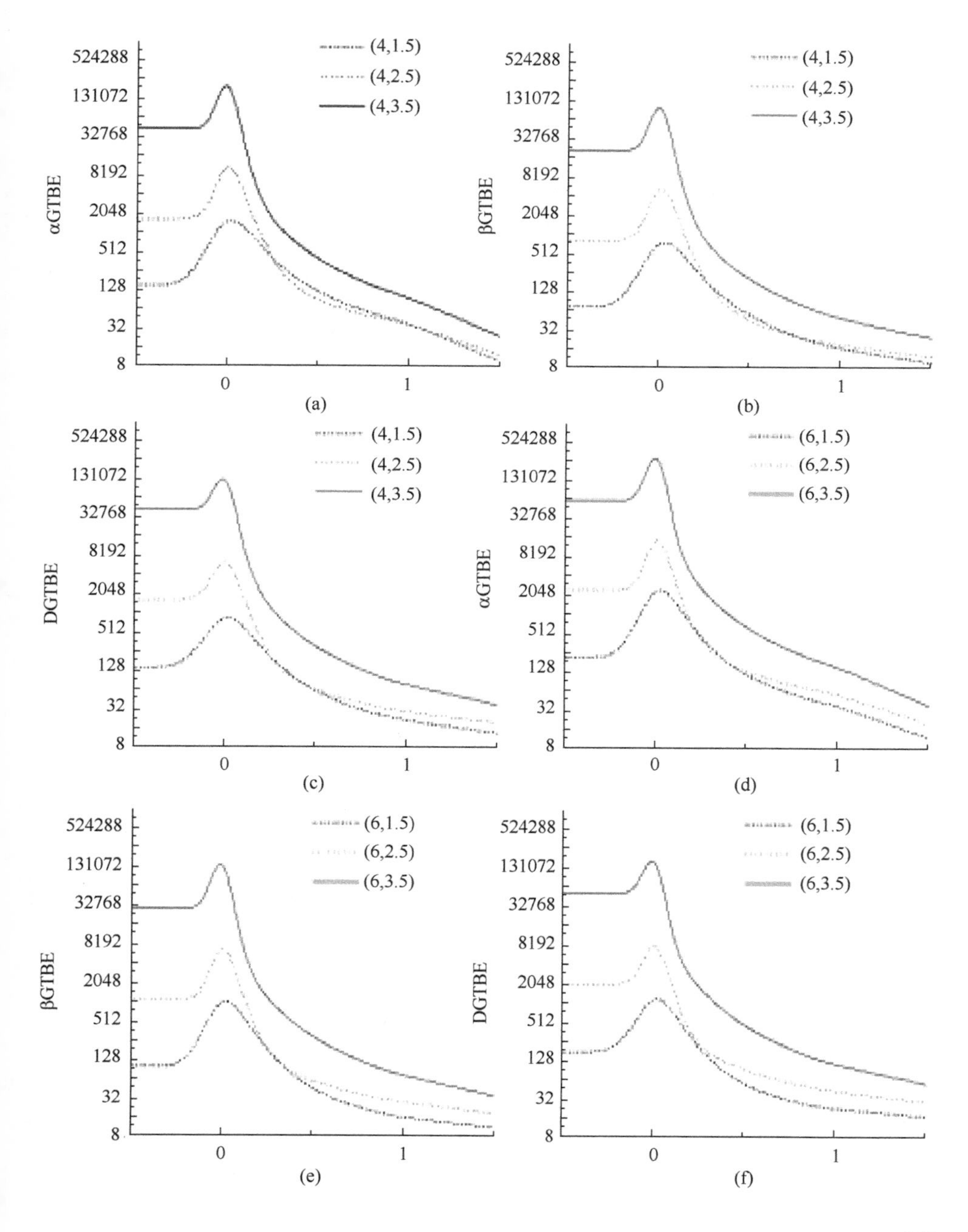

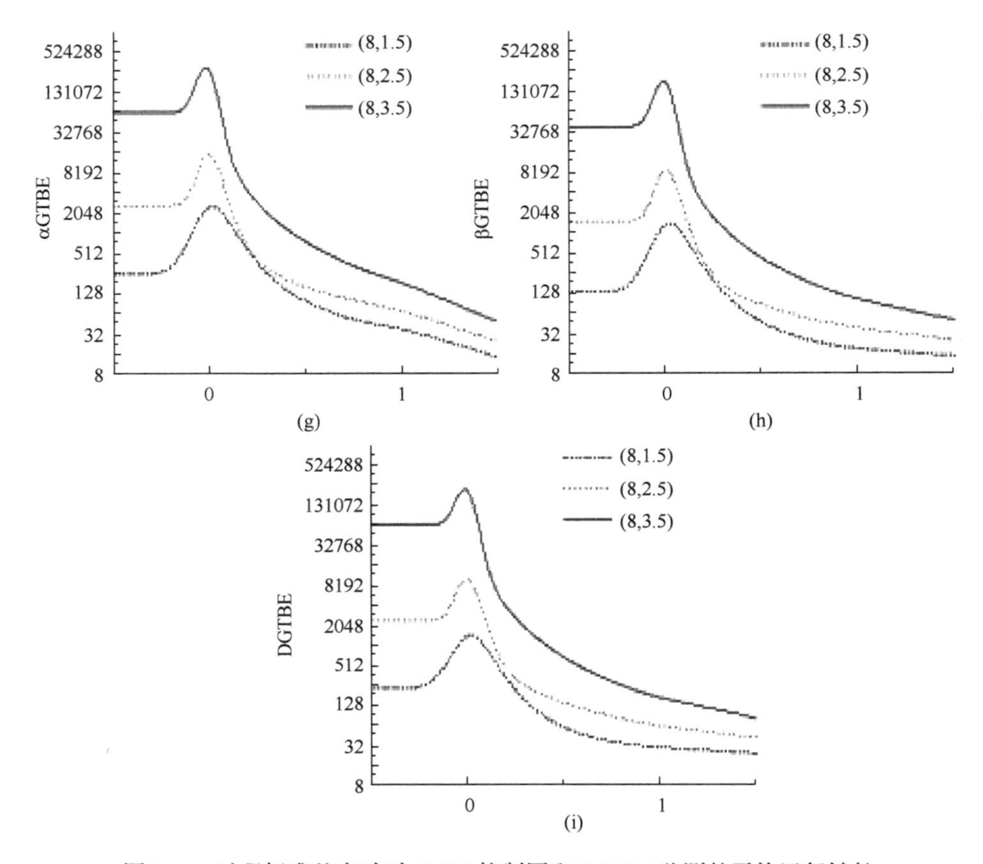

图 5-9　过程标准差变动时 GTBE 控制图和 DGTBE 监测的平均运行链长

根据图 5-9 可以得出以下结论：

(1) 3 种监测都可以监测过程标准差的减小或者增大。当过程标准差减小时,失控平均运行链长比上控制限 UCL 稍微大。

(2) 3 种监测对较大的过程标准差增加都很敏感。当过程标准差变动系数到达 0.5 时,失控平均运行链长很快降到 100 以下。

(3) 推荐使用 βGTBE 控制图进行过程标准差变动的监测,当 $k_\sigma \in (0.5,1.2)$,其比 DGTBE 监测敏感。

5.3.2.3　实施步骤及算例研究

GTBE 控制图实施步骤如图 5-10 所示。

一元计量型数据一般被认为是服从正态分布的,而多元计量型控制图在监控时会通过 Hotelling 监测变量等方法转化成卡方分布等一元数据类型,这样针对具体分布的不同,即可以将通用的事件时间间隔控制图用于高质量过程的一元以及

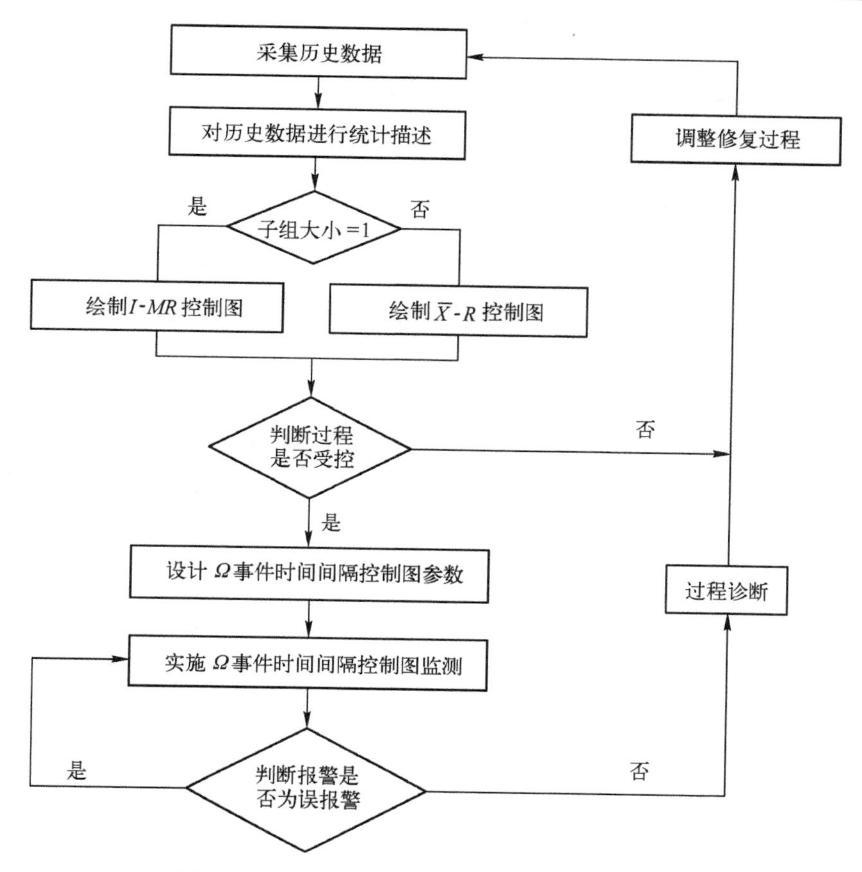

图5-10　通用的事件时间间隔控制图实施步骤

多元计量型数据监控上，同传统的计数型数据监控的TBE控制图相结合，达到对高质量过程计量数据、计数数据全方位监测的目的。更重要的是，通用的事件时间间隔控制图从根本上降低了误报警率的发生，这对可靠性驱动的过程监控是非常有利的。下面具体说明GTBE控制图实施步骤。

步骤1：采集历史数据，通常这里可以查询过往的质量记录等方式，采集的数据量通常在20～70之间，如采集了某质量特性60个历史时序数据如表5-3所列。

表5-3　实例数据

18.938	18.761	19.998	20.501	20.155	20.439	19.910	19.946	20.331	18.285
20.662	20.636	21.573	20.223	18.622	20.097	21.654	18.786	19.592	19.515

（续）

18.366	20.433	20.839	19.918	19.396	20.401	20.712	19.024	18.448	20.663
20.138	19.554	19.832	22.126	19.979	20.910	19.221	19.774	21.212	18.454
18.858	18.974	19.104	19.198	19.199	20.272	18.657	20.354	21.764	20.794
21.166	18.356	18.952	18.717	20.223	20.548	21.337	20.354	21.124	18.986

步骤 2：结果验证可以得到上述采集到的数据是独立的，服从正态分布的结论。可以计算出其均值为 19.919，标准差为 0.972。由于本次采集数据子组大小为 1，所以绘制 *I-MR* 控制图，如图 5-11 所示。从图中可以看到，所有的数据点均在界内，未超出 UCL 或者 LCL 控制限，可以得出结论：目前过程受控，适用通用的事件时间间隔控制图进行长期监控。

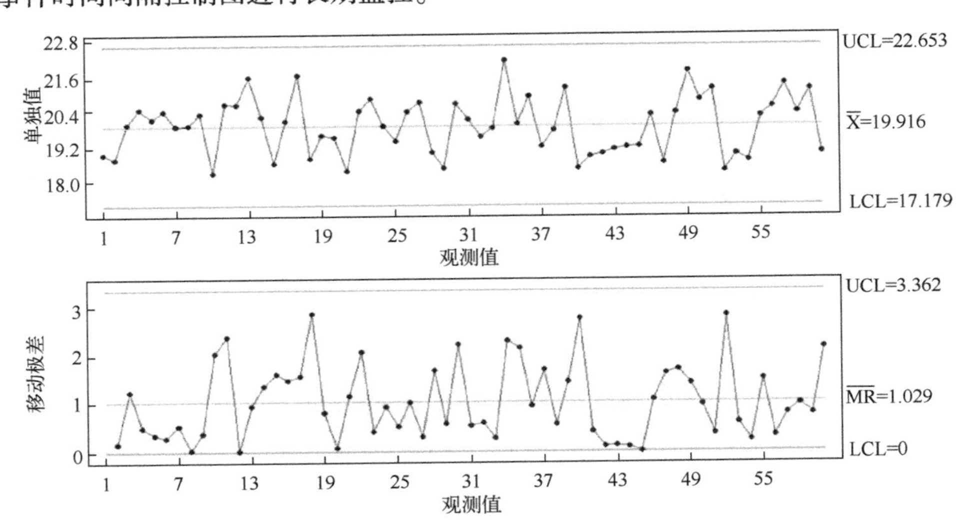

图 5-11　绘制 *I-MR* 控制图观察历史数据

步骤 3：设计通用的事件时间间隔控制图参数。通常而言，控制图参数的选择遵循这样的规则，一方面使控制图能够具有较好的发现过程异常的能力，另外一方面又希望控制图的误报警率较低，反应到平均运行链长上，即控制图的受控平均运行链越长越好，控制图的失控平均运行链长越短越好。计算通用的事件时间间隔控制图的过程如下：

结合式(5.25)和式(5.26)，计算得到的通用事件时间间隔控制图控制限由表 5-4 给出。给定控制限 r，ς之后，根据结果选择 βGTBE 控制图，采用 $r=5$，$\varsigma=2.5$，UCL=883，LCL=116 参数组合。

表 5-4　通用事件时间间隔控制图控制限

控制图类型		Ω-I				Ω-II			
α		0.03		0.05		0.03		0.05	
		UCL	LCL	UCL	LCL	UCL	LCL	UCL	LCL
$\varsigma=1.5$	$r=3$	56	5	51	6	115	9	105	10
	$r=5$	78	13	73	14	161	23	150	26
	$r=7$	100	21	94	23	204	40	191	44
	$r=9$	120	31	113	33	245	59	232	64
$\varsigma=2.5$	$r=3$	632	42	579	51	1267	83	1160	101
	$r=5$	883	116	821	132	1769	230	1646	263
	$r=7$	1116	206	1048	229	2236	409	2099	455
	$r=9$	1339	305	1265	334	2683	608	2534	665

在给出了监测变量以及控制限之后，该控制图在实际制造过程中已经可以运用。通常平均运行链长被用来评估控制图运行的效率。

步骤 4：进行监控，图 5-12 给出了通用事件时间间隔控制图的实施示意图。

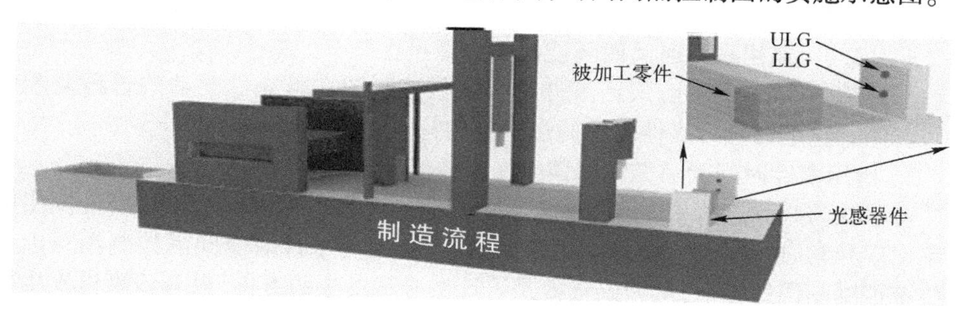

图 5-12　通用事件时间间隔控制图实施示意图

假设被监测的质量特性是被加工零件的高度，设置激光发射器 ULG 以及 LLG，分别对应与 $\mu+\varsigma\sigma$ 以及 $\mu-\varsigma\sigma$ 的高度，在工位的另一侧布置光感器件，如果质量特性超出了 $\mu+\varsigma\sigma$，即被加工零件遮挡了 ULG、LLG，则光感器件接收不到激光信号；如果质量特性小于 LLG，则光感器件能够同时接收 ULG、LLG 两个激光信号。这两种情况都意味着 Ω 事件发生，会使得计数器加 1，当计数器到 5 时，意味着发生了 5 次 Ω 事件，记录这 5 次 Ω 事件发生的过程中制造的零件个数，即为 Z，当 Z 超出上控制限 UCL 或者是小于下控制限 LCL 时，发出报警。如此进行过程监测，获得的监测数据为 439、305、423、160、307、309、428、360、337、265、252、355、647、730、429、392、601、260、423、217、748、497、343、379、588、557、216、266、262、101。

步骤 5: 绘制通用的事件时间间隔控制图,如图 5-13 所示。注意当 Z 超出上控制限 UCL 或者是小于下控制限 LCL 时,发出报警。最后一个监测到的事件间隔为 101,小于下限 116,此时发出报警。判断过程是否真正失控,若本次报警为误报警,重新回到步骤 4,否则进入步骤 6。这里需要工程人员相关的背景知识。

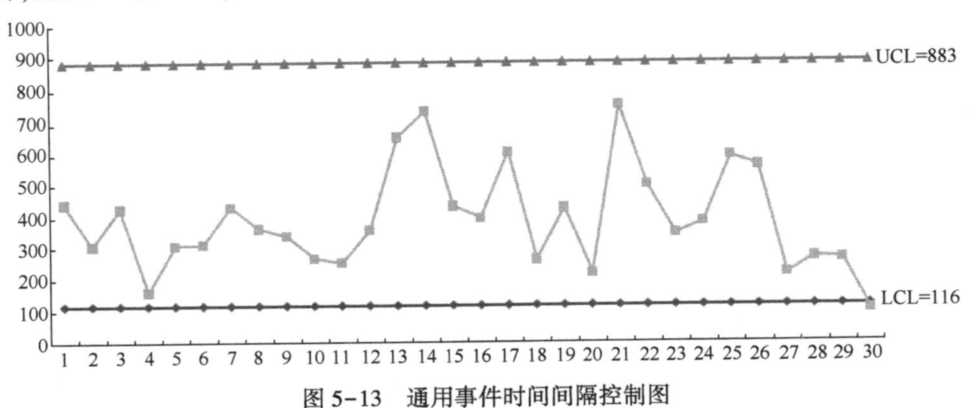

图 5-13　通用事件时间间隔控制图

步骤 6: 分析过程失控原因,调整修复过程,使其重新进入受控状态。这里需要工程人员相关的背景知识。

5.3.2.4　通用事件时间间隔控制图的适用性

与传统的控制图相比,通用事件时间间隔控制图在可靠性驱动的过程监测中更为实用。这里针对可靠性驱动的过程监测特点一一说明。

1. 通用事件时间间隔控制图误报警率较低

可以认为观测点落到 3σ 线外也是一种 Ω 事件,那么只有当该 Ω 事件发生的概率出现异常时控制图才会发出报警。换言之,通用事件时间间隔控制图可以监测传统控制图误报警率,认为误报警是统计上必将发生的事件,只有该事件发生概率变化时,过程方会失控。这样就大大的增加了控制图的受控平均运行链长,同时使得误报警率降低。

2. 通用事件时间间隔控制图辅助过程诊断

在控制图监测的过程中,当发生报警时,控制图应当具备辅助工作人员进行过程诊断的能力。

对于 αGTBE 和 βGTBE 控制图,假设报警前最后一个观测为 Z,可以作出假设此时 Ω 事件发生概率已经失控,这样有

$$\frac{r}{Z}=p=p(\Delta\mu,\Delta\sigma)=p(k_\mu,k_\sigma)=\begin{cases}\Phi\left(\dfrac{k_\mu-\varsigma}{1+k_\sigma}\right) & (\alpha\text{GTBE})\\ \Phi\left(\dfrac{k_\mu-\varsigma}{1+k_\sigma}\right)+\Phi\left(\dfrac{-\varsigma-k_\mu}{1+k_\sigma}\right) & (\beta\text{GTBE})\end{cases}\tag{5.39}$$

可以计算出可能的过程失控状态($\Delta\mu,\Delta\sigma$)。

对于 DGTBE 控制图,假设在报警前最后一次观测到的 αGTBE 控制图和 γGTBE 控制图观测量分别是 Z_α和 Z_γ。这样有

$$\Phi\left(\frac{k_\mu-\varsigma}{1+k_\sigma}\right)=\frac{r'}{Z_\alpha} \tag{5.40}$$

$$\Phi\left(\frac{-\varsigma-k_\mu}{1+k_\sigma}\right)=\frac{r''}{Z_\gamma}$$

3. 通用事件时间间隔控制图具备通用性

由于在订立 Ω 事件时,具有极大的自由性,通用事件时间间隔控制图同样适用于监测不服从正态分布的过程。甚至 Ω 事件可以是离散的,例如喷涂作业时灰点数目等。通用事件时间间隔控制图监测 Ω 事件发生概率,只要发生概率确定,就可以实施通用事件时间间隔控制图。

5.3.3　可靠性驱动的截尾控制图控制技术

复杂产品的固有可靠性形成于其多工位的制造过程。制造阶段多工位间的波动,引发表征产品质量的关键质量特性发生波动,进一步地,各设计阶段确立并要求的可靠性指标也将会出现波动。可见,制造过程的稳定与否是形成标准产品质量特性的首要条件,也是反映批产质量均一化水平的重要指标。如何利用过程监测,及时有效地发现过程波动,从而为进一步过程控制提供参考是非常重要的。传统的计数型或计量型控制图技术常被用于过程波动的检测,并通过对样本观测信息的统计特征表现趋势展开针对性的不确定性因素分析、控制或预测等。受偶然因素作用的影响,实际产品的制造质量相较设计要求势必存在变差。但如果变差超出了此稳定模式的范围,则其原因是可以发现并予以纠正及控制的。

5.3.3.1　过程截尾型质量特性对产品可靠性的影响分析

波动作为质量特性的演化特征,普遍存在于制造的各个阶段,对被制造产品可靠性产生消极影响。实施制造过程可靠性的监控常常需要借助于制造过程的检测手段获取状态数据,限于时间和成本等截尾因素,检测中采集到的关键质量特性数据依据赋值特点,可分为关键的非截尾型和截尾型共两大类别的质量特性。非截尾型数据对应质量特性的真实取值,是常规控制图所普遍处理的完全常态数据。截尾型数据不可避免地存在且对应质量特性的不完整取值。依截尾方式的不同,截尾型数据存在定时截尾和定数截尾两种类型,其中,定时截尾机制即右截尾数据广泛存在于可靠性的检测数据中。这样,右截尾型关键质量特性作为不完全质量数据,本身包含的质量信息较少,存在极大的不准确性。

可靠性作为时间维度上的质量,已经进入面向全寿命、全过程、全特性的综合集成阶段,具体表现为图 5-14 所示的由设计阶段可靠性、制造过程固有可靠性、销

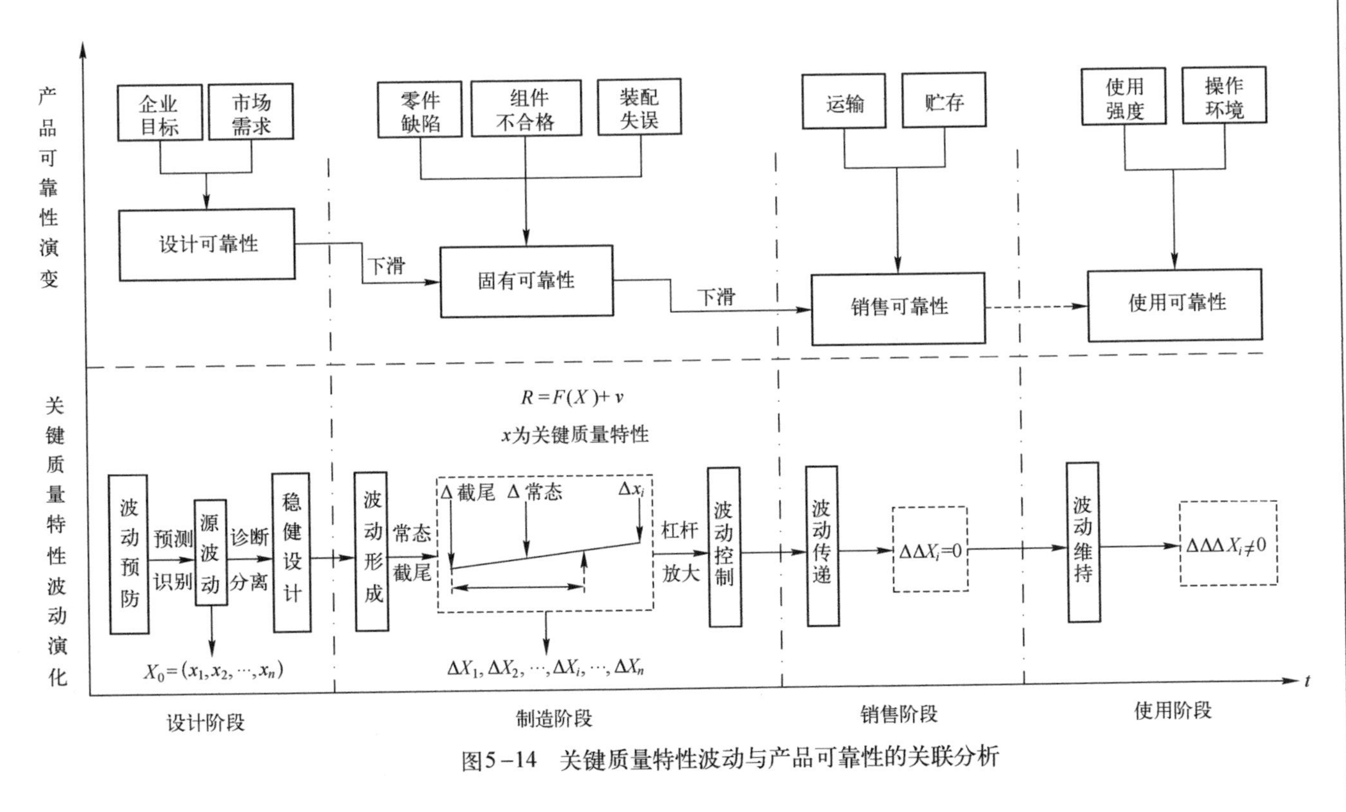

图5-14 关键质量特性波动与产品可靠性的关联分析

售阶段可靠性到使用过程可靠性的传递演化过程[7]。追本溯源，推动全寿命期产品可靠性发生演变的因素在于关键质量特性的波动，并在不同阶段具有各异的特点。设计阶段主要是关键质量特性波动的识别与预防，制造阶段主要是形成波动和控制波动，销售阶段主要实现波动的无损传递，使用阶段通过维修保障实现波动的维持，从而避免触发故障。图 5-14 清晰反映了关键质量特性的波动演化与产品可靠性的演变关系。

产品的制造过程依照设计阶段界定的可靠性指标及相关参数，经过加工、装配两大环节的操作，形成被制造产品的固有可靠性指标。由于设计阶段对制造波动因素的预防设计不到位和制造阶段对波动因素实时控制不到位，制造端输出的固有可靠性往往难以达到设计可靠性要求，表现为可靠性的下滑。

特别是受质量检验方法的限制，在制造过程的加工阶段，组件的检验数据存在截尾现象，相应的关键质量特性的波动表现出截尾的特征。考虑到波动的不确定性影响着可靠性的高低，可判定不确定性越高，可靠性越难得以保证。而截尾型特性由于截尾本身包含的信息量更少，其不确定性程度较常态型波动的不确定性更大。反映到图 5-14 中的波动效应杠杆，截尾型关键质量特性的波动对实际制造可靠性的下滑影响更为突出。如何深入剖析截尾型关键质量特性以尽可能还原数据的真实状态，建立截尾型关键质量特性波动数据的分析控制技术，是控制并预防相较于设计可靠性要求制造阶段出现产品可靠性下滑而衍生较高早期失效率的关键。

5.3.3.2　截尾特性的渐近还原法分析

截尾质量特性不同于传统的计量型和计数型统计数据，因为它不是单纯的记录每一个质量特征值，也不是单纯的统计合格品或不合格品数。通常情况下，截尾型质量特性数据是计量型和计数型混杂的复合型数据。鉴于此，本书充分正视截尾型数据失真的问题，选用逼近问题中逐次渐进的数学原理为指导，深入剖析截尾特性以尽可能还原数据的真实状态。

1. 收敛 CEV 的渐近还原原理

对于截尾特性在水平 C 处截尾时，即观测值采用定时截尾机制获得右截尾数据，引入 0-1 变量 γ，并规定质量特性值 $X_i \leqslant C$ 时，$\gamma_i = 0$，对应 X_i 为实际观测值；质量特性值 $X_i > C$ 时，$\gamma_i = 1$，对应 X_i 为截尾观测值，同时记录其数值大小为截尾水平值 C。因此，右截尾型关键质量特性数据可用 (X_i, γ_i) 进行刻画，同时有截尾质量特性的总数为 $m = \sum_{i=1}^{n} \gamma_i$，非截尾型质量特性的总数为 $r = \sum_{i=1}^{n} (1 - \gamma_i)$。继而有样本观测值 $X = (x_1, x_2, \cdots, x_r, C_{n-r}, \cdots, C_n)$。

逐次渐进还原数学原理是先根据问题的条件确定解的大致范围，然后，通过不断改进方法或者排除不可能的情形，逐步缩小解空间，最终获得问题的最优解[8]。收敛 CEV 的拟真还原法以数据渐近还原为基本思想，针对传统 CEV 确定的大于截

尾水平 C 值的条件期望值进行渐近分析中的函数极限处理，进而确定用以拟真表征截尾数据的截尾期望值 $v_{cc}=\lim\limits_{\theta\to\hat{\theta}}E_{cc}\{(X,\theta)\mid(X,\theta)\geqslant C\}$，保证处理后截尾数据的有效性，从而提高控制图的效率。

因此，初始截尾数据的取值不再参照截尾水平，而采用估计所得的高于截尾水平的更接近实际数据的截尾期望值加以替换。采用截尾期望值取代截尾数据本身可以满足样本数据的均值等于实际过程的均值，从很大程度上减小了传统过程参数估计中对于由截尾数据导致的偏态分布的估计偏差。

2. 截尾型质量特性的收敛 CEV 处理

面向截尾特性的收敛 CEV 拟真还原技术是以极大似然估计法和截尾期望值方法相结合为基础，以函数极限为导向，依据如下步骤进行的：

步骤 1：建立右截尾型质量特性的密度分布函数 $f(x_i)^{1-\gamma_i}\Pr(X_i>C)^{\gamma_i}$，即 $f(x_i)^{1-\gamma_i}S(x)^{\gamma_i}$，继而根据极大似然函数的意义，考虑截尾因素的对数极大似然函数为

$$\log L(\theta)=(N-r)S(C;\theta)+\sum_{i\in D}f(x_i;\theta)\tag{5.41}$$

式中：θ 代表一个或多个质量特性分布参数；x_i 是检测得到的样本质量特性值；C 对应质量特性的截尾水平值；f 表示 x_i 的失效分布；S 表示 x_i 的生存分布；r 则统计了非截尾型样本的个数；D 代表了非截尾型样本的集合。

步骤 2：明确截尾数据的截尾期望值与质量特性的潜在分布形式的相关性，表现为潜在分布参数的函数：

$$v_c=E_c\{(X,\theta)\mid(X,\theta)\geqslant C\}=\frac{\int_C^{\infty}xf(x;\theta)\,\mathrm{d}x}{\int_C^{\infty}f(x;\theta)\,\mathrm{d}x}=h(\theta)\tag{5.42}$$

步骤 3：对收敛 CEV 的拟真还原法中质量特性的取值作出如下定义：截尾数据由截尾期望值代替，非截尾数据保持原值不变，如此实现样本信息的还原与更新。

$$v_i=\begin{cases}x & (x\leqslant C)\\ v_c & (x>C)\end{cases}\tag{5.43}$$

步骤 4：根据还原后的样本信息和极大似然方程确定出分布参数的估计值，表现为如下式所示的截尾期望值的函数：

$$\hat{\theta}=g(v_i)\tag{5.44}$$

具体计算时，需要给参数 θ 赋适当的初始值，然后按照步骤 2 至步骤 4 的公式顺序计算 $\hat{\theta}$，将得到的新参数值重新代入步骤 2 至步骤 4 的公式中，如此多次迭代

计算,直到参数值收敛到所需精度为止。进而,可确定收敛 CEV 下的截尾期望值为

$$v_{cc}=\lim_{\theta\to\hat{\theta}}E_{cc}\{(X,\theta)\mid(X,\theta)\geq C\}\tag{5.45}$$

通过上述方法,初始的一组截尾型质量特性数据 $X=(x_1,x_2,\cdots,x_r,C_{n-r},\cdots,C_n)$,还原替换为$(x_1,x_2,\cdots,x_r,v_{cc},v_{cc},\cdots,v_{cc})$,完成截尾型质量特性数据的拟真还原。

3. 截尾特性控制图及其性能指标的构建

受截尾机制的影响,截尾控制图的检验统计量区别于传统控制图单纯的取质量特性的算术平均值,其检验统计量可能有更复杂的形式并包含截尾数据及其变形。继而,难以依照传统 $\mu\pm3\sigma$ 的原则确定上下控制限的推导式。此外,对截尾型质量特性而言,截尾样本中截尾比例的大小对控制图类型为 $\overline{X}$型,或 S 型或$\overline{X}-S$ 型影响重大。Steiner 和 MacKay[9]已经论证得到在截尾样本比例较高时(大于 0.5),$\overline{X}$型截尾控制图同样适用于对过程标准差变化的检测。假设存在过程方差变大的情况,位于过程均值左侧的截尾特性将向取值更低的一侧移动,而过程均值右侧的截尾特性仍具有统一的截尾阈值的取值 v_{cc},进而可推断整体样本取值趋于减小,即对应的过程均值减小。这样,可知对高度右截尾的质量特性而言,过程方差的增加具有和过程均值的减小类似的表现和效应,故此处可仅对$\overline{X}$型截尾控制图展开分析和讨论。

因此,这里采用蒙特卡罗仿真得到用于不同截尾比例和样本量的控制界限,其中创建的监控参数、控制图的实施步骤与性能分析指标对截尾特性进行控制时不为具体控制图类型所限制,适用性较广。

步骤 1: 以前面确定的分布参数的估计值$\hat{\theta}=g(v_i)$作为输入,产生服从 $f(\cdot)$ 分布的 N 个随机数,根据工程实际情况设定截尾值 C,将其中大于 C 的数值全部由 C 替换。

步骤 2: 将步骤 1 中生成的未经排序的截尾随机数据每 n 个为一组,分别计算每小组的检验统计量 $T_j=\sum\limits_{i\in D}X_i+mC/n,(j=1,2,\cdots,N/n)$ 即监控参数,得到统计量矩阵 $\boldsymbol{TS}=[T_1,T_2,\cdots,T_{N/n}]^{\mathrm{T}}$。

步骤 3: 由小到大对 $\boldsymbol{TS}=[T_1,T_2,\cdots,T_{N/n}]^{\mathrm{T}}$ 中的元素进行排序而给出顺序统计量矩阵 $\boldsymbol{TS}'=[T_1',T_2',\cdots,T_{N/n}']^{\mathrm{T}}$,满足 $T_1'\leq T_2'\leq\cdots\leq T_{N/n}'$的大小要求。定义位置标量 $p=[p_1,p_2]=\left[\frac{N}{n}\cdot R_f,\frac{N}{n}\cdot(1-R_f)\right]$,期望误报警率为 R_f 时,可确定本次所估计的控制限如下:

控制下限:

$$\mathrm{LCL}=\frac{1}{2}(T_{p_1}'+T_{p_1+1}')\tag{5.46}$$

控制上限：

$$UCL=\frac{1}{2}(T'_{p_2}+T'_{p_2+1}) \tag{5.47}$$

这里，控制上限和下限的确定主要基于最基本的 Type I 误差，即期望的误报警率，对顺序样本取值在上下边界上的界限划分。特别地，控制下限限定了样本中较小观测值的误差边界而控制上限则限定了样本中较大观测值的误差边界。

步骤 4：多次重复执行步骤 1 至步骤 3，计算每次得到的控制限的算术平均值，作为最终的控制限，将更新后的样本点信息录入控制图中后，可完成控制图的构建。

依所研究控制图中所含的控制限数目，存在单侧型如均值控制图和双侧型如均值—极差，或均值标准差等类型的控制图。文中所提的截尾控制图为单侧控制图，这种结构是由截尾数据本身的特点导致。截尾机制为右截尾时，质量特性表现为望大特性，一方面，过程均值向上偏移会带来截尾比例的增加，导致样本本身观测值包含更少信息量，进而很难判断所在制造过程的均值是否发生了位置上的偏移；另一方面，工程应用中的望大型产品特性常常关注于特性的衰减趋势而不必担心产品特性优于设计的规范值，所以对右截尾型质量特性只需建立单侧控制下限 $LCL=\frac{1}{2}(T'_{p_1}+T'_{p_1+1})$ 是合理并实用的。

工程应用中，平均运行链长（Average Run Length，ARL）常被认为是衡量控制图效果优劣的首要指标。该效果型指标从结果出发，仅对被抽取的观测值进行统计意义上的衡量。当过程状态接近异常而未明显表现出来时，ARL 的比较不再适宜。因此，本书将采用区别于 ARL 的新指标最优反应距离（The optimal reaction distance），记为 R_d，从预防性控制的角度出发，对截尾型控制图的性能进行评价。其中，R_d = Min | Test Statistic−Control Limit 指初步受控状态下，所有样本点中与控制限距离最近的点，即最危险报警点，对应最优反应距离。这样，即使在过程初步判定为稳态的情况下，可针对最危险报警点对制造过程进行诊断、分析，并做出预防性的改进，进而为制造质量提供有力的保障。

5.3.3.3 算例分析

选取电脑板生成现场收集到的表征其可靠性寿命的截尾特性的检验数据，参照本书所提的方法，构建基于逐次渐进还原思想的控制图以对截尾特性的检验数据进行分析，切实保障电脑板部件的输出质量。

表 5-5（仅列出前 20 组）给出了潜在分布符合形状参数、尺寸参数均为 1 的威布尔分布的 100 组样本容量为 5 的初始样本数据，共 500 个数据。其中，样本数据截尾比例 p_c 达到 75%，截尾水平值 $C=0.279$。

表 5-5　初始样本数据(前 20 组)

序号	样本值					序号	样本值				
1	0.2790	0.2448	0.2790	0.2790	0.2790	11	0.2790	0.2790	0.2790	0.2790	0.2790
2	0.2790	0.2790	0.2790	0.2790	0.2790	12	0.2790	0.2790	0.2790	0.2790	0.2790
3	0.0030	0.2790	0.1312	0.0686	0.1992	13	0.2790	0.2790	0.2790	0.2790	0.2790
4	0.2790	0.1705	0.2790	0.2095	0.2790	14	0.1725	0.2790	0.2790	0.2428	0.2790
5	0.2790	0.0809	0.2790	0.2790	0.2790	15	0.2790	0.2790	0.2093	0.1246	0.2790
6	0.2790	0.2601	0.0372	0.2787	0.2790	16	0.2790	0.2790	0.2790	0.0902	0.2790
7	0.2790	0.2790	0.2790	0.2790	0.2790	17	0.2790	0.2790	0.2790	0.2790	0.2790
8	0.2790	0.2790	0.0274	0.0286	0.0345	18	0.0436	0.1868	0.0255	0.2790	0.2790
9	0.2790	0.2790	0.2790	0.0121	0.2790	19	0.2790	0.2654	0.2790	0.2790	0.1788
10	0.2790	0.2790	0.2790	0.1460	0.2790	20	0.0784	0.0678	0.2790	0.1057	0.2790

利用前文公式所示的收敛 CEV 渐近还原步骤,进行 MATLAB 编程迭代运算,估计威布尔分布的参数值。对于表 5-5 中的 500 个初始样本数据,赋初值 $\alpha=0.5$, $\beta=0.5$ 参与迭代运算后,得到的威布尔分布的参数值为 $\hat{\alpha}=0.9916$, $\hat{\beta}=0.7135$,收敛 CEV 拟真还原法确定的截尾期望值 $\hat{v}_{cc}=3.1483$。继而,依据上式完成最终的截尾型质量特性数据的还原更新。

如此,依据迭代输出的过程参数 $\hat{\alpha}=0.9916$,设定迭代次数 $t=10^5$,根据上节中的控制下限的确定方法展开编程,可得控制下限汇总矩阵 $\boldsymbol{T\_LCL}=[\mathrm{LCL}_1,\mathrm{LCL}_2,\cdots,\mathrm{LCL}_t]$。由汇总矩阵 $\boldsymbol{T\_LCL}$,可得收敛 CEV 的控制下限 LCL=0.6345。

进而,可展开如下的效果分析。

传统威布尔 CEV 方法是建立在威布尔坐标尺度上的条件期望值方法,构建控制图时,相应的过程参数被确定为 $\hat{\alpha}'=0.9989$, $\hat{\beta}'=0.9935$。由于威布尔分布的标准形式 $f(w;1,\beta)$ 仍然依赖形状参数 β,且与 β 关系十分复杂,无法进行参数分离。所以对于不同的形状参数会模拟得到不同的 CEV $\overline{X}$ 控制图的控制下限,没有统一的通用图表作为参考。由于指数分布模型的标准形式与原本威布尔分布的尺度参数 α 和形状参数 β 均无关,从而使绘制标准分布模型下的标准控制上下限曲线成为可能。进而通过简单的公式变换可以得到任意参数情况下的 CEV $\overline{X}$ 控制图控制下限为 $\mathrm{LCL}=(\mathrm{alcl}^X)^{\frac{1}{\beta}}$,故传统 CEV 方法确定的控制图下限为 LCL′=(0.9989×0.289)^(1/0.9935)=0.2866。具体到实际过程控制中,将收敛 CEV 渐近还原下的控制界限和 CEV 控制界限反映在控制图上,如图 5-15 所示。

图 5-15 显示所有的点均处于控制限之上,初步判定该过程受控,即本书所提的基于收敛 CEV 渐近还原思想的截尾特性控制图可以用于该过程的监控。

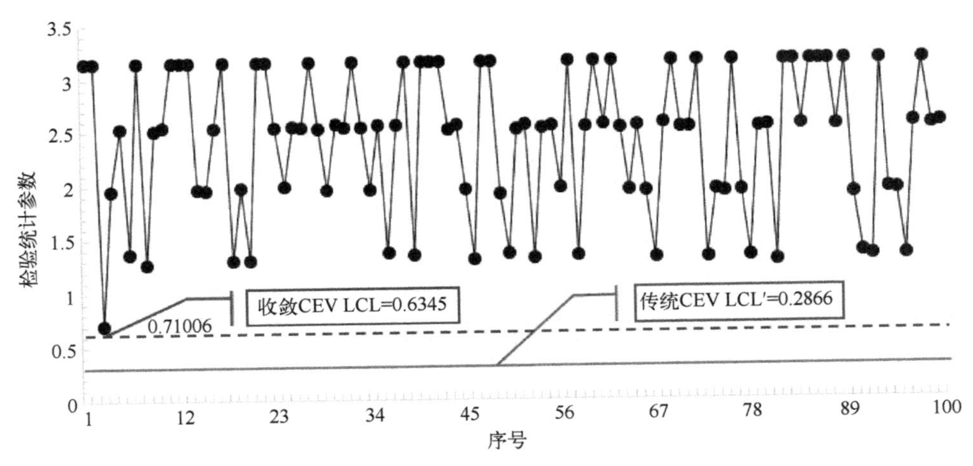

图 5-15　影响洗衣机某型号控制板寿命的截尾特性控制图比较

进而，比较二者的最优反应距离，上图中收敛 CEV 渐近还原下的控制限（虚线）对应 R_d = Test Statistic$_{(3)}$ −LCL，即 R_d = 0.71006−0.6345 = 0.07556。初始控制限（实线）对应 R_d = 0.3771，表现为收敛 CEV 渐近还原下的控制限能够更及时定位最危险报警点，表现出更佳的灵敏性。同时，采用蒙特卡罗仿真比较生产过程已经出现异常的情况下，传统 CEV 控制图和收敛 CEV 控制图在处理同样的截尾数据情况下的平均运行长度 O-ARL 指标大小，如图 5-16（左）和图 5-16（右）所示。

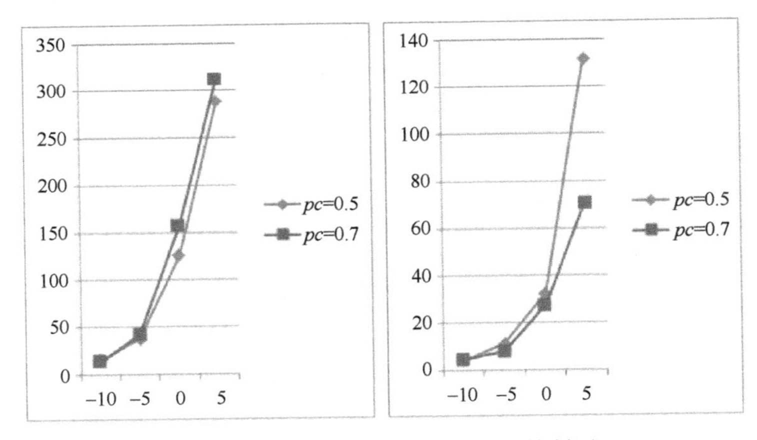

图 5-16　传统 CEV（左）和收敛 CEV（右）控制图 O-ARL

可以看出，同样截尾比例情况下，收敛 CEV 控制图 O-ARL 水平低于传统 CEV 控制图 O-ARL 水平，表明收敛 CEV 控制图能够尽可能早地检测到过程出现的异常点和不稳定的状态。

综上可知,针对洗衣机电脑板制造过程截尾特性需要更加精确的分析与监控需要,以数据渐近思想为基础提出了一种基于收敛 CEV 的截尾特性拟真还原处理方法,在此基础上给出了截尾型威布尔分布模型的参数估计方法和设计控制图的详细步骤,进而,通过影响电脑板可靠性寿命的截尾型特性的控制对研究方法的有效性进行了验证。结果证明,收敛 CEV 渐近还原法是一种通用性很强的截尾数据处理方法,突破了传统 CEV 方法在控制图类型上的局限性,能够给出通用的监控参数、构建步骤与性能分析指标,得到适用性与操作性更好的截尾型控制图。对于监控截尾型质量特性,相比传统 CEV 控制图更加精确地给出过程控制界限,实现步骤比较明确,在洗衣机电脑板制造过程质量实时监控方面,可敏锐地发现所研究截尾特性的动态变化趋势,为第一时间发现过程异常、确定设计预防点以捕捉过程监控重点创造了条件。

5.3.4　基于 profile 监测的制造过程产品可靠性下滑风险控制技术

5.3.4.1　基于 profile 监测的可靠性下滑风险控制框架

制造过程产品可靠性下滑风险控制的内容,是建立在识别制造过程导致可靠性下滑风险的影响因素,并评价可靠性下滑风险影响因素对制造过程产品可靠性下滑风险的实际影响的基础上进行的,并相应地,分别对应本书第 2 章和第 3 章的内容。通常识别制造过程导致可靠性下滑风险的影响因素的方法有工艺 FMEA、制造过程潜在缺陷检测、老炼技术等,首先通过工艺 FMEA 分析生产过程中相关故障模式的风险优序数的大小来识别薄弱工序环节,并继而利用制造过程潜在缺陷检测和老炼技术,实现在制造过程中和产品交付至用户前对产品制造缺陷的检测和识别,为制造过程产品可靠性下滑机理的建立提供数据支撑。同时,为评价可靠性下滑风险影响因素对制造过程产品可靠性下滑风险的实际影响,本书在前文中从制造偏差传导的角度,提出了基于质量偏差的制造过程产品可靠性下滑风险评价方法来定量评估其可靠性下滑风险。

制造过程产品可靠性下滑风险主要来自制造过程人、机、料、法、环、测等方面的质量偏差。为使制造过程生产出的产品的可靠性满足设计要求,需要对制造过程引起产品可靠性下滑风险的 KQC(包括制造系统组件的异常和制造过程质量特性偏差两部分)进行监控。基于 RQR 链中制造过程 KQC 偏差对制造过程产品可靠性的影响关系,可以通过监控这种影响关系使得制造过程生产出的产品的可靠性,满足设计阶段的可靠性要求,如此可见,如何监控这种影响关系将是控制制造过程产品可靠性下滑风险的关键。

本书拟通过以监控变量间函数关系为目标的 profile 监测技术[10],来实现对这种影响关系的刻画与监控。如图 5-17 的上半部分所示,导致制造过程产品可靠性产生下滑风险的原因主要是制造系统异常导致制造过程质量下降，继而由制造过程质量偏差累积造成产品可靠性下滑风险产生的这样一种 RQR 链式偏差传导关系。因此，为控制制造过程产品可靠性的下滑风险，需要利用 profile 监测技术对 RQR 链中制造系统可靠性 R 对制造过程质量 Q 的影响关系（RQ 作用），和制造过程质量 Q 对产品制造可靠性 R 的影响关系（QR 作用）进行监控。

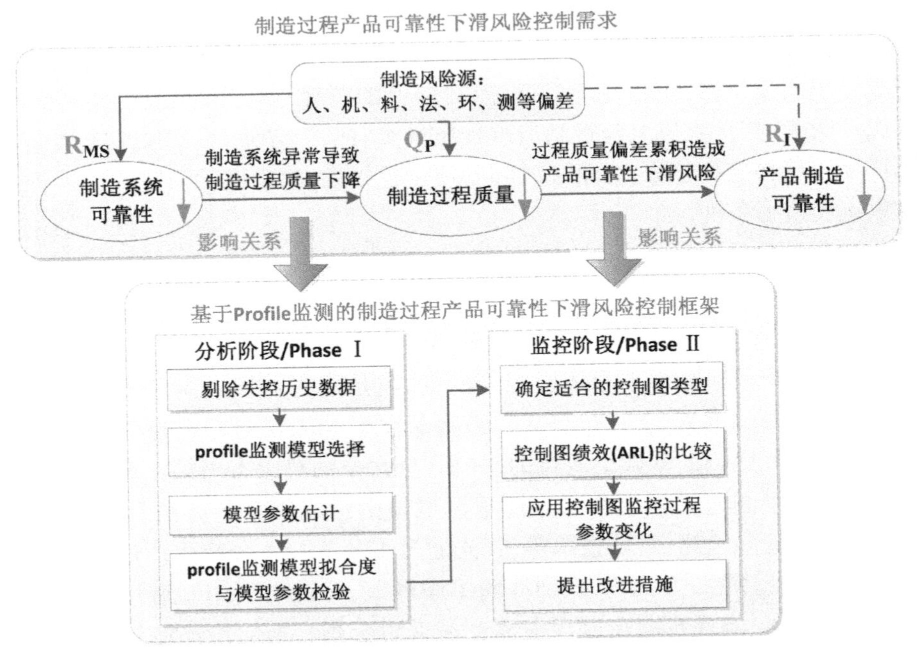

图 5-17　基于 profile 监测的制造过程产品可靠性下滑风险控制框架

具体地，如图 5-17 的下半部分所示，主要通过 profile 监测技术的分析阶段（phase Ⅰ）和监控阶段（phase Ⅱ）来实现对上述影响关系的分析和监控。

（1）分析阶段。profile 监测的分析阶段主要是完成对 profile 监测模型的分析、建立和检验：在区分出受控和失控情形下的制造过程 KQC 数据，对失控的 KQC 数据进行剔除后，利用受控的 KQC 数据建立相应的 profile 监测模型，估计模型的主要参数，并对所建立的模型和估计的参数进行检验。在这里，profile 监测模型的类别，依据 profile 中描述变量和响应变量间构成的函数类型，具体地，可分为线性和非线性两大类，并进一步可细分为简单线性（Simple linear）、多元线性（Multiple linear）、二进制型（Binary）、普通非线性（Non-linear）、多项式（Polynomial）等多种类型。

（2）监控阶段。profile 监测的监控阶段主要是依据分析阶段所估计出的 profile 监测模型的参数，确定适合的监控用控制图以期能尽快地监测出制造过程

KQCs 样本数据的异常。通常,以平均运行链长(Average Run Length,ARL)作为评价控制图绩效的评价指标。之后,利用构建的监控用控制图监控制造过程 KQCs 数据的变化情况,并提出相应的改进措施。

5.3.4.2　面向二进制型 profile 的下滑风险监测模型

根据 profile 监测模型中多将响应变量假定为连续的,而较少地考虑到变量为离散的情况,但在实际生产中响应变量很可能会是离散的,譬如二进制型(Binary)的,即数据仅有合格与不合格这两种情况。这种类型的数据在实际生产中变得越来越普遍,但同时也常常容易被人们忽视,而造成一系列的问题。因此,在响应变量为二进制型的情形下,本书利用 profile 监测技术,以 RQR 链中制造系统可靠性 R 对制造过程质量 Q 的影响关系(RQ 作用),和制造过程质量 Q 对产品制造可靠性 R 的影响关系(QR 作用)为监控对象,期望能够提出较为完备和通用的面向二进制型 profile 的分析阶段和监控阶段的下滑风险监测和控制方法。

为此,首先在其分析阶段,本书通过逻辑回归模型建立了面向二进制型 profile 的下滑风险监测模型,并依据最大似然估计(MLE)和卡方拟合优度检验分别估计和检验模型的相关参数,最后利用航空合金紧固件的算例验证了所构建的下滑风险监测模型的有效性。

1. 模型建立

1) 二进制型 profile 监测模型的构建

假定进行 n 次相对独立的实验,每次实验的描述变量 X_i 具有 p 个维度,则有 $X_i=(x_{i1},x_{i2},\cdots,x_{ip})^{\mathrm{T}}(i=1,2,\cdots,n)$。而此处相应的响应变量定义为 Z_i,Z_i服从参数为 π_i 的伯努利分布,它的期望和方差可分别表示为:$E(z_i)=\pi_i$,$\mathrm{var}(z_i)=\pi_i(1-\pi_i)$。$\pi_i$ 与 x_i 的关系可用逻辑回归(logistic regression model)函数 $g(\pi_i)$来表示,有

$$g(\pi_i)=\log\frac{\pi_i}{1-\pi_i}=\beta_1 x_{i1}+\beta_2 x_{i2}+\cdots+\beta_p x_{ip} \tag{5.48}$$

其中 $\beta=(\beta_1,\beta_2,\cdots,\beta_p)^{\mathrm{T}}$ 是模型要估计的最终参数,log 运算表示自然对数 ln,π_i 表示 Bernoulli 分布的成功概率,同时对于式(5.48)习惯性设定 $x_{i1}\equiv 1$,而使 β_1 成为模型的截距。

同时对式(5.48)两边取底为 e 的指数运算,则有 $\left(其中\ \eta_i=X_i\beta=\sum_{j=1}^{p}\beta_j x_{ij}\right)$

$$\pi_i=\frac{\exp(x_i^{\mathrm{T}}\beta)}{1+\exp(x_i^{\mathrm{T}}\beta)}=\frac{\exp(\eta_i)}{1+\exp(\eta_i)} \tag{5.49}$$

同时假设每第 i 次实验,对应都有 m_i 个观测量$(i=1,2,\cdots,n)$,标记 $M=\sum_{i=1}^{n}m_i$ 为实验总共的观测次数,则可得 $y_i=\sum_{j=1}^{m_i}z_{ij}$,其中 z_{ij}是在第 i^{th}次实验中的第 j^{th}次观

测量。从而每次的实验服从参数是(m_i,π_i)的伯努利分布，期望等于$E(y_i)=m_i\pi_i$。

再假定每次实验的m_i个观测量相对独立，则$y_1,y_2,\cdots,y_n$的联合概率密度函数为

$$L(\pi;y)=\prod_{i=1}^{n}\binom{m_i}{\pi_i}\pi_i^{y_i}(1-\pi_i)^{m_i-y_i} \tag{5.50}$$

其中$\pi=(\pi_1,\pi_2,\cdots,\pi_n)^{\mathrm{T}}$，$Y=(y_1,y_2,\cdots,y_n)$。同时对式(5.50)两边取对数，并利用$\eta_i=X_i\beta=\sum_{j=1}^{p}\beta_jx_{ij}=\log(\pi_i/(1-\pi_i))$代入化简，则可将式(5.50)改写为

$$l(\beta;y)=\sum_{i=1}^{n}\log\binom{m_i}{\pi_i}+\sum_{i=1}^{n}\sum_{j=1}^{p}y_i\beta_jx_{ij}-\sum_{i=1}^{n}m_i\log\left[1+\exp\left(\sum_{j=1}^{p}\beta_jx_{ij}\right)\right] \tag{5.51}$$

再对式(5.51)关于β求偏导，得

$$\frac{\partial l(\beta;y)}{\partial\beta}=X^{\mathrm{T}}y-\sum_{i=1}^{n}m_i\pi_iX_i=X^{\mathrm{T}}(y-\mu) \tag{5.52}$$

对于式(5.52)，其中，$\mu=(\mu_1,\mu_2,\cdots,\mu_n)^{\mathrm{T}}=E(y)=(m_1\pi_1,m_2\pi_2,\cdots,m_n\pi_n)^{\mathrm{T}}$，且$\boldsymbol{X}=(X_1,X_2,\cdots,X_n)^{\mathrm{T}}$是一个$n\times p$维的矩阵。

要求解最终参数β的最大似然估计(the Maximum Likelihood Estimator，MLE)，可从$X^{\mathrm{T}}(y-\mu)=0$的式子中求解，其中$\mathbf{0}=(0,0,\cdots,0)$是$p$维的零向量。使$\hat{\beta}=(\hat{\beta}_1,\hat{\beta}_2,\cdots,\hat{\beta}_p)^{\mathrm{T}}$为$\beta$的估计，则$(\hat{\eta}_1,\hat{\eta}_2,\cdots,\hat{\eta}_n)^{\mathrm{T}}=X\hat{\beta}$，且$\hat{\pi}_i=\dfrac{\exp(\hat{\eta}_i)}{1+\exp(\hat{\eta}_i)}(i=1,2,\cdots,n)$。

再假定$\hat{\boldsymbol{W}}=\mathrm{diag}(m_1\hat{\pi}_1(1-\hat{\pi}_1),m_2\hat{\pi}_2(1-\hat{\pi}_2),\cdots,m_n\hat{\pi}_n(1-\hat{\pi}_n)\}$，其中$\hat{\boldsymbol{W}}$为$n\times n$维的对角矩阵。同时假定$q=(q_1,q_2,\cdots,q_n)^{\mathrm{T}}$，其中$q_i=\hat{\eta}_i+(y_i-m_i\hat{\pi}_i)/[m_i\hat{\pi}_i(1-\hat{\pi}_i)](i=1,2,\cdots,n)$。改写$q_i$的式子，则有

$$q=\hat{\eta}_i+(\hat{\boldsymbol{W}})^{-1}(y-\hat{\mu})=\boldsymbol{X}\hat{\beta}+(\hat{W})^{-1}(y-\hat{\mu}) \tag{5.53}$$

其中$\hat{\mu}=(m_1\hat{\pi}_1,m_2\hat{\pi}_2,\cdots,m_n\hat{\pi}_n)^{\mathrm{T}}$，同时对式(5.53)两边乘以$\boldsymbol{X}^{\mathrm{T}}\hat{W}$，则有

$$\boldsymbol{X}^{\mathrm{T}}\hat{\boldsymbol{W}}q=\boldsymbol{X}^{\mathrm{T}}\hat{\boldsymbol{W}}\boldsymbol{X}\hat{\beta}+\boldsymbol{X}^{\mathrm{T}}\hat{\boldsymbol{W}}(\hat{\boldsymbol{W}})^{-1}(y-\hat{\mu})=\boldsymbol{X}^{\mathrm{T}}\hat{\boldsymbol{W}}X\hat{\beta}+\boldsymbol{X}^{\mathrm{T}}(y-\hat{\mu}) \tag{5.54}$$

假定$\boldsymbol{X}^{\mathrm{T}}(y-\mu)=0$，则最终参数$\beta$的估计值满足：

$$\hat{\beta}=(\boldsymbol{X}^{\mathrm{T}}\hat{\boldsymbol{W}}X)^{-1}\boldsymbol{X}^{\mathrm{T}}\hat{\boldsymbol{W}}q \tag{5.55}$$

2）监测模型参数的迭代求解

在最终求解并确立符合条件的参数β时，过程满足以下算法：

(1) 求解参数β时，需进行初始化，初始标记为$\hat{\beta}^0$，而$\hat{\beta}^0$能用普通最小二乘法

(Ordinary Least Squares estimation, OLS)[11]取得，初始设定 $i=0$；

(2) 依据$\hat{\beta}^i$，计算$\hat{\eta}^i$，$\hat{\pi}^i$，$\hat{\mu}^i$ 和$\hat{W}^i$；

(3) 计算$\hat{q}^i=\hat{\eta}^i+(\hat{W}^i)^{-1}(y-\hat{\mu}^i)$；

(4) 项数递增$\hat{\beta}^{(i+1)}=(X^{\mathrm{T}}\hat{W}^iX)^{-1}X^{\mathrm{T}}\hat{W}^i\hat{q}^i$，更新参数 β，设定 $i=i+1$ 迭代计算；

(5) 重复步骤(2)~(4)，进行 l 次后，直到 $\|\hat{\beta}^l-\hat{\beta}^{l-1}\|/\|\hat{\beta}^{l-1}\|\leqslant\alpha$，其中 $\|v\|$ 是参量 v 的欧几里得距离，而 α 将会是预设很小的量，譬如 $\alpha=10^{-5}$。

最后，$\hat{\beta}=\hat{\beta}^l$ 便是所需要求得的 β 估计值。

依据所求的 β 的估计值，可以求$\hat{\pi}_i=\dfrac{\exp(\hat{\eta}_i)}{1+\exp(\hat{\eta}_i)}(i=1,2,\cdots,n)$，和$\hat{W}$的估计值 $\hat{W}=\mathrm{diag}\{m_1\hat{\pi}_1(1-\hat{\pi}_1),m_2\hat{\pi}_2(1-\hat{\pi}_2),\cdots,m_n\hat{\pi}_n(1-\hat{\pi}_n)\}$ 以及其他过程参量的估计值。

2. 算例验证

1) 航空合金紧固件

合金紧固件是将两个或者两个以上的零件(或构件)紧固连接成一个整体时才使用的一类机械零件总称，在现代飞机中，无论是军用还是民用，都大量采用了紧固件的机械连接方法将组成飞机的零件、组件、部件连接成整体，紧固件使用量少则几十万件，多则百万件，其类型结构多种多样，须根据使用部位、使用环境、使用载荷、寿命要求、安装方法的不同进行选用。

目前世界上航空紧固件生产主要由美国美铝(Alcoa)公司、美国精铸(SPS)公司、法国里斯航天集团(Lisi Hi-shear)公司、美国波音(Boeing)公司等世界上较大的紧固件公司以及美国 Monogram 公司等专业性较强的公司所垄断，而俄罗斯与我国航空航天紧固件则自成体系以供各自国内使用。美国 Alcoa 公司的具体产品如表 5-6 所列。

表 5-6　典型航空紧固件类别

序号	紧固件名称	产品种类
1	螺栓/螺钉	多种驱动槽的沉头螺栓以及六方头、十二方头、D 型头和花键头等螺栓
2	螺母	自锁螺母、托板螺母、K-FasTM 螺母、无铆钉板件螺母、桶形螺母等
3	单面紧固件	金属结构、复合材料结构用的抽芯铆钉和螺纹抽钉
4	快卸紧固件	拆卸紧固件
5	环槽紧固系统	GP、LGP、XPL™ 环槽钉紧固系统
6	螺栓紧固系统	Eddie-Bot2 紧固系统、轻型高锁螺栓紧固系统
7	特种铆钉	板件单面铆钉、钛铌铆钉、双金属铆钉

航空合金紧固件数量大、通用化程度高,因此研究其产品质量的可靠性,对社会安全及国家经济发展具有重大的作用。

本书的实际算例来自 Montgomery 等的著作《Introduction to Linear Regression Analysis》[12],选取的是受控状态下的产品合格的数据,其方法是对航空合金紧固件施加一定压力,判断其承受压力的极限值,其结果表现为二进制型,只有“耐压”和“断裂”这两种结果,依据其表现从而判断其质量的稳定程度。

其中描述变量 x 是每平方英寸所负载的压力磅数(Pounds per Square Inch, PSI),所施加的压力 x 服从 2500,2700,…,4300 的等差分布,响应变量 y 表示为第 i^{th} 次实验的 n 次独立重复测量中的产品断裂数,服从伯努利分布,本实验累积进行 10 次,每次实验的压力、独立重复测量次数、断裂数如表 5-7 所列。

表 5-7　航空合金紧固件受负载实验数据

压力,x(psi)	样本大小,n	断裂数,y
2500	50	10
2700	70	17
2900	100	30
3100	60	21
3300	40	18
3500	85	43
3700	90	54
3900	50	33
4100	80	60
4300	65	51

2) 模型参数的初始化

依据逻辑回归模型,并根据表 5-7 中的航空合金紧固件实际算例与式(5.48),可得模型:

$$\log(\pi/[1-\pi])=\beta_0+\beta_1\log(x) \tag{5.56}$$

其中 π 为单次测量合金紧固件负载断裂的概率,同时设最终需估计参数 $\beta=(\beta_0,\beta_1)^{\mathrm{T}}$,计算过程中使描述变量 x 表示为矩阵形式,并同时依据式(5.48)的习惯性设定 $x_{i1}\equiv1$,矩阵第一列等于 1,从而有

$$\boldsymbol{X}=\begin{pmatrix}1 & 1 & \cdots & 1 & 1\\ \log(2500) & \log(2700) & \cdots & \log(4100) & \log(4300)\end{pmatrix}^{\mathrm{T}} \tag{5.57}$$

求解参数 β 时,需利用普通最小二乘法进行初始化,这里我们利用表 5-7 中的数据与 MATLAB 软件求解,同时用最小二乘初始化的代码如表 5-8 所列。

表 5-8　普通最小二乘法 MATLAB 初始化代码

```
y=[10,17,30,21,18,43,54,33,60,51];
n=[50,70,100,60,40,85,90,50,80,65];
p=y./n;
p1=log(p./(1-p));
x1=[log(2500),log(2700),log(2900),log(3100),log(3300),log(3500),log(3700),log(3900),log(4100),
log(4300)];
poo=polyfit(x1,p1,1)
pa1=polyval(poo,0)
pa=polyval(poo,x1)
plot(x1,p1,'o',x1,pa);
```

经过运算后,得到初始 β 的值 $\hat{\beta}_0=(41.3328,-5.0835)^{\mathrm{T}}$。

同时以 $a=\log(x)$ 为横坐标,$b=\log(\pi/[1-\pi])$ 为纵坐标,得到最小二乘法的效果图,如图 5-18 所示,根据效果图显示拟合效果良好。

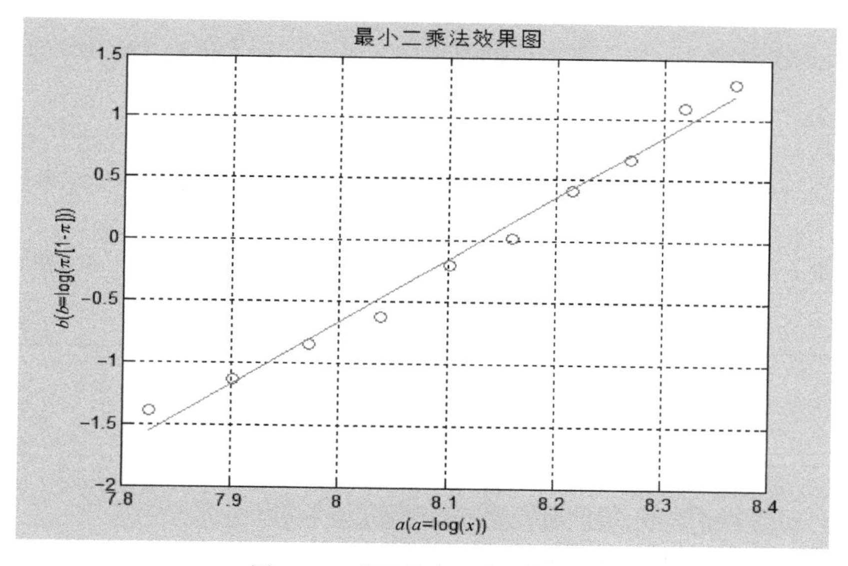

图 5-18　普通最小二乘法效果图

3) 模型参数的计算

初始化参数 β 后,取得其初始最小二乘估计值 $\hat{\beta}^0$,代入监测模型参数的迭代求解中进行第(2)~(5)步的迭代运算。同样利用 MATLAB 来实现逻辑计算,编制循环函数如表 5-9 所列。

表 5-9　模型参数 β 的 MATLAB 计算代码

```
function betai=f(beta0)
x=[1,log(2500);1,log(2700);1,log(2900);1,log(3100);1,log(3300);1,log(3500);1,log(3700);1,log
(3900);1,log(4100);1,log(4300);];
m=[50;70;100;60;40;85;90;50;80;65];
y=[10;17;30;21;18;43;54;33;60;51];
eata=x * beta0;
a=exp(eata);
pie=a./(1+a);
zw=1-pie;
w1=m. * pie. * (1-pie);
u=m. * pie;
w=diag(w1);
q=x * beta0+inv(w) * (y-u);
betai=inv((x' * w * x)) * x' * w * q
k=abs(sum((betai-beta0).^2)/(sum((beta0).^2)))
```

命名函数名为“yc. m”,其中依据的最终表达式$\hat{\beta}=(\boldsymbol{X}^{\mathrm{T}}\hat{\boldsymbol{W}}\boldsymbol{X})^{-1}\boldsymbol{X}^{\mathrm{T}}\hat{\boldsymbol{W}}q$ 与循环截止条件 $\|\hat{\beta}^{l}-\hat{\beta}^{l-1}\|/\|\hat{\beta}^{l-1}\|\leqslant\alpha$,此处取 $\alpha=10^{-5}$。

在具体的计算过程中,首先在 MATLAB 的主界面输入初始估计值 yc([41.3328;-5.0835]),调用循环函数,进行第一步运算,得到第一步结果:

$$betai=(-60.7879,7.4685)^{\mathrm{T}}k=6.1042$$

其中 k 因未开方,在最终结果时需满足小于 10^{-10},同时进行接下来的循环,令

表 5-10　模型参数 β 的循环计算

```
i=1;while i<10
yc(ans);
i=i+1;
```

在进行运算 4 次后,得到所需要的 β 的值,结果如下:

$$\hat{\beta}=\hat{\beta}^{l}=(-42.1106,5.1772)^{\mathrm{T}}k=7.5526\times10^{-13}$$

则对于航空合金紧固件算例的模型的最终需求参数为 $\beta=(-42.1106,5.1772)^{\mathrm{T}}$

4）模型及参数的检验

（1）模型拟合优度检验。

本书利用逻辑回归模型,来拟合航空合金紧固件算例的模型。为检验模型拟合的有效性,利用卡方拟合优度检验[13](The chi-square goodness of fit test)对模型

进行检验。

拟合优度检验是用来检验实际观测数与依照某种假设或模型计算出来的理论观测数之间的一致性，通过假设检验过程来实现。依据航空合金紧固件算例，提出原假设 H_0 与备择假设 H_1。

H_0：算例样本与理论模型分布基本无区别；

H_1：样本与该理论模型分布有区别。

卡方拟合优度检验需判断是否拒绝原假设 H_0，利用皮尔森 χ^2 统计量进行衡量拟合程度，从而进行判断，公式如下：

$$\chi_{\mathrm{p}}^2 = \sum_{i=1}^{k} \frac{(\text{实际频数} - \text{理论频数})^2}{\text{理论频数}} = \frac{(O_1 - E_1)^2}{E_1} + \frac{(O_2 - E_2)^2}{E_2} + \cdots + \frac{(O_k - E_k)^2}{E_k}$$

同时通常会给定一定的显著性水平 α，通过查 χ^2 分布表可得临界值 χ_{α}^2，使得 $P(\chi^2 > \chi_{\alpha}^2) = \alpha$，从而将临界值 χ_{α}^2 与皮尔森统计量 χ_{p}^2 比较，得到卡方拟合优度检验的拒绝域，若皮尔森林计量大于临界值则拒绝原假设：$\chi_{\mathrm{p}}^2 > \chi_{\alpha}^2(v) = \chi_{\alpha}^2(k-r-1)$。其中，$v$ 代表自由度，k 代表样本实验组数，r 代表计算理论分布时计算的参数个数。

对观察数 y 进行检验，卡方拟合优度检验计算过程如表 5-11 所列。

表 5-11　卡方拟合优度检验表

组数(n)	观察数(y)	理论概率(π)	理论频数($y1$)	χ^2 分量(a)	χ^2 统计量(b)
50	10	0.1674	8.37	2.6569	0.317431302
70	17	0.2304	16.128	0.760384	0.047146825
100	30	0.3024	30.24	0.0576	0.001904762
60	21	0.3797	22.782	3.175524	0.139387411
40	18	0.4583	18.332	0.110224	0.006012655
85	43	0.5344	45.424	5.875776	0.129353998
90	54	0.6048	54.432	0.186624	0.003428571
50	33	0.6677	33.385	0.148225	0.004439868
80	60	0.7225	57.8	4.84	0.083737024
65	51	0.7691	49.9915	1.01707225	0.020344904

理论频数需满足 $y_1 \geqslant 5$，如果有一个或者多个 $y_1 < 5$，则应与相邻组合并，直到其大于等于 5

其中 n 与 y 分别对应上表中组数与观察数，π 可通过上节中的 $\pi_i = \frac{\exp(x_i^{\mathrm{T}}\beta)}{1+\exp(x_i^{\mathrm{T}}\beta)} = \frac{\exp(\eta_i)}{1+\exp(\eta_i)}$ 求出，理论频数 $y1 = n \times \pi$，卡方分量等于 $(O_i - E_i)^2$，卡方

统计量等于$\frac{(O_i-E_i)^2}{E_i}(i=1,2,\cdots,10)$。

最终通过计算皮尔森χ^2统计量，$\chi_p^2=0.753187322$，远小于χ_α^2的临界值14.067（其中自由度v等于$10-1-2=7$，显著性水平α为0.05）。从而不能拒绝原假设H_0，即采用的逻辑回归模型与样本分布基本无差别，拟合程度良好。

（2）模型二项系数检验。

对于逻辑回归模型，我们初始假设$\log[\pi/(1-\pi)]=\beta_0+\beta_1\log(x)$，但未验证模型是否存在二项系数，即$\log[\pi/(1-\pi)]=\beta_0+\beta_1\log(x)+\beta_2(\log(x))^2$。接下来，同样利用卡方检验进行验证，原理与卡方拟合优度检验类似：

$$H_0:\beta_2=0 \qquad \text{VS} \qquad H_1:\beta_2\neq 0$$

通过计算，卡方统计量为2.595×10^{-7}，远小于$\chi_{1,0.05}^2=3.841$（自由度为1，显著性水平为0.05）。无法拒绝原假设，从而判断对于航空合金紧固件样本的逻辑回归模型不存在二次项。

5.3.4.3　面向二进制型 profile 的下滑风险控制

本节主要通过选用适合于监控二进制型 profile 的基于似然比检验的休哈特控制图和 EWMA 控制图，基于前节中得到的逻辑回归模型的参数和接下来要使用的蒙特卡罗仿真来计算前述两种控制图的平均运行链长（ARL），完成对控制图绩效的评比，从而为面向二进制型 profile 的下滑风险控制提供有效的方法支撑。

1. 基于似然比检验的两种控制图

1）面向二进制型 profile 的似然比检验

似然比检验（Likelihood Ratio Test，LRT）通常用来评估需比较的两个模型与采集的数据的拟合性，主要通过参数的检验来进行模型的判断。在二进制型 profile 中，首先可以假设响应变量Y服从参数为$p(x)$的伯努利分布，同时检验模型参数的适用性，可假设：

$$A=\{0.05,0.07,0.09,0.09,0.2,0.1,0.15,0.1,0.15\}\,A_1=\{0.3,0.3,0.4\}$$

其中与“5.3.4.2 节模型建立”的$\pi_i=\frac{\exp(x_i^{\mathrm{T}}\beta)}{1+\exp(x_i^{\mathrm{T}}\beta)}=\frac{\exp(\eta_i)}{1+\exp(\eta_i)}$类似，有

$$p(x)=\frac{\exp\left(\beta_0+\sum_{j=1}^{p}\beta_i x_i\right)}{1+\exp\left(\beta_0+\sum_{j=1}^{p}\beta_i x_i\right)},\ p^*(x)=\frac{\exp\left(\beta_0^*+\sum_{j=1}^{p}\beta_i^* x_i\right)}{1+\exp\left(\beta_0^*+\sum_{j=1}^{p}\beta_i^* x_i\right)}$$，同时区分H_0与H_1，假设$(\beta_0,\beta_1,\cdots,\beta_p)\neq(\beta_1^*,\beta_2^*,\cdots,\beta_p^*)$，或者说这两者间的参数至少有一个是不同的，同时在监控阶段参数$(\beta_0,\beta_1,\cdots,\beta_p)$是已知的，而$(\beta_1^*,\beta_2^*,\cdots,\beta_p^*)$是需要被估计的。

针对 H_0 与 H_1,似然函数满足:

$$H_0:L_{H_0}=p(x)^{\sum_{i=1}^{n}Y_i}(1-p(x))^{n-\sum_{i=1}^{n}Y_i},H_1:L_{H_1}=\hat{p}^*(x)^{\sum_{i=1}^{n}Y_i}(1-\hat{p}^*(x))^{n-\sum_{i=1}^{n}Y_i}$$

其中 $p^*(x)$ 的估计值满足:$\hat{p}^*(x)=\dfrac{\exp\left(\hat{\beta}_0^*+\sum\limits_{j=1}^{p}\hat{\beta}_i^*x_i\right)}{1+\exp\left(\hat{\beta}_0+\sum\limits_{j=1}^{p}\hat{\beta}_i^*x_i\right)}$,其中 $(\hat{\beta}_0^*,\hat{\beta}_2^*,\cdots,\hat{\beta}_p^*)$ 是 $(\beta_1^*,\beta_2^*,\cdots,\beta_p^*)$ 的最大似然估计。

对方程两边取对数,有

$$H_0:L_{H_0}=\sum_{i=1}^{n}Y_i\log(p(x))+\left(n-\sum_{i=1}^{n}Y_i\right)\log(1-p(x))$$

$$H_1:L_{H_1}=\sum_{i=1}^{n}Y_i\log(\hat{p}^*(x))+\left(n-\sum_{i=1}^{n}Y_i\right)\log(1-\hat{p}^*(x))$$

同时,定义似然比检验统计量为 λ,且

$$\lambda=L_{H_1}-L_{H_0}$$

如果 λ 大于根据显著性水平 α 确定的参数 c,则 H_0 将会被剔除,则分析阶段求得的 $(\beta_0,\beta_1,\cdots,\beta_p)$ 这 $p+1$ 个参数中,至少有一个参数出界,从而需要重新进行计算。

2) 基于似然比检验的休哈特控制图

基于似然比检验的休哈特控制图与传统休哈特控制图的主要区别在于控制限的选取。通常,它的下控制限设为 0,上控制限与似然比统计量 λ 和 2λ 的渐近分布有关。同时,在样本大小 n 相对较大的情况下,2λ 服从在预设的第一类错误率为 α,自由度 k 的卡方分布 $\chi_{k,\alpha}^2$。

对于基于似然比检验的休哈特控制图的 UCL 的求解,在样本大小 n 相对较大的情况下,UCL 可近似等于 χ_{α}^2。在样本大小相对较小的情况下,UCL 可用巴特利特校正因子(Bartlett correction factor)法与参数引导方法(Parametric bootstrap)求得,这里只介绍巴特利特校正因子法。

用巴特利特校正因子法求解 UCL 非常直接、简洁,UCL 的估计值可表示为 $\mathrm{U\hat{C}L}=(1+b/n)\chi_{k,\alpha}^2$。

其中,n 为样本大小,b 可以用蒙特卡洛仿真求得,$\chi_{k,\alpha}^2$ 为在 n 相对较大的情况下,2λ 服从相应的卡方分布。

3) 基于似然比检验的 EWMA 控制图

EWMA(Exponentially Weighted Moving Average)控制图,即指数加权移动平均控制图,针对休哈特控制图监测较大的偏移时效果较好,但对中小的偏移量监测不灵敏,EWMA 控制图更适合监测中小的偏移。

EWMA 控制图的统计量可构造如下：

$$\mathrm{EWMA}_i=\theta\cdot 2\lambda_i+(1-\theta)\mathrm{EWMA}_{i-1}$$

其中 $i\geqslant 1$,且 θ 为平滑系数,满足 $0\leqslant\theta\leqslant 1$。最初始的 EWMA_0 为 k,其值等于 EWMA_i 的渐近平均值。

同样,对于基于似然比检验的 EWMA 控制图的控制限,下控制限 LCL 设为 0,上控制限 UCL 通常用蒙特卡罗方法求解。同时 UCL 也可用 bi-sectional search 方法或近似估计方法求解,这里不作详细介绍。

4) 似然比检验控制图的优点

传统的控制图适用的数据类型范围相对比较狭窄,而基于似然比检验的控制图只要 profile 模型的似然函数能够被建立,那么对于 profile 的类型不管是线性或非线性,它们都是适用的。而且响应变量 Y 的分布范围也不一定是普通的,譬如线性的或正态分布的,在这里响应变量可以是二进制型的。

同时,在多元线性 profile 中,通常针对多元变量的 T^2 图和 Shewhart-type. LRT 控制图(即基于似然比检验的休哈特控制图)绩效是相当的,而 EWMA-type. LRT 控制图(即基于似然比检验的 EWMA 控制图)则要优于多元 T^2 图。而随着要分析的数据样本数 N 的增大,基于似然比检验的控制图则明显优于多元 T^2 控制图。进一步,当处理的是二进制型 profile 时,基于似然比检验的控制图对数据发生变异或漂移的监测将会是非常灵敏和有效的,具体地,将在下节中做进一步的分析和探讨。

2. 面向航空合金紧固件的似然比检验控制图绩效评比

对于前面所示的航空合金紧固件受负载实验数据,它的状态是受控的、合格的,服从参数为 $p(x)$ 的伯努利分布,经过求解得 $\beta=(-42.1106,5.1772)^{\mathrm{T}}$,从而可知 $p(x)=\dfrac{\exp\left(\beta_0+\sum\limits_{j=1}^{p}\beta_i x_i\right)}{1+\exp\left(\beta_0+\sum\limits_{j=1}^{p}\beta_i x_i\right)}=\dfrac{\exp(-42.1106+5.1772\log(x))}{1+\exp(-42.1106+5.1772\log(x))}$,其中 x 为 2500,2700,…,4100 的等差数据。

同时模拟参数 $\beta=(\beta_0,\beta_1)^{\mathrm{T}}$ 的变化,具体如下:

- $\beta_0\to\beta_0+\Delta\beta_0$ 其中 $\Delta\beta_0=0.02,0.04,\cdots,1.98,2.00$;
- $\beta_0\to\beta_0+\Delta\beta_0'$ 其中 $\Delta\beta_0'=-2.00,-1.98,\cdots,-0.04,-0.02$;
- $\beta_1\to\beta_1+\Delta\beta_1$ 其中 $\Delta\beta_1=0.02,0.04,\cdots,1.98,2.00$;
- $\beta_1\to\beta_1+\Delta\beta_1'$ 其中 $\Delta\beta_1'=-2.00,-1.98,\cdots,-0.04,-0.02$;

在这里通过逻辑回归模型的参数,并在样本数 $n=100$ 的情况下,模拟符合伯努利分布的航空合金紧固件的具体值,如表 5-12 所列。

表 5-12　航空合金紧固件模拟数据

压力,x(psi)	样本大小,n	断裂数,y
2500	100	17
2700	100	24
2900	100	30
3100	100	38
3300	100	46
3500	100	53
3700	100	61
3900	100	67
4100	100	72
4300	100	77

同时,在样本数 $n=100$ 的情况下,我们定义 EWMA-type. LRT 控制图的平滑系数等于 0.2,两种控制图的第一类错误率 α 定义为 3σ 精度下的 0.0027,即控制图受控时 ARL 应约等于 $ARL_0=\frac{1}{\alpha}$,即 370。基于蒙特卡罗方法,我们利用 MATLAB 计算 EWMA-type. LRT 和 Shewhart-type. LRT 控制图的平均运行链长 ARL 时,固定受控时两种控制图的 ARL_0,然后比较在过程失控时的 ARL_1,相应地,ARL_1越小,表明这个控制图检测这个漂移(Shift)越有效。

对两种控制图分别进行 10000 次的蒙特卡罗仿真计算,以下是随着参数 β_0 和 β_1 发生偏移时,用 Excel 绘出的 EWMA-type. LRT 和 Shewhart-type. LRT 控制图 ARL 具体的变化情况,如图 5-19、图 5-20 所示。

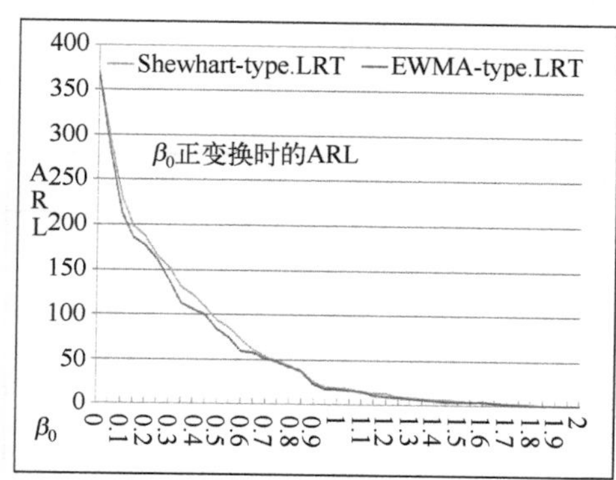

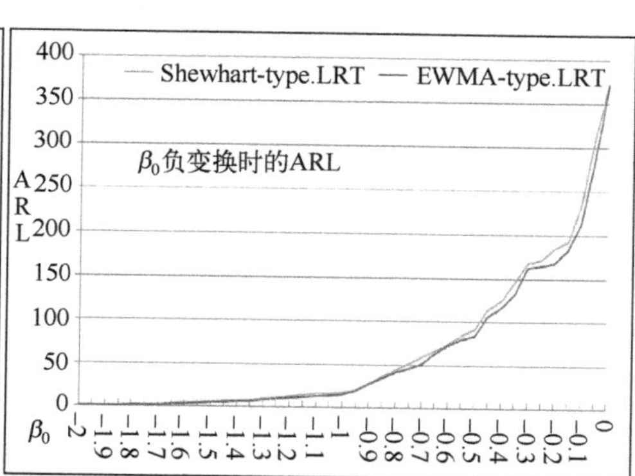

图 5-19　β_0 正/负变换时控制图 ARL 变化情况

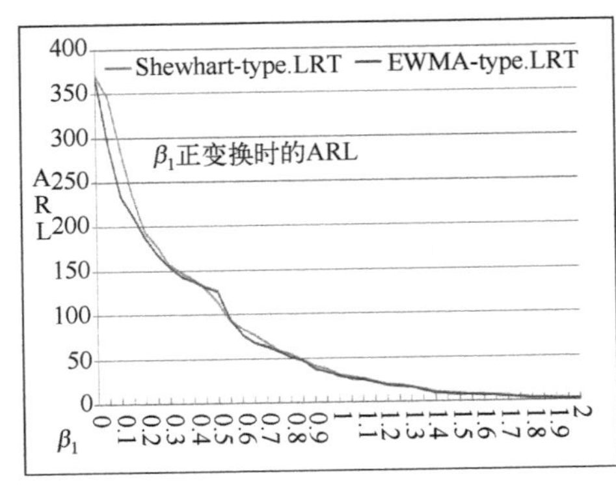

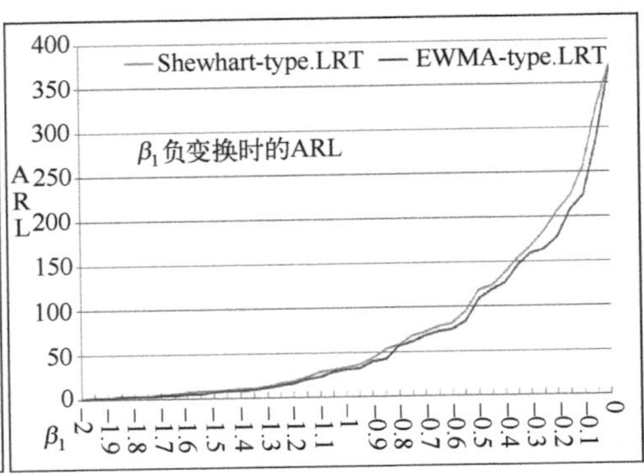

图 5-20　β_1 正/负变换时控制图 ARL 变化情况

图 5-19 和图 5-20 中，β_0 和 β_1 分别作偏差大于零和小于零的正负变换，当参数发生偏移时希望控制图能尽可能快地检测出来。β_0 作正负变换时，图 5-19 中两个图在图形大体上是对称的，说明 β_0 作正负变换对于 ARL 的变化没有明显区别，同时，随着 β_0 的偏移逐渐增大，检验的失控状态下的平均样本数即 ARL_1 变小。且对于两种控制图，整体上 EWMA-type. LRT 控制图对于 β_0 偏移时的 ARL_1 相较于 Shewhart-type. LRT 控制图要小，即 EWMA-type. LRT 控制图在这里检测 β_0 偏移时将会更灵敏、有效。

当参数 β_1 发生正负变换的偏移时，图 5-20 图形的变化相较于图 5-19 中变化要平缓一些，即 ARL 的变化对于参数 β_0 的变化要更灵敏。而同样地，EWMA-type. LRT 控制图在参数 β_1 失控下的 ARL_1，相较于 Shewhart-type. LRT 控制图要小，图 5-19 和图 5-20 都说明 EWMA-type. LRT 控制图在这里对于参数的检测要更为有效。

以下是在做蒙特卡罗仿真计算两种控制图 ARL 时的部分数据，通过对以下数据的分析也可得到上述相同的结论，具体数据如表 5-13 所列。

表 5-13　蒙特卡罗方法计算控制图 ARL 时的部分数据

$\Delta\beta_0$	$\Delta\beta_1$	$ARL_{Shewhart.LRT}$	$ARL_{EWMA.LRT}$	$\Delta\beta_0$	$\Delta\beta_1$	$ARL_{Shewhart.LRT}$	$ARL_{EWMA.LRT}$
-2	0	0.85	0.88	0	-2	1.53	1.47
-1.8	0	1.74	1.69	0	-1.8	3.24	3.13
-1.6	0	4.17	3.08	0	-1.6	7.38	5.2
-1.4	0	6.59	6.24	0	-1.4	10.89	9.36
-1.2	0	13.13	13.11	0	-1.2	18.62	16.48
-1	0	17.86	15.84	0	-1	33.47	31.26
-0.8	0	43.63	41.25	0	-0.8	58.25	57.04

（续）

$\Delta\beta_0$	$\Delta\beta_1$	$ARL_{Shewhart.\ LRT}$	$ARL_{EWMA.\ LRT}$	$\Delta\beta_0$	$\Delta\beta_1$	$ARL_{Shewhart.\ LRT}$	$ARL_{EWMA.\ LRT}$
-0. 6	0	74. 37	73. 3	0	-0. 6	82. 01	75. 42
-0. 4	0	123. 9	116. 52	0	-0. 4	137. 9	126. 54
-0. 2	0	184. 52	168. 4	0	-0. 2	206. 43	176. 87
0	0	372. 67	369. 82	0	0	371. 24	368. 5
0. 2	0	187. 43	177. 54	0	0. 2	193. 43	187. 52
0. 4	0	121. 72	106. 76	0	0. 4	140. 35	137. 4
0. 6	0	73. 21	59. 43	0	0. 6	83. 78	77. 56
0. 8	0	43. 8	42. 2	0	0. 8	54. 36	51. 24
1	0	18. 54	17. 82	0	1	31. 26	30. 5
1. 2	0	12. 91	9. 45	0	1. 2	20. 3	18. 77
1. 4	0	6. 75	5. 24	0	1. 4	11. 39	9. 94
1. 6	0	4. 24	4. 1	0	1. 6	7. 32	7. 13
1. 8	0	1. 65	1. 57	0	1. 8	3. 18	3. 06
2	0	0. 87	0. 9	0	2	2. 6	2. 4

图 5-21 是 Shewhart-type. LRT 控制图受控时，即参数 β_0 和 β_1 都发生偏移时，进行 10000 次蒙特卡罗仿真计算 ARL 的散点图。横轴是 1~10000 次的具体值，纵轴是每一次仿真的具体 ARL 值，其 ARL 结果为表 5-13 中 372. 67，从散点图中我们可以发现，数据在接近 372. 67 时分布最紧密，同时只有极少数要做到 1000 以上

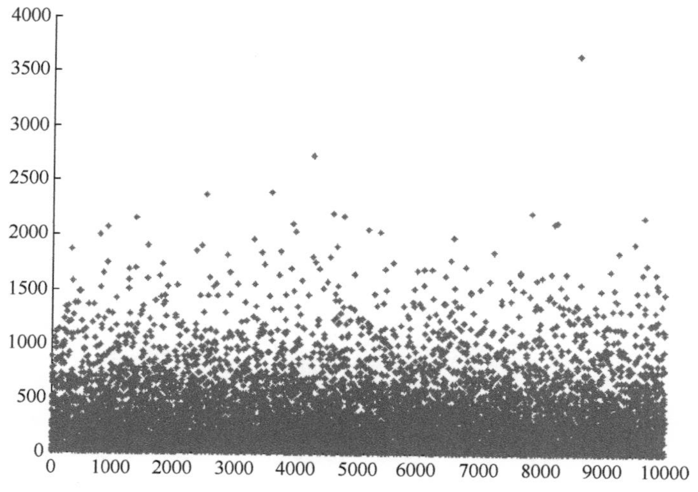

图 5-21　Shewhart-type. LRT 控制图受控时 ARL 计算的散点图

的仿真计算,本次实验中最大样本数为 3763,平均样本数为 372.67,即我们需要的 ARL 的值,具体如图 5-21 所示。

参考文献

[1] 康锐,何益海. 质量工程技术基础[M]. 北京:北京航空航天大学出版社, 2012.

[2] 米凯. 基于产品可靠性与过程尺寸关联模型的制造过程可靠性控制技术[D]. 北京:北京航空航天大学,2011.

[3] THORNTON A C. A mathematical framework for the key characteristic process[J]. Research in engineering design, 1999, 11(3): 145-157.

[4] HE Y H, TANG X Q, CHANG W B. Technical decomposition approach of critical to quality characteristics for product design for six sigma[J]. Quality and reliability engineering international, 2010, 26(4):325-339.

[5] HE Y H, GU C C, HE Z Z, et al. Reliability-oriented quality control approach for production process based on RQR chain[J]. Total quality management & business excellence, 2018, 29(5-6): 652-672.

[6] KOURTI T, MACGREGOR J F. Multivariate SPC methods for process and product monitoring[J]. Journal of quality technology, 1996, 28(4): 409-428.

[7] MURTHY D N P. New research in reliability, warranty and maintenance: APARM 2010, Wellington, New Zealand, December 2 - 4, 2010 [C]. Taiwan, Republic of China: McGraw - Hill International Enterprises, 2010.

[8] STEINER S H, MACKAY R J. J. Monitoring processes with data censored owing to competing risks by using exponentially weighted moving average control charts[J]. Journal of the royal statistical society series C- Applied Statistics, 2001, 50(3):293-302.

[9] STEINER S H, MACKAY R J. Monitoring processes with highly censored data[J]. Journal of quality technology, 2000, 32(3):199-208.

[10] WOODALL W H, SPITZNER D J, MONTGOMERY D C. Using control charts to monitor process and product quality profiles [J]. Journal of quality technology, 2004, 36(3): 309-320.

[11] 王福昌,曹慧荣,朱红霞. 经典最小二乘与全最小二乘法及其参数估计[J]. 统计与决策, 2009(1): 16-17.

[12] D. C Montgomery, E A Peck, G G Vining. Introduction to linear regression analysis [M]. New York: Wiley, 2006.

[13] 杨振海. 拟合优度检验[M]. 北京:科学出版社, 2011.

第6章

发展与应用展望

6.1 制造过程可靠性技术发展趋势

中国正处于加快推进工业化进程中，制造业是国民经济的重要支柱和基础。目前正在大力推进的“中国制造 2025[1]”战略的核心是高可靠的智慧制造，对于推动中国制造由大变强，使中国制造包含更多中国创造因素，更多依靠中国装备、依托中国品牌，促进经济保持中高速增长、向中高端水平迈进，具有重要意义。

随着大数据技术[2]、云计算技术、信息物理系统、物联网系统等先进技术体系的日益成熟，先进的制造系统将兼具实时性与动态性地收集及处理制造过程运行大数据的能力，带动制造业的新一轮变革——工业 4.0[3] 的快步到来，同时，信息与网络技术也正在推动着制造业发生巨大变化。

在本书提出的制造过程可靠性技术框架基础上，依据本书提出的 RQR 链模型[4-5]，提出如图 6-1 所示的制造过程可靠性技术发展框架。

在制造大环境方面，以工业 4.0 和大数据为基础的智慧制造的核心是优质制造，所以保证优质的制造需求将是未来制造技术[6] 发展的核心，也为制造可靠性理论与技术发展提供了沃土。中国在迈向制造强国的进程中，优先发展优质制造技术战略意义非常重大。在机理与理论方面，大数据技术及纳米级等微观小尺度测量与检测技术的发展为我们认识制造系统、制造任务与过程、被制造产品各自的可靠性退化机理及三者间的影响关系、建立起量化解析的数学关系提供了重要的技术保证。在方法与技术方面，随着制造系统、制造任务与过程、被制造产品可靠性退化机理的清晰，一方面为我们持续改进制造系统、制造任务与过程、被制造产品的可靠性提供了宝贵的先验信息；另一方面，也为我们从系统工程的角度利用建立的三者内在关联关系，为我们建立起面向产品可靠性的前馈及反馈控制技术提供了便利条件。结合可靠性系统工程技术的发展趋势，未来制造过程可靠性技术发展重点展望如下。

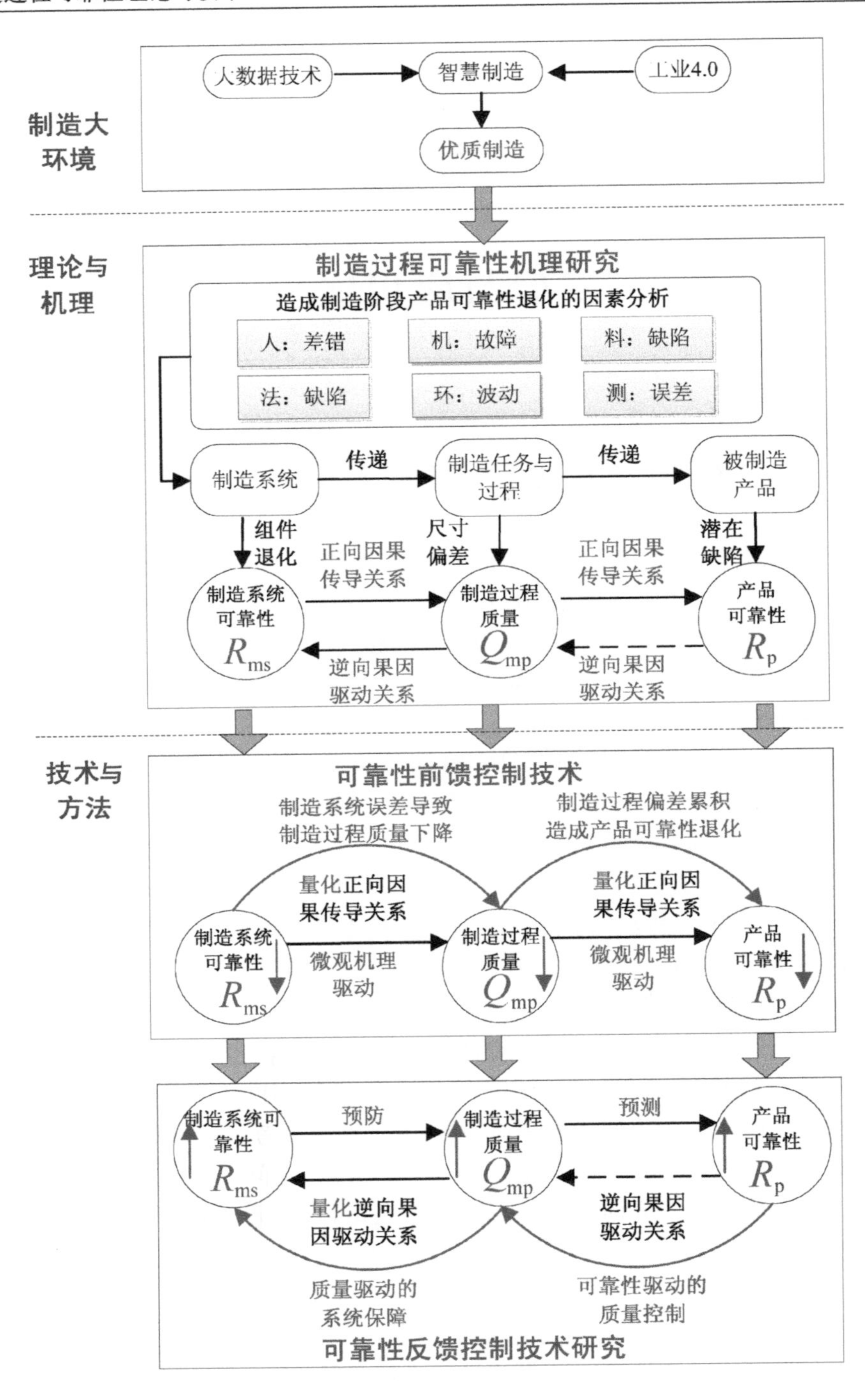

图 6-1　制造过程可靠性技术发展路线

1. 基于大数据与故障物理融合的制造过程产品可靠性机理分析方法研究

在制造过程可靠性研究的制造系统、制造任务及过程、被制造产品等 3 个主要对象中，被制造产品可靠性在制造阶段的形成机理是基础和重点，现有的研究默认因制造因素导致的高早期故障率是合理的，只用老炼测试及磨合试验等来被动移除，主要瓶颈就是被制造产品可靠性的形成机理没有研究清楚，严重制约了制造可靠性理论及技术的发展。幸运的是，大数据技术及以信息物理系统为基础的工业 4.0 新技术的涌现，为我们研究和解决制造过程产品可靠性机理这一难题提供了可能。因此，基于大数据与故障物理融合的制造过程产品可靠性机理分析方法是未来制造过程可靠性技术发展需要解决的首要问题。

2. 数字化制造过程高质量控制技术

在制造过程因素影响被制造产品可靠性机理解决的情况下，为了保证批量生产产品的可靠性，数字化制造过程高质量控制技术将是关键，因为产品是过程的结果，可靠性的产品依赖于高质量的制造过程。为此，在未来以信息物理系统为骨架的先进制造过程中，如何在海量的制造质量数据的环境下，研究出相应的产品可靠性驱动的高质量生产过程能力分析及过程特性偏差控制技术，也将是未来制造过程可靠性技术发展必须解决的重点问题。

3. 制造系统可靠性智能分析与优化技术研究

制造系统是被制造产品的母体，是一切先进制造模式与活动的物质基础。传统的制造系统可靠性研究及维修技术的研究大都以设备基本可靠性为主，对于具有多态及动态特征的任务可靠性研究甚少，直接制约了制造系统可靠性分析的实时性及预测性，极大地制约了制造系统面向被制造产品的质量及可靠性开展实时的预防性及预测性维护，确保制造任务按质完成。考虑到智能制造是未来制造模式的主流，而动态的预测及调整能力是核心。因此，制造系统可靠性智能分析与优化技术将是未来制造过程可靠性技术发展必须解决的焦点问题。

4. 集成化的制造可靠性分析与控制技术研究

先进制造领域可靠性研究大都仅仅关注可靠性本身的分析及优化，对于成本、时间及产量等制造主要指标考虑甚少。然而，在未来高度信息化及自动化的制造现场，可靠性、质量、产量、环境、成本等要求都需要同时考虑和优化，可靠性技术一定要和制造活动融合。为此，如何将制造过程的可靠性问题与其他生产技术指标一起开展集成化的分析及优化也将是未来制造过程可靠性技术发展必须解决的实际问题，将直接制约着制造可靠性技术的应用和推广。

6.2　制造过程可靠性技术应用展望

从系统工程的角度来看，由制造设备构成的制造系统、实现生产任务的生产过程及由在制品(WIP)构成的被生产产品是制造阶段开展各类分析和优化的3个基本抓手,且从本书2.3节RQR链理论可以得出:被生产产品可靠性问题的根原因在生产过程,生产过程可靠性问题的根原因在制造系统。因此,在未来制造过程可靠性技术应用与推广中,我们可以按照如图6-2所示的应用框架来协同地开展制造系统可靠性技术、生产过程可靠性技术和被生产产品可靠性技术的应用与推广工作,争取早日将如下工作项目加入到装备可靠性工作通用要求(GJB 450A—2004)中,为从根本上保证高可靠长寿命的产品稳定的量产提供技术保证。

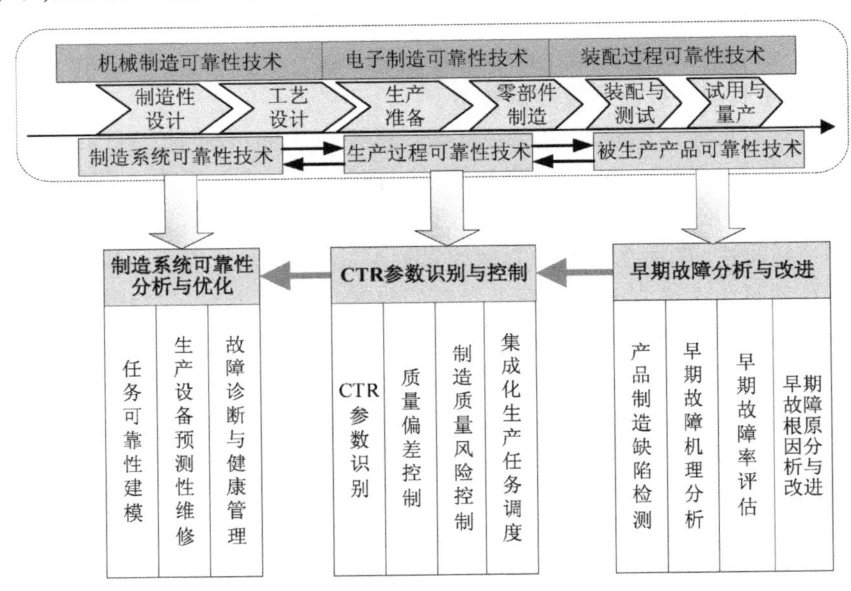

图6-2 制造过程可靠性技术应用框架

如果企业出现批量生产的产品可靠性退化问题(一般表现为早期故障率高),就需要系统地在制造过程中依次开展如下制造可靠性工作项目:

1. 产品早期故障分析与改进

制造过程可靠性不受控主要表现为被生产产品的早期故障率过高,因此,在实施与应用制造过程可靠性技术时,首先要开展产品制造缺陷检测、早期故障机理分析、早期故障率评估和早期故障根原因的识别与改进。为实现制造可靠性问题的标本兼治迈出坚实的第一步,同时,也为有针对性的生产过程及制造系统的优化与控制提供明确的目标。

2. 生产过程CTR参数识别与控制

在明确早期故障机理及根原因的情况下,接下来就需要回溯到装配及加工过程,开展影响产品可靠性的关键制造参数(Critical to Reliability,CTR)的识别与控制，减少产品制造缺陷和早期故障率，具体包括 CTR 参数的识别、质量偏差控制、制造质量风险控制和集成化生产任务调度等。该部分面向过程的制造可靠性工作项目主要目的是进一步提高生产过程稳定性，降低制造质量风险，对被生产产品的高可靠开展预防性控制。

3. 制造系统可靠性分析与优化

经过生产过程 CTR 参数识别与控制工作项目开展完后，因为制造过程质量偏差导致的一系列产品可靠性问题就会大为降低，但还会有少量不受控的异常因素导致被制造产品的可靠性不稳定，其根本原因就在于构成制造过程的物质基础：制造系统的可靠性退化。因为制造系统中的制造设备的退化及故障会造成大量的质量不合格和制造缺陷。因此，为从根本上解决产品制造可靠性问题，我们还需要针对制造系统的任务可靠性开展科学的分析与优化，具体包括：制造系统任务可靠性建模、生产设备预测性维修和制造系统故障诊断与健康管理等。该部分工作项目表面看来离被生产产品的可靠性关系不大，实际上大量深层次的产品可靠性问题就是由于制造系统可靠性问题导致的，为此，为了从根本上预防和结合产品制造可靠性问题，我们需要积极推进制造系统可靠性的分析与优化。

参考文献

[1] 国家制造强国建设战略咨询委员会．优质制造(中国制造 2025 系列丛书)[M]．北京：电子工业出版社，2016.

[2] LEE J. 工业大数据[M]．北京：机械工业出版社，2015.

[3] 延建林，孔德婧．解析“工业互联网”与“工业 4.0”及其对中国制造业发展的启示[J]．中国工程科学，2015,17(7)：141-144.

[4] HE Y H, GU C C, HE Z Z, et al. Reliability-oriented quality control approach for production process based on RQR chain[J]. Total quality management & business excellence, 2018, 29(5-6): 652-672.

[5] HE Y H, HE Z Z, WANG L B, et al. Reliability modeling and optimization strategy for manufacturing system based on RQR chain[J]. Mathematical problems in engineering, 2015. DOI: 10.1155/2015/379098.

[6] ESMAEILIAN B, BEHDAD S, WANG B. The evolution and future of manufacturing: A review[J]. Journal of manufacturing systems, 2016, 39: 79-100.